U0121639

New Wun Ching Developmental Publishing Co., Ltd.

New Age · New Choice · The Best Selected Educational Publications—NEW WCDP

第**4**版 **Fourth Edition**

分析化學實驗

 駱錫能 陳翠瑤│編著

 免費下載
掃描
化學乙丙級檢定歷屆考題+學科試題

ANALYTICAL CHEMISTRY LAB.

四版序
PREFACE

　　分析化學實驗是檢驗科技學門的重要基礎科目，近年來，檢驗科技日新月異，檢驗結果的品質保證也日益提升，因而人員的檢驗技術基礎養成訓練遂為不可或缺的基本要務。本實驗課程於出版時參考中、美和德等國資料，特別詳細說明基本原理與計算方法，以培養學生良好的學理基礎和正確計算的能力。

　　本次編修第四版實驗課程，修正最新版本(ISO/IEC 17025:2017) 「測試和校正實驗室能力之一般要求」的簡介，依據「毒性及關注化學物質管理法」更新毒性化學物質一覽表，並提供依據「危害性化學品標示及通識規則」之標示符號，以提供現代化實驗室管理的知識。

　　本書初衷在於訓練大專院校學生之分析化學基礎實驗能力。承蒙本校保愛貞老師提供修正意見，謹申謝忱。書中倘有疏漏之處，尚祈指正，不勝銘感。

駱錫能、陳翠瑤　謹識

編者簡介
ABOUT THE AUTHORS

駱錫能

學歷：德國漢堡大學生物化學與食品化學研究所食品化學博士
現任：國立宜蘭大學食品科學系教授
　　　衛福部健康食品審議委員
　　　標準檢驗局國家標準技術委員會委員
　　　台灣農業化學與食品科學期刊編輯委員
歷任：國立宜蘭大學學務長
　　　國立宜蘭大學食品科學系系主任
　　　國立宜蘭大學研發處技術合作組組長
　　　國立宜蘭大學實習室實習組組長
　　　國立宜蘭大學生物資源產品檢測暨推廣中心主任
　　　國立宜蘭大學生物資源學刊總編輯
　　　經濟部商品檢驗局高級技術員

陳翠瑤

學歷：國立台灣海洋大學食品科學系博士
現任：國立宜蘭大學食品科學系副教授
　　　國立宜蘭大學生物資源產品檢測暨推廣中心品質主管
經歷：國立宜蘭大學食品科學系主任
　　　國立宜蘭大學生物資源產品檢測暨推廣技術主管
　　　國立宜蘭大學學生事務處就業輔導組組長
　　　99 年公務人員高等高試三級考試暨普通考試命題兼閱卷委員
　　　97 學年全國高級中等學校度農業類科學生技藝競賽食品加工職種命題暨評判
　　　委員

目錄
CONTENTS

Chapter 01 實驗基本知識　1

實驗室安全須知及守則　1

實驗室急救常識　2

常用玻璃器材及藥品　3

玻璃器材及電動天平的基本操作　11

實驗安全操作與管理　18

實驗室品質保證系統　25

報告撰寫格式及注意事項　27

問題與思考　31

Chapter 02 分析器皿之校正　33

校正原理及目的　33

實驗 2-1　滴定管之校正　36

實驗 2-2　吸量管之校正　38

問題與思考　38

Chapter 03 重量分析　39

實驗 3-1　氯化鋇二水合物($BaCl_2 \cdot 2H_2O$)水分含量的測定　39

實驗 3-2　可溶性鹽類中硫酸根含量的測定　44

實驗 3-3　可溶性氯化物樣品中氯離子含量的測定　50

Chapter 04 沉澱滴定法　55

實驗 4-1　Mohr（莫爾）法測定氯含量　55

實驗 4-2　Volhard（柏哈）法測定氯含量　59

實驗 4-3　以 Fajan（菲傑恩）法測定氯含量　63

Chapter 05 中和滴定法 67

實驗 5-1 0.1 N HCl 和 NaOH 的製備與標定 67

實驗 5-2 酸鹼比值的測定 75

實驗 5-3 食醋中酸含量之測定 78

實驗 5-4 不純樣品中碳酸鈉含量的測定（總鹼度的測定） 81

實驗 5-5 利用雙重指示劑測定碳酸鈉及碳酸氫鈉的含量 84

Chapter 06 錯合物滴定法 93

實驗 6-1 0.01 M 乙二胺四醋酸(EDTA)的製備與標定 93

實驗 6-2 鎂(Mg)含量的測定 99

實驗 6-3 利用乙二胺四醋酸(EDTA)測定水的硬度 101

Chapter 07 氧化還原滴定法 105

實驗 7-1 0.1 N 過錳酸鉀($KMnO_4$)溶液之製備 105

實驗 7-2 0.1N 過錳酸鉀($KMnO_4$)溶液之標定 108

實驗 7-3 雙氧水中過氧化氫之定量 111

實驗 7-4 利用過錳酸鉀($KMnO_4$)測定石灰石中鈣的含量 114

實驗 7-5 利用過錳酸鉀($KMnO_4$)測定鐵礦中鐵的含量 118

實驗 7-6 重鉻酸鉀($K_2Cr_2O_7$)的製備與標定 123

實驗 7-7 重鉻酸鉀($K_2Cr_2O_7$)測鐵礦中鐵的含量 127

實驗 7-8 鈰(IV)酸鹽溶液的配製與標定 130

實驗 7-9 以鈰(IV)酸鹽測定鐵礦中鐵的含量 133

實驗 7-10 0.05 N 碘(I_2)標準液製備及標定 135

實驗 7-11 二氧化硫(SO_2)速測法－碘直接滴定法(Iodimetry) 140

實驗 7-12　0.l N 硫代硫酸鈉($Na_2S_2O_3$)標準溶液的製備及標定　143

實驗 7-13　漂白水中有效氯的定量　148

實驗 7-14　利用碘間接滴定法測定水中溶氧量－文克勒法　151

實驗 7-15　利用 $KBrO_3$ 測定 Vit C 的含量　154

Chapter 08 電位滴定法　159

實驗 8-1　pH 計測定弱酸的解離常數（一）　159

實驗 8-2　pH 計測定弱酸的解離常數（二）　165

Chapter 09 輻射吸收分析法　169

實驗 9-1　以分光光度計測定鐵的含量　169

實驗 9-2　以分光光度計測定胺基酸之含量　175

實驗 9-3　水中六價鉻含量的測定　178

實驗 9-4　水中亞硝酸氮含量之測定　182

實驗 9-5　無機磷酸鹽的比色定量　187

附錄　191

附錄一　固體試藥　191

附錄二　化合物式量　193

附錄三　化合物的溶解度　198

附錄四　鹽類在水中之溶解度　200

附錄五　溶解度積(ksp)(25℃)　201

附錄六　酸的解離常數　204

Analytical Chemistry Lab.

附錄七　鹼的解離常數　206

附錄八　標準電位　208

附錄九　毒性化學物質　212

附錄十　化學丙級技術士學科歷屆考題　240

附錄十一　化學乙級技術士學科歷屆考題　252

附錄十二　化學丙級技術士技能檢定術科測試試題　266

附錄十三　化學乙級技術士技能檢定術科測試試題　282

參考文獻　315

化學乙丙級檢定歷屆考題+學科試題

CHAPTER 01 實驗基本知識

Analytical Chemistry Lab.

實驗室安全須知及守則

　　分析化學實驗室應預防操作過程中化學藥品中毒、腐蝕、燙傷，器材割傷等危及人身安全的措施，以及易燃易爆化學品可能產生的火災、爆炸事故及進水等事故的發生。因此，應嚴格遵守下列規定：

1. 進入實驗室先將窗戶全部打開，待老師指示或講解完畢後再進行後續實驗工作。

2. 實驗時應穿著實驗衣以保護皮膚與衣服，不可穿拖鞋，長髮者應將頭髮綁好。

3. 熟悉實驗室中的電源、煤氣總開關、洗眼器、淋浴設施及滅火器的位置。

4. 不得擅自操作教師規定以外的實驗。

5. 不得任意動用實驗室中所陳列之儀器與藥品。

6. 保持桌面整潔，各物均有定位，注意各種藥品瓶上的標示，依安全警訊做好防範措施。

7. 上課時不可喧譁吵鬧、打鬥、奔跑及吃東西，絕對不要一個人在實驗室工作；要確定有人在聽力範圍內。

8. 使用藥品時，在開啟藥瓶後，須注意瓶蓋不得被汙染，且用完後須隨即蓋上瓶蓋。另不可將藥勺上或吸管內剩餘之藥品倒回原試藥瓶，以免藥品被汙染，故各種藥品之取用以規定量為準，盡量不要超量，避免浪費。並注意不可用同支滴管吸取兩種以上的試藥，或同支藥勺拿取兩種以上的試藥，避免藥品被汙染。

9. 使用移液吸管取用液體試藥時，務必使用安全吸球，絕不可用嘴吸取。

10. 添加酒精於酒精燈時、蒸餾或產生易燃物質之實驗後，應先熄火，再拆卸儀器裝置或添加酒精。

11. 使用試管加熱時不可將管口對向臉部。

12. 當實驗完畢後應清理台面、水槽及地面，並於離開實驗室前將水、電源及煤氣關好，用具歸位，才可離開。

13. 實驗報告按規定格式書寫，並按期繳交。

14. 值日組執行事項：

    (1) 將器具藥品抬至實驗室。

    (2) 將器具藥品分配至每一組。

    (3) 等各組實驗完畢，開始清理藥品桌、掃地、倒垃圾等。

    (4) 離開之前關窗戶、抽風機、電燈等。

    (5) 處理臨時交辦事項。

實驗室急救常識

一、火災時

1. 立刻熄滅本生燈等火焰，並關閉總開關，切斷電源。

2. 如果著火面積不大，可用濕抹布或防火毯蓋上以隔絕空氣即可滅火。

3. 有機溶劑或油類著火時，不能用水來滅火，宜用乾粉滅火器。

4. 衣類著火時，不可驚慌奔跑，應就地滾動，再以濕毛巾或防火布防火毯覆蓋將火熄滅。

二、灼傷急救法

1. 輕度灼傷時，以肥皂水清洗，抹上凡士林或軟膏，用消毒紗布敷裹傷處，並紮以繃帶。

2. 身體任何部位遭到灼傷，即須以大量清水沖洗傷處，至少 30 分鐘，再將傷處浸在水中。

3. 中度灼傷時，使用以碳酸氫鈉稀薄溶液濕潤過之綿紗蓋上灼傷部位，並立即送醫治療，如皮膚已焦爛，則不可浸水，應以 50%酒精溶液清洗。

4. 眼睛灼傷時，立刻用大量清水沖洗（注意不可揉眼睛），並翻開上下眼瞼緩緩沖洗至少 5 分鐘。

5. 酸鹼灼傷時，非經醫師指示不可塗抹任何藥品。

6. 碰到有機物的侵蝕時，用酒精洗滌後再用肥皂及熱水洗滌，若蝕傷較重時須浸入水中至少 3 小時。

7. 割傷時先清洗再包紮，若傷到動、靜脈時須用止血帶處理，但須每隔 10～15 分鐘鬆開止血帶一次，並立即送醫。

常用玻璃器材及藥品

一、玻璃器材

1. 乾燥器(desiccator)

2. 稱量瓶(weighing bottle)

3. 錐形瓶(erlenmeyer flask)

4. 燒杯(beaker)

5. 量筒(graduated cylinder 亦稱 measuring cylinder)

6. 定量瓶(volumetric flask 亦稱 measuring flask)

7. 滴定管架及滴定管(burette stand and burette)

8. 移液吸管(pipette)

9. 布氏漏斗(Buchner funnel)

10. 漏斗(funnel)

11. 廣口瓶(wide mouth bottle)

12. 坩堝(crucible)

13. 蒸發皿(evaporating dish)

14. 坩堝夾(crucible tong)

15. 試管夾(test tube holder)

16. 安全吸球(rubber absorbing ball)

17. 自動滴定器(automatic burette)

18. 比重計(specific density meter)

19. 洗滌瓶(washing bottle)

20. 研砵及杵(mortar and pestle)

1.

2.

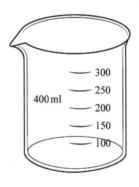

3.

4.

5.

6.

7.

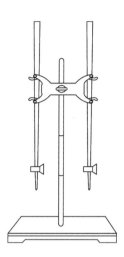

8.

9.

10.

11.

12.

13.

14.

15.

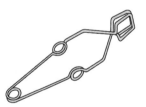

16.　　　　　　　　17.　　　　　　　　18.

19.　　　　　　　　20.

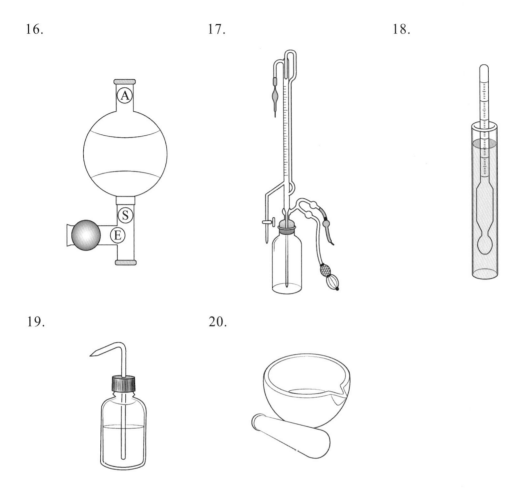

二、試藥分級標準

　　一級標準品(primary standard)是試藥中最純的等級，亦即試藥具有極高之純度，可以直接由稱量結果換算其莫耳數，為容量分析法中之參考標準品。一級標準品需要有極高純度，至少＞99.9%以上，且在空氣中很穩定，不含結晶水，不會受到濕度的影響而改變組成，具有高當量，合理的價格及低毒性等性質。由於一級標準品較不易取得，故通常以純度稍低的化合物來代替一級標準品，有人稱之為二級標準品(secondary standard)。二級標準品必須仔細地確認其純度。一般實驗室進行分析工作均採用二級標準品作為實驗之對照標準品，實際採購時屬於試藥廠商提供之試藥級(reagent grade)、保證級(guarantee grade, G.R.)、分析級(analytical reagent, A.R.)或是日本試藥之「特級試藥」。

　　試藥級(reagent grade)：我國標準檢驗局對試藥級藥品規格已針對各試藥分別訂定標準。日本則有工業標準(JIS)，德國則有德國標準(DIN)等加以規定。我國採用之

藥品大部分均採購自美、日和德等國，一般實驗室常用所謂試藥級藥品(reagent grade)主要是採用符合美國化學協會試藥委員會(The Reagent Chemical Committee of the American Chemical Society)的最低標準為準則。因此被稱為 ACS 級 (American Chemical Society)，此等用在分析上之藥品會在其產品上標示出其最大限度之不純物；並印上不純物的真實分析結果。部分廠商另外提供保證書，因此稱為保證級，例如標示 GR 級(guarantee reagent)。相同等級的試藥有日本工業標準(JIS)的試藥「特級」及一般所謂的分析級試藥(analytical reagent)。

　　試藥純度再低一點的藥品通常屬於所謂「E.P.級」(extra pure)或是日本工業標準之試藥「一級」。純度更低的試藥有所謂的合成用(for synthesis)、化學用（chemical product，C.P.級）和純級（pure，P 級）等。各試藥廠商常有各自之特殊名稱標示其藥品等級，讀者應自行參考各廠商之藥品說明，以利實驗之進行。

三、市售酸、鹼溶液的濃度表

試劑名稱	英文名稱	化學式	分子量	M(mol/L)	wt%(w/w)	比重
醋酸	acetic acid, glacial acetic acid	CH_3COOH	60.1	17.4 6.27	99.5 36	1.05 1.045
甲酸	formic acid	$HCOOH$	46.0	23.4 5.75	90 25	1.20 1.06
鹽酸	hydrochloric acid	HCl	36.5	11.6 2.9	36 10	1.18 1.05
硝酸	nitric acid	HNO_3	63.0	15.99 14.9 13.3	71 67 61	1.42 1.40 1.37
過氯酸	perchloric acid	$HClO_4$	100.5	11.6 9.2	70 60	1.67 1.54
磷酸	phosphoric acid	H_3PO_4	98.0	14.7	85	1.70
硫酸	sulfuric acid	H_2SO_4	98.1	18.0	96	1.84
亞硫酸	sulfurous acid	H_2SO_3	82.1	0.74	6	1.02
氨水	ammonia water	NH_4OH	17.0	14.8	28	0.898
氫氧化鉀	potassium hydroxide	KOH	56.1	13.5 1.94	50 10	1.52 1.09

試劑名稱	英文名稱	化學式	分子量	M(mol/L)	wt%(w/w)	比重
碳酸鈉	sodium carbonate	Na_2CO_3	106.0	1.04	10	1.10
氫氧化鈉	sodium hydroxide	NaOH	40.0	19.1 2.75	50 10	1.53 1.11

四、重要指示劑變色區域及配製法

中文名稱	英文名稱	pH 值範圍	變色情形	配製法
甲基橙	methyl orange (MO)	3.1～4.4	紅→橙黃	0.01 g 甲基橙溶於 100 mL 水
溴甲酚綠	bromocresol green(BG)	3.8～5.4	黃→藍	0.1 g 溴甲酚綠溶於 14.3 mL 0.01 M NaOH 中，再以水稀釋至 225 mL
石蕊	litmus (LM)	5.0～8.0	紅→藍	0.1 g 溶於 100 mL 水
甲基紅	methyl red (MR)	4.8～6.0	紅→黃	0.02 g 加到 60 mL 乙醇中，再加水至 100 mL
溴甲酚紫	bromocresol purple	5.2～6.8	黃→紫	0.1 g 溶於 0.01 M NaOH 18.5 mL 中再以水稀釋至 225 mL
溴瑞香草藍	bromothymol blue(BTB)	6.0～7.6	黃→藍	0.1 g 溶於 0.01 M NaOH 16 mL 中再以水稀釋至 225 mL
酚紅	phenol red	6.4～8.0	黃→紅	0.1 g 溶於 0.01 M NaOH 28.2 mL 中再以水稀釋至 225 mL
酚酞	phenolphthalein	8.0～9.6	無→紅	0.05 g 酚酞溶於 50 mL 乙醇溶液中再加入 50 mL 水
羊毛鉻黑	Eriochrome black T (EBT)	7～10	紅→藍	0.1 g EBT 溶於 15 mL 三乙醇胺及 5 mL 絕對酒精中混合均勻
二苯胺磺酸鹽	Diphenylamine sulfonate (DPS)		無 還 原 →深紫氧化	0.2 g 二苯胺磺酸鈉溶於 100 mL 蒸餾水中
澱粉	Soluble Starch		無→藍(I_2)	1 g 可溶性澱粉溶於 15 mL 水中，用沸水稀釋至 500 mL 加熱至溶液澄清狀

五、濾紙、過濾膜及過濾器規格

1. 濾紙

　　分析化學實驗中常用的濾紙主要材質為纖維素，分為定量(quantitative)濾紙和定性(qualitative)濾紙兩種，再依過濾速度和分離性能又可分為快速、中速和慢速等三類。定量濾紙的特點是灰分含量很低，以直徑 125 mm 定量濾紙為例，每張紙的質量約為 1 g，灼燒灰化後其灰分的質量不超過 0.1 mg (0.01%)（小於精密分析天平的感測量），在重量分析法實驗中，其質量可以忽略不計，所以又稱為無灰(ashless)濾紙。定量濾紙中其他雜質的含量也較定性濾紙低，其價格比定性濾紙高，在實驗工作中應根據實際需要，合理地選用合適的濾紙。另外，部分的特定實驗亦有採用玻璃纖維材質的濾紙，價格較貴。

表 1-1　Whatman 濾紙規格

過濾速度 ＼ 特性型號	定　性	定量無灰	耐濕性	耐濕性無灰	滯留物
快　速	4	41	54	541	層狀和膠體沉澱物
中快速	1	43			中型結晶物
中　速	2	40	52	540	結晶物
慢　速	5	44 42	50	542	微細結晶物
灰分含量	0.06%	0.007%	0.015%	0.006%	

表 1-2　Toyo 濾紙規格[註1-1]

過濾速度 ＼ 特性型號	定　性	定量無灰	耐濕性	耐濕性無灰	滯留物
快　速	1	5A			層狀和膠體沉澱物
中快速	2	7		3	中型結晶物
中　速		6		5B	結晶物
慢　速	131	5C	131	4A	微細結晶物

註 1-1　濾紙大小與灰分含量之關係請參考廠商之資料。

2. 過濾膜

目前市售過濾膜常見孔徑有 0.2 μm 及 0.45 μm 兩種，由於孔徑極小，故過濾時需加壓過濾，其價格比一般濾紙昂貴，一般僅用在儀器分析等高階微量分析，較常見者依其材質及特性大略分述如下：

(1) 硝化纖維過濾膜(cellulose nitrate)

特性：高孔率、耐 130°C 高壓滅菌，透光性佳，以 RI 值 1.515 之溶液潤濕過濾膜即可用顯微鏡觀察過濾膜上的粒子。灰分含量 0.002 mg/cm^2。一般用來過濾水溶性樣品，不適用於有機溶劑。

(2) 醋酸纖維過濾膜(cellulose acetate)

特性：低靜電，低蛋白質吸附，可用於 Diagnostic Cytology，Receptor Binding 的研究及含酒精溶液之過濾，常用於過濾水溶液樣品。

(3) 鐵弗龍 PTFE (polytetrafluoroethylene/polypropylen)過濾膜(PTFE/P.P supported)

特性：耐 121°C、15 psi 高壓滅菌及 140°C 以下使用，疏水性耐有機溶劑，且可用於強酸溶液。

(4) 聚偏氟乙烯過濾膜(polyvinyldiene fluoride, PVDF)

特性：適用於水溶液，和多種有機溶劑相容，不建議用在丙酮、DMSO、鹼性溶液的過濾。

(5) 尼龍過濾膜(nylon)

特性：和酯類、醇類及鹼性溶液化學相容性良好，適用於大部分之 HPLC 溶劑。

3. 過濾器[註 1-2]

過濾器是指經過高溫燒結玻璃、石英、陶瓷、金屬或塑膠等顆粒材料使之粘接在一起所製造的微孔濾器，其中最常用的是玻璃濾器，下表即為玻璃濾器之規格：
（過濾 KMnO$_4$ 用 G$_4$ 號漏斗）

孔目等級	孔徑(μm)	ISO 規格[註 1-2]	孔目等級	孔徑(μm)	ISO 規格
G$_0$	160～250	P$_{250}$	G$_3$	16～40	P$_{40}$
G$_1$	100～160	P$_{160}$	G$_4$	10～16	P$_{16}$
G$_2$	40～100	P$_{100}$	G$_5$	1.0～1.6	P$_{1.6}$

註 1-2　ISO 4793 洗滌方法及使用注意事項：

新的過濾器使用前要經酸洗、過濾、水洗、過濾等步驟後再晾乾或烘乾，唯烘乾過程時，應要緩慢升溫或降溫，以防裂損。使用後的濾器為防止殘留物堵塞微孔，應即時清洗，清洗原則是選用能溶解或分解殘留物的洗滌液進行浸泡、過濾，最後用水洗淨。例如：過濾 KMnO$_4$，後用 HCl 或 H$_2$C$_2$O$_4$ 浸洗，AgCl 用氨水或 Na$_2$S$_2$O$_3$ 浸洗。

玻璃器材及電動天平的基本操作

一、玻璃器材洗滌方法

　　一般先用適當的洗滌液浸泡或刷洗後，用自來水沖淨，此時器皿應透明並無肉眼可見的汙物，內壁不掛水珠。最後用少量蒸餾水沖洗內壁 2～3 遍，以除去殘留的自來水，然後放潔淨處滴乾備用，必要時於烘箱中烘乾。

　　較精密的玻璃量器（如滴定管、移液吸管、容量瓶等），由於它們形狀特殊而且容量精確，不宜用刷子機械性地摩擦其內壁。通常是用鉻酸洗液[註 1-3]浸泡內壁後再依序用自來水和蒸餾水洗淨，其外壁可用清潔劑刷洗，此類器材不宜在烘箱中烘乾。

　　洗滌過程中，蒸餾水應在最後使用，即僅用它洗掉殘留的自來水，而且洗滌過程中自來水及蒸餾水都應按少量多次的原則使用，不應灌滿容器或用多量的水，以避免浪費水又浪費時間，每次用水一般為總容量的 5～10%。

二、滴定管操作

　　進行定量分析工作是屬於高精確度分析，為確保定容器皿體積對實驗結果之不確定度(uncertainty)，實驗室應針對定容器皿訂定校正程序及校正週期。建議實驗室盡量使用 A 級（或相當等級）定容器皿。市售的量器產品都允許有一定的容許誤差，A 級滴定管規定的容許誤差(tolerance)如表 1-3。若只能買到 B 級產品時，產品附上校正證明，即可使用，一般 B 級玻璃器皿的容許誤差為 A 級玻璃器皿的兩倍。若不知道現有玻璃器皿的精密度級別時，則可自行對儀器器皿進行容量校正（容許誤差係指製造廠商之測試報告所列之器皿的最大固定誤差）。

　　有關定容器皿的校正規範如下：新購入定容器皿：A 級抽校（比例自行訂定），B 級需全數校正。每年定期校正部分：A 級校正至少 10%（自行訂定），B 級需全數校正。

註 1-3　鉻酸洗液有強氧化力和強酸性，以 25 g K₂Cr₂O₇ 加 50 mL 蒸餾水加熱溶解後，再慢慢沿壁加入工業用濃硫酸 450 ml，冷卻後放入玻璃容器中。使用時，將欲清洗的器皿浸泡於溶液中，一定時間後取出以自來水及蒸餾水沖洗乾淨。洗液可長期使用，當洗液由棕紅色變為綠色時，則鉻酸洗液失效。注意洗液有侵蝕性，勿觸及皮膚。

🖊 表 1-3　A 級玻璃滴定管的容許誤差

標示體積(mL)	最小刻度(mL)	容許誤差(mL)
1	0.01	0.01
2	0.01	0.01
5	0.01	0.01
10	0.02	0.02
10	0.05	0.02
25	0.05	0.03
25	0.1	0.03
50	0.1	0.05
100	0.2	0.1

註：來源 ISO 385/1 Table 1 Capacities, sub-divisions and limits of error

　　滴定管是可放出不固定量液體體積的玻璃量器，主要用於滴定分析中對滴定劑體積的測量。閥是滴定管的主要差異，鹼性溶液應由一段短橡皮管內含一個緊密貼合的玻璃珠，與滴定管相連接，或以 Teflon 製造的閥亦可。使用時輕壓橡皮管玻璃珠位置，使橡皮管變形，液體才會流經玻璃珠滴出。酸性溶液則用一般之玻璃栓閥，或 Teflon 製造的閥。

1. 裝填(filling)

　　先確定活栓已關上。將欲裝入的溶液搖勻，每次約用 5～10 mL 該溶液潤洗滴定管，小心旋轉滴定管使管壁內部完全潤濕，然後讓液體從尖端流出。重複此步驟至少兩次。潤洗之後，隨即裝入溶液至零點標線上，先排除滴定管尖端的空氣，以活栓開至最大立即迅速旋轉關閉活栓，即可排除空氣。

2. 滴定(titration)

　　依圖示操作活栓是較佳的方法。確定滴定管尖端置入滴定容器中（一般用錐形瓶）。每次放入約 1 mL 滴定劑，使液體持續成旋渦狀（或攪拌）以確保徹底混合，當接近滴定終點時，改為每次滴加一滴滴定劑，以精確偵測滴定終點。滴定管體積的讀取方法可依下圖示：

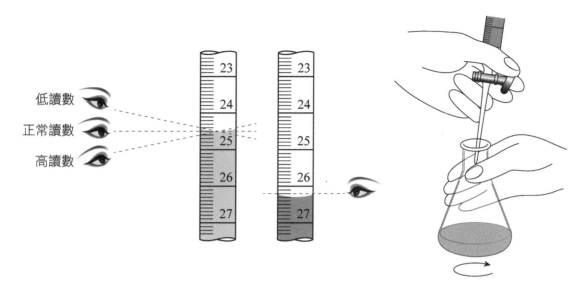

| 無色及淺色溶液的讀數 | 深色溶液的讀數 | 酸式滴定管的操作 |

3. 吸量管操作

　　市售 A 級與 B 級移液吸管(Transfer pipets)的容許誤差範圍如表 1-4。

✎ 表 1-4　玻璃移液吸管的容許誤差

標示體積(mL)（小於或等於）	A 級容許誤差(mL)	B 級容許誤差(mL)
0.5	0.006	0.01
1	0.006	0.015
2	0.006	0.025
5	0.01	0.025
10	0.02	0.05
20	0.03	0.05
25	0.03	0.1
50	0.05	0.1
100	0.08	0.2
200	0.1	0.5

註：來源 ISO 648 Table 1 Limits of errors one mark pipettes

　　吸量管是用來移送準確的已知體積。先使用安全吸球吸取少量樣品液體到吸量管中，徹底潤濕吸量管內部表面。將液體丟棄，重複此步驟至少兩次。移送的方式依特殊形式的吸量管而定，如下圖表。

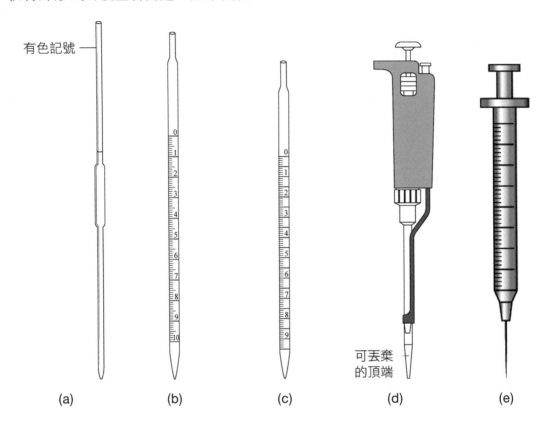

有色記號

可丟棄
的頂端

(a)　　　　　　(b)　　　　　　(c)　　　　　　(d)　　　　　　(e)

吸量管名稱

(a) 容積型(Volumetric, Transfer pipet)

(b) 莫爾型(Mohr, Measuring pipet)

(c) 血清型(Serological pipet)

(d) 微量吸管(Eppendorf micropipet)

(e) 注射型(Syringe)

名　稱	校正類型	功　用	可用容量(mL)	排出類型
容積型 (Volumetric)	TD [註1-4]	移送固定體積	1～200	自由排出
莫爾型(Mohr)	TD	移送可變體積	1～25	排放至較低標準線
血清型 (Serological)	TD	移送可變體積	0.1～10	吹出最後一滴
微量吸量管 (Micropipets)	TD	移送可變體積	0.001～5	用注射尖端放空
注射型(Syringe)	TD	移送可變體積	0.001～1	用注射尖端放空

微量吸管(micropipets)之容許誤差

吸量體積(μL)	吸量 10%吸管體積		吸量 100%吸管體積	
	準確度(%)	精密度(%)	準確度(%)	精密度(%)
可調式吸管				
0.2-2	±8	±4	±1.2	±0.6
1-10	±2.5	±1.2	±0.8	±0.4
2.5-25	±4.5	±1.5	±0.8	±0.2
10-100	±1.8	±0.7	±0.6	±0.15
30-300	±1.2	±0.4	±0.4	±0.15
100-1000	±1.6	±0.5	±0.3	±0.12
固定式吸管				
10			±0.8	±0.4
25			±0.8	±0.3
100			±0.5	±0.2
500			±0.4	±0.18
1000			±0.3	±0.12

註：Data from Hamilton Co. Reno, NY.

註 1-4　TD：移送類型。

三、定量瓶

定量瓶之容量範圍由 5 mL～5 L，通常已校正含有特定容量，當液體注滿至頸部的刻痕標線時即達定量體積，用來配製標準溶液及稀釋樣品至已知體積。

定量瓶的容許誤差範圍如下表：

表 1-5　定量瓶的容許誤差

標示體積(mL)（小於或等於）	A 級容許誤差(mL)	B 容許誤差(mL)
5	0.02	0.04
10	0.02	0.04
25	0.03	0.06
50	0.05	0.10
100	0.08	0.20
200	0.10	0.30
250	0.12	0.30
500	0.20	0.50
1000	0.30	0.80
2000	0.50	1.20

註：來源 ISO 1042 Table 1 one-mark volumetric flasks

配製標準溶液時，先確定定量瓶已洗淨。在燒杯中將稱好之固體物質完全溶解再轉移至定量瓶中，再以少量溶劑清洗燒杯 3～4 次，一併倒入定量瓶中，以確定無藥品殘留於燒杯中，且完全移至定量瓶，再加入溶劑稀釋至標準線，蓋好瓶蓋後混合均勻。若固體物質需加熱溶解時，應將已稱好之物質放在燒杯中，加入適量溶劑（低於所需定量體積）加熱使其溶解，待冷卻至室溫後，再傾入定量瓶中，依上述方法定量之。最後將溶液移入貯藏瓶中，而貯藏瓶應先以少量此試劑沖洗多次才可裝入試劑。

定量過程中若不慎發生體積超過定量瓶之標線時，仍可經由校正超過之體積，算出溶液的實際濃度，但需將定量瓶內的溶劑充分混合均勻，再依下列方法校正濃度：(1)以適當體積之血清型吸量管吸取定量瓶中標準線上之過量溶液，再從吸量管中正確讀取過量之體積，並將此多出之體積併入濃度計算之體積中；(2)用標籤標示出溶液之半月形在定量瓶頸部的真正位置，然後將定量瓶倒空，小心地用水再注滿至標準線位置，再以滴定管加至標示的真正位置，從滴定管讀出超過標準之正確體積，一併加入濃度計算的體積中。

四、電動天平使用法

電動天平之操作以 METTLER TOLEDO AB 104 型為例，其具有自動扣除控制，可精稱至 0.1 mg，稱重至 101 g；另有 PB 302 型精稱至 0.01 g，可稱重至 310 g。電動天平的容許誤差請參考各產製廠商之規格說明書。其使用操作步驟大致如下：

1. 開、關機

(1) 關上風罩輕按 ON 鍵即開機。

(2) 按住 OFF 鍵不放，出現 OFF 時放手即關機。

2. 校正

(1) 關上風罩按 CAL 鍵不放，待出現 CAL 時迅速放掉。

(2) 出現校正量閃爍放入砝碼，出現 0.00 g 閃爍時拿下砝碼，待出現 0.00 時校正完成。

3. 簡單的稱重

將待測物放上稱盤，關上風罩待左下角小圈圈消失表示穩定，螢幕顯示數字即為待測物之重量。

4. 扣重（歸零）

(1) 將容器放上稱盤，關上風罩待數字穩定後輕按 O/T，螢幕將歸零。

(2) 加入待測物，關上風罩待左下角小圈圈消失時螢幕顯示數字即為待測物之重量。

 稱量藥品或粉末樣品時應小心操作，勿將其掉落在稱盤上，若不慎將藥品掉落在稱盤上，應立即用毛刷輕輕清除天平內之殘餘藥品或樣品，以免天平受腐蝕損壞，並且小心的將桌面上之殘餘藥品或樣品清除乾淨。

分析化學實驗
Analytical Chemistry Lab.

實驗安全操作與管理

一、安全操作

1. 破損的玻璃器材應集中收集後再予丟棄。

2. 強酸稀釋時，應將酸加入水中，絕勿將水加入酸中，以防反應過於激烈。

3. 傾注腐蝕性液體時，一定要戴手套。

4. 欲將液體注入細口容器時，要使用漏斗，並要將漏斗略為提起，以防傾倒時瓶內空氣壓力過高爆衝。

5. 傾注有害液體時，要在水槽上方操作。

6. 鋼瓶必須以鎖鏈固定架牢，移動時要用手推車，勿滾動。同時要標示清楚。

7. 搬動瓶子時用兩隻手同時抓緊，並靠近身體，一手抓瓶頸，如有頸環則應用手指穿過頸環，另一手則托住底部。

8. 處理有毒或可燃性藥品時，應在抽氣櫃中進行。

二、安全管理

1. 試藥應標示清楚。配製溶液應標示內容物之名稱、濃度、配製人，配製日期及貼上安全標示等。

2. 作實驗時，務必先看清楚所用之藥品名稱及相關資訊，實驗室須備有「安全資料表」(safety data sheet, SDS)以供隨時查閱。

3. 鈉及鉀等鹼金屬遇水會有爆炸危險，與皮膚接觸會灼傷，取用時需特別注意。

4. 欲銷毀鈉、鉀等鹼金屬時可投入酒精中，待反應完畢，予以清除，因為此反應較劇烈，必要時需在冷水浴中進行。

5. 濺出任何化學試藥均需立即處理，不可拖延。

6. 水銀（汞）係重金屬，具毒性，灑出的水銀會形成小顆粒，應盡量完全清除。

7. 強酸溢於桌上可用固體碳酸氫鈉中和後，以水清洗。

8. 濺出強鹼可用稀醋酸予以清洗。

9. 廢棄容器及藥瓶應清洗潔淨後，清洗液要回收集中處理，由原廠商回收處理。

10. 廢液回收處理原則：

   (1) 實驗室廢液應分類貯存，再依特性及處埋原則加以處理放流，無能力處理者應委託處理，學校實驗室廢液依據教育部公布學校實驗室廢液暫行分類標準如下：

學校實驗室廢液暫行分類標準

有機廢液類	A-1	油脂類	例如燈油、輕油、松節油、油漆、重油、雜酚油、錠子油、絕緣油（脂）（不含多氯聯苯）、潤滑油、切削油、冷卻油及動植物油（脂）等。
	A-2	含鹵素類有機溶劑類	溶劑含有脂肪族鹵素類化合物，如氯仿、氯代甲烷、二氯甲浣、四氯化碳、甲基碘；或含芳香族鹵素化合物，如氯苯、苯甲氯等。
	A-3	不含鹵素類有機溶劑類	溶劑不含脂肪族鹵素類化合物或芳香族鹵素化合物。
無機廢液類	B-1	含重金屬廢液	廢液含有任一類之重金屬。（如鐵、鈷、銅、錳、鎘、鉛、鎵、鈦、鍺、錫、鋁、鎂、鎳、鋅、銀等）
	B-2	含氰廢液	該廢液含有游離氰廢液（需保存在 pH 10.5 以上）者或含有氰化合物或氰錯合物。
	B-3	含汞廢液	該廢液含有汞。
	B-4	含氟廢液	該廢液含有氟酸或氟化合物者。
	B-5	酸性廢液	該廢液含有酸。
	B-6	酸性廢液	該廢液含有鹼。
	B-7	含六價鉻廢液	含有六價鉻化合物。

(2) 實驗室廢液貯存容器應避免與化學性質不相容廢液經混合後，產生熱、壓力、爆炸、毒煙或不當聚合反應等現象。應選用適合材質如下：

① 有機廢液應儲存在塑膠容器內，並加以密封，且不得使用橡皮，最好採用附不銹鋼彈簧蓋之防爆型安全儲存桶。

② 無機廢液可貯存於塑膠容器材質如聚乙烯(PE)、聚丙烯(PP)、聚氯乙烯(PVC)、高密度聚乙烯(HDPE)或其它近似材質之桶中。為提高貯存之安全性，最好採用高密度聚乙烯桶為貯存容器。

③ 相容廢液種類不要太多，否則影響進一步處理。

④ 盛裝酸液、鹼液或強電解質時，桶內要有防蝕內襯。

⑤ 過期藥劑應請廠商回收，不得併入廢液處理。

(3) 廢液回收桶標示規定，實驗室廢液貯存容器必須有適當之標示，以利於分類收集及減低搬運運輸及處理貯存時之危險。故應於貯存容器外表黏貼標籤並附有資料清單，以利相關人員了解容器內廢液之種類、性質、數量與危險性。

① 容器標示：容器標示所使用之標籤應貼於貯存容器之正反兩面，且黏貼位置應明顯使相關人員易於辨識標籤上所記載之內容，以利廢液之分類收集、貯存及後續處理處置。此外，標籤上之記錄資料至少應包括下列七項：廢液名稱、廢液特性之標誌、產生單位、貯存期間、貯存數量、容器材質、遞送聯單號碼。

② 標籤規定：標籤應使用抗腐蝕之材料，而標示之圖例應以環保署公告之「有害事業廢棄物特性之標誌」、「列管毒性化學物質通用符號」以及勞動部之「危害性化學品標示及通識規則」為主要參考依據。

(4) 廢液送交處理作業流程：各實驗室將分類廢液貯存至七、八分滿，即應填妥申請表（得以遞送聯單代替）經實驗室負責人或管理人確認後交由校方彙整數量。

三、藥品危險危害物質之標示與說明

聯合國為降低化學品對人體健康危害及環境汙染，並減少跨國貿易障礙，遂於2003 年 4 月初次公布 GHS 系統文件，建立國際上通用且容易理解的危害通識系統，並主導推行化學品的分類與標示之全球和諧系統，命名為化學品全球調和制度(Global Harmonized System, GHS)，聯合國在 2008 年於全球展開實施。我國自 2006

年起已透過跨部會推動 GHS 方案，依 Global Harmonized System 之規範訂定 CNS15030「化學品分類及標示系列標準」，將化學品分為 3 大類 共 27 種，其中物理性危害及健康危害 2 大類 26 種，另外環境危害 1 類 1 種。

　　於 2007.10.19 勞委會公告「危險物與有害物標示及通識規則」，2008 年起分階段展開 GHS 分類標示及物質安全資料表的實施，第一階段公告 1062 種危害物質名單優先適用 GHS 系統，第二階段公告 1089 種危害物質名單，2013.10.4 已進入第三階段。勞動部更於 2014 年 7 月 3 日將「危險物與有害物標示及通識規則」修訂更名為「危害性化學品標示及通識規則」，全面實施，最新修訂版為 2018 年版。

　　「危害性化學品標示及通識規則」中標示之象徵符號說明如下：

火焰	驚嘆號	健康危害
易燃氣體 易燃氣膠 易燃液體 易燃固體 自反應物質 有機過氧化物 發火性液體 發火性固體 自熱物質 禁水性物質	急毒性物質第 4 級 腐蝕／刺激皮膚物質第 2 級 嚴重損傷／刺激眼睛物質第 2 級 皮膚過敏物質 特定標的器官系統毒性物質～單一暴露第 3 級	呼吸道過敏物質 生殖細胞致突變性物質 致癌物質 生殖毒性物質 特定標的器官系統毒性物質～單一暴露第 1 級～第 2 級 特定標的器官系統毒性物質～重複暴露 吸入性危害物質

腐蝕	圓圈上一團火焰	炸彈爆炸
金屬腐蝕物 腐蝕／刺激皮膚物質第 1 級 嚴重損傷／刺激眼睛物質第 1 級	氧化性氣體 氧化性液體 氧化性固體	爆炸物 自反應物質 A 型及 B 型 有機過氧化物 A 型及 B 型
氣體鋼瓶	環境	骷髏與兩根交叉骨
加壓氣體	水環境之危害物質	急毒性物質第 1 級～第 3 級

（中英文名稱，若過長則將英文名稱單獨一列排列）	

（象徵符號，請參考各標示指引）	
危險（警示語）	
	主要成分：	（內含公告毒性化學物質中英文名稱） （毒性化學物質成分重量百分比，w/w %）

	危害警告訊息：	
		（本署毒性化學物質標示及物質安全資料表管理辦法附表一所列危害警告訊息，與本署公告之物質安全資料表格式之二、危害辨識資料中危害警告訊息內容一致）
	危害防範措施：	
		（依危害物特性採行汙染防制措施，與本署公告之物質安全資料表之二、危害辨識資料中危害防範措施內容一致）
	製造商或供應商：	(1)名稱： (2)地址： (3)電話：
※更詳細的資料，請參考安全資料表		

範例：多氯聯苯

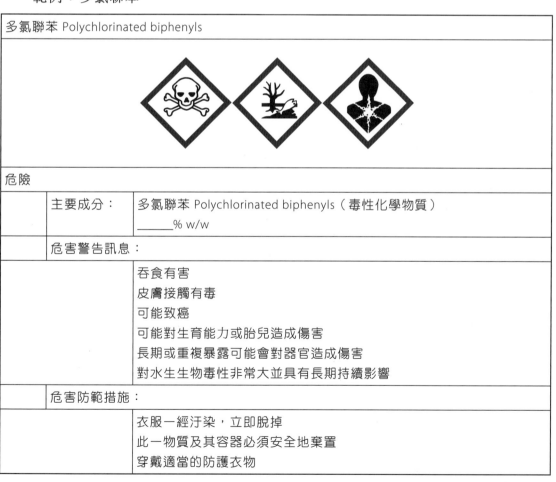

多氯聯苯 Polychlorinated biphenyls		
危險		
	主要成分：	多氯聯苯 Polychlorinated biphenyls（毒性化學物質） _____% w/w
	危害警告訊息：	
		吞食有害 皮膚接觸有毒 可能致癌 可能對生育能力或胎兒造成傷害 長期或重複暴露可能會對器官造成傷害 對水生生物毒性非常大並具有長期持續影響
	危害防範措施：	
		衣服一經汙染，立即脫掉 此一物質及其容器必須安全地棄置 穿戴適當的防護衣物

		避免釋放至環境中 物質及容器廢棄時需視為危害物處置
	製造商或供應商：	(1)名稱： (2)地址： (3)電話：
※更詳細的資料，請參考安全資料表		

四、毒性化學物質之管理

依據行政院環保署 2019.01.16 公告「毒性及關注化學物質管理法」，一般化學測試實驗室中所使用之化學藥品有一些部分已被公告規範為毒性化學物質，此類毒性化學物質至目前為止總計有 341 種，其運作規定，須依照「毒性及關注化學物質管理法」公告規定辦理之。

有關所列 341 種毒性化學物質一覽表，總計編號 195 項，請參考本書附錄九。另外毒性化學物質的分類，主要分為四類，第一類屬難分解物質，第二類屬慢性毒物質，第三類屬急性毒物質，第四類則為疑似毒化物。毒性化學物質的管理架構，請參考一覽表（表 1-6）：

表 1-6　毒性化學物質分類管理架構一覽表

毒化物類 類　別	第一類 （難分解物質）	第二類 （慢性毒物質）	第三類 （急性毒物質）	第四類 （疑似毒化物）
特　性	在環境中不易分解或因生物蓄積、生物濃縮、生物轉化等作用，致污染環境或危害人體健康者。	有致腫瘤、生育能力受損、畸胎、遺傳因子突變或其他慢性疾病等作用者。	化學物質經暴露，將立即危害人體健康或生物生命者。	非前三類而有汙染環境或危害人體健康之虞者。
運作權之 獲得	1. 許可證（製造、輸入、販賣行為）。 2. 登記備查（使用、貯存、廢棄行為）。 3. 核可（運作量低於最低管制限量之製造、輸入、販賣、使用、貯存、廢棄運作行為）。			不需取得許可、登記備查、核可等證照逕行運作。

實驗室品質保證系統

　　化學測試實驗室(testing laboratory)主要是執行化學分析，其產品為所提供之化學資訊，而產品的品質則是所提供數據的品質，因此品質之保證是在於提供正確之分析數據。依據 Nancy W. Wentworth, U. S. Environment Protection Agency 所述，Data quality standards 應達到下列三目標：

1. Get the right data

2. Get the data right

3. Keep the data right

　　實驗室品質保證系統(quality assurance)基本上可涵蓋兩大系統，分別為品質管制(quality control)和品質評估(quality assessment)。執行品質管制系統以確保檢驗分析結果之正確性，然仍需執行品質評估系統以確保品質管制系統及作為之有效性，如此方可達到品質保證的效能。

　　有關實驗室品質管制系統(quality control)偏屬技術規範，包含標準作業程序(S.O.P.)、管制標準與範圍等，主要涵蓋有：1.設施規範；2.儀器校正；3.標準作業程序；4.方法確效；5.採樣與樣品管理；6.試劑與標準溶液；7.人員教育訓練等項目。

　　有關品質評估系統(quality assessment)主要是評估測定程序及數據品質的管理系統，以確保系統在有效管制範圍內。評估方式包含查證、稽核系統與管制圖管制，稽核又可分內部稽核與外部稽核，主要項目有：1.紀錄查核；2.異常處理；3.錯誤修正；4.能力試驗；5.盲樣檢測；6.參考標準等。

　　目前國際上通用公認之實驗室品質保證系統，均採用 ISO/IEC 17025:2017，General requirements for the competence of testing and calibration laboratories 為規範，其包括五大要求，分別為一般要求、架構要求、資源要求、流程要求和管理要求等，簡要項次如下所示：

4. 一般要求

　　4.1 公正性

　　4.2 保密性

5. 架構要求

6. 資源要求

6.1 概述

6.2 人員

6.3 實驗室設施與環境條件

6.4 設備

6.5 計量追溯

6.6 外部提供之產品與服務

7. 流程要求

7.1 要求、標單及合約之審查

7.2 方法的選擇、查驗與確認

7.3 抽樣

7.4 試驗或校正件之處理

7.5 技術紀錄

7.6 量測不確定度之評估

7.7 結果品質之保證

7.8 結果報告

7.9 抱怨

7.10 不符合工作之管理

7.11 資料管制與資訊管理

8. 管理要求

8.1 選項

8.2 管理系統文件化

8.3 管理系統文件之管制

8.4 紀錄管制

8.5 風險與機會的處理措施

8.6 改進

8.7 矯正措施

8.8 內部稽核

8.9 管理審查

化學測試實驗室依照 ISO/IEC 17025:2017 規範執行實驗室品質保證系統，經向財團法人全國認證基金會(Taiwan Accreditation Foundation, TAF)申請認證，經認證通過後即為 TAF 認證測試或校正實驗室，並授予 TAF 之標章，其圖示如下：

報告撰寫格式及注意事項

一、報告撰寫

實驗報告記錄簿應先逐頁編列頁碼，報告內容包括：(1)實驗標題；(2)實驗原理（包含分析主要依據之反應方程式及應用以求出結果之方程式及公式）；(3)藥品與器材；(4)實驗數據及結果；(5)討論；(6)問題與思考。

範 例
實驗標題（例：測定氯化鋇二水合物的水分含量）

1. **實驗原理**：請簡單敘述分析所依據的原理。

   例：本實驗以烘箱乾燥法求水分含量。在 105℃ 烘箱中加熱已精稱之樣品，乾燥至樣品達到恆重，由樣品損失的水重視為樣品可放出的水分，以計算樣品水分含量。

2. **實驗數據與結果**：把計算結果所需的重量、體積或是儀器的感應數據做一完整之紀錄。

   例：

樣　　品	1	2	3
坩鍋號碼	sssl2.	ws7.	ww5
坩鍋重(g)	13.5790	12.1121	21.3329
坩鍋重(g)	13.5789	12.1120	21.3327
坩鍋＋樣品重(g)	14.9800	13.6888	22.5500
樣品重(g)	1.4011	1.5768	1.2173
乾燥後重(g)	14.8000	13.4970	22.4230
	14.7810	13.4600	22.3760
	14.7800	13.4585	22.3709
	14.7802	13.4583	22.3708
水分含量百分比(%)	14.26	14.61	14.71

$$平均\ (\bar{x}) = \frac{(14.26\% + 14.61\% + 14.72\%)}{3} = 14.53\%$$

$$計算水分含量百分比\%\left[\frac{(b-c)}{(b-a)}\right] \times 100\%$$

a：坩堝重（乾燥後）。

b：坩堝加樣品重。

c：乾燥後之坩堝加樣品重。

$$標準差\ S.D. = \sqrt{\frac{\sum(x_i - \bar{x})^2}{n-1}}$$

表示法：$\bar{x} \pm S.D.$

3. **討論**：依據實驗數據及老師所給之理論值做一比較，討論實驗過程中可能發生之誤差來源並逐一檢討。

二、常見數據處理的相關名詞

1. 誤差(error)

　　每一量測皆有某種程度的不準確性，此不準確之差異稱為誤差。誤差也就是所測得的單一數值與被量測物質真正數值之間的差異(bias)。

誤差＝量測值－真值

一般而言，誤差可以分為系統誤差(systematic error)與隨機誤差(random error)。

2. 準確度(accuracy)

準確度的定義是量測值與真值（或理論值）接近的程度。

3. 精密度(precision)

當多次重複測量時，不同測量值彼此間偏差量的大小。如果多次測量時，彼此間結果皆很接近，則稱為精密度較高。

精密度的評估包括重複性(repeatability)、中間精密度(intermediate precision)和再現性(reproducibility)。

(1) 重複性(repeatability)：同一實驗室於同一批次執行該檢驗方法，所得之結果予以評估。

(2) 中間精密度(intermediate precision)：代表實驗室內精密度，係以同一實驗室執行該檢驗方法，於不同分析日期、分析人員、分析設備等，所得之結果予以評估。

(3) 再現性(reproducibility)：代表實驗室間精密度，係以不同實驗室執行該檢驗方法，所得之結果予以評估。

4. 定量極限(limit of quantification, LOQ)

定量時能有適當準確度與精密度的最低濃度。一般以樣品經前處理後層析圖分析結果之訊號／雜訊比值(signal/noise, S/N)≥10 為基準。

5. 不確定度(uncertainty)

不確定度表示可被合理預期的量測所得可能數值的範圍。不確定度的定義與精密度並不相同。精密度通常計算其標準偏差(standard deviation)以估算其隨機誤差。而不確定度則是估算全部的誤差，包括系統誤差和隨機誤差。唯不確定度常見仍有以標準偏差來表示。

過去有關數據結果的表示主要強調準確度(accuracy)，其主要係由誤差和精密度組合而成。近年來客觀觀念指出，不確定度(uncertainty)可以比較合理的表示結果之範圍，其主要是由量測值與真值偏差的不確定度和量測值數據離散情形的不確定度經由傳遞後而成，此稱為標準不確定度（不確定度的加減乘除運算依照特定的模式，稱之為不確定度的傳遞，propagation of uncertainty）。

　　一般由實驗過程中各操作步驟求得之標準不確定度加以運算即可求得組合不確定度，由組合不確定度乘上係數換算求得擴充不確定度，即為實驗之不確定度。

三、常用數據處理的統計名詞

1. 算數平均值(mean, average)

$$\bar{x} \equiv \frac{X_1 + X_2 + \cdots + X_n}{n} = \frac{\sum_{i=1}^{n} X_i}{n}$$

2. 中間值(medium)

　　一組分析數據依照大小排列後，取其位置恰在中央的數值稱為中間值，該組數據如為偶數個數據，則取中央兩數值之平均值為中間值。一般較少使用中間值，僅在平均值明顯無法適用時方才使用。

3. 偏差(deviation)

　　瞭解測量數據與平均值的偏離程度，定義每一個數據與平均值的差值，稱為偏差。

$$d_1 = X_1 - \bar{X} ， d_2 = X_2 - \bar{X} ， \cdots d_n = X_n - \bar{X}$$

　　但偏差量有正有負，且所有偏差量的總和必為零。

$$d_1 + d_2 + \cdots + d_n = \sum_{i=1}^{n} d_i = \sum x_i - n\bar{x} = 0$$

4. 變異(variance)

　　欲量化實驗數據的精密度，且解決偏差量總和必為零的情形。可以將偏差量平方後相加，取其平均值稱為變異。

$$\sigma^2 = \frac{1}{n} \sum_{i=1}^{n} (x_i - \bar{x})^2$$

5. 標準偏差(standard deviation)

　　標準偏差為目前最常被應用的表示數據精密度之方式，其乃是對於母群體(population)而言（$n \to \infty$）時，取變異的平方根（與量測值相同單位）為母群體的標準偏差（代表實驗數據分布的精密度），其數學式如下：

$$\sigma_n = \sqrt{\frac{d_1^2 + d_2^3 + \cdots + d_n^2}{n}} = \sqrt{\frac{\sum d_i^2}{n}}$$

樣本（有限次數）數據的標準偏差則定義為

$$s_{n-1} = \sqrt{\frac{\sum d_i^2}{n-1}}$$

6. 變異係數(coefficience of variance, C.V.)

代表一組數據相對於平均值的變異程度所佔的百分程度，其數學式如下：

C.V. = S/X × 100%

問題與思考

1. 取用試藥時，應注意哪些事項？

2. 哪些玻璃器材洗淨後不可以用烘箱乾燥？

3. 玻璃器皿應如何清洗及判斷已否洗淨？

4. 吸量管有哪些種類？其使用方法有何差異？

5. 滴定管分哪兩種型式？使用特性為何？

6. 公告毒性化學物質分哪幾類？

7. 廢液原則為何？分哪幾類？

8. 說明誤差和不確定度之差異？

9. 你能否於實驗室中辨識下列各項器材及說明其用途。

(1) 容量瓶	(2) 錐形瓶	(3) T形聯接管	(4) 坩堝鉗
(5) 分液漏斗	(6) 抽濾瓶	(7) U型管	(8) 三角銼
(9) 醱酵管	(10) 吸液管	(11) 平底燒瓶	(12) 坩　堝
(13) 泥三角	(14)接種針	(15) 冷凝管	(16)比重瓶
(17) 石綿心網	(18)本生燈	(19) 培養皿	(20) 滴定管
(21) 稱量瓶	(22) 蒸發皿	(23) 酒精燈	(24) 蓋玻片
(25) 蒸餾瓶	(26) 表玻璃	(27) 洗　瓶	(28) 試管架
(29) 乾燥器	(30) 前頭漏斗	(31) 試管夾	(32) 漏斗
(33) 稱量紙	(34) 螺旋試管	(35) 直式乾燥器	(36) 試管刷
(37) 燒　杯	(38) 濾　紙	(39) 滴　管	(40) 廣口瓶
(41) 螺旋夾	(42) 滴定管夾	(43) 試　紙	(44) 研　缽

(45) 溫度計　　　　(46) 試劑瓶　　　　(47) 玻　棒　　　　(48) 圓筒濾紙

(49) 三樑天平　　　(50) 鑷　子　　　　(51) 藥　匙　　　　(52) 滴定管架

(53) 水浴鍋　　　　(54) 橡皮塞　　　　(55) 安全吸球　　　(56) 量　筒

(57) 濕度計　　　　(58) 離心機　　　　(59) pH meter　　　(60) 研缽棒

分析器皿之校正

Analytical Chemistry Lab.

校正原理及目的

在容量分析中數據的可靠性和容器（滴定管、定量瓶或吸量管）所含的真正體積有密切關係。精準之器具需靠器皿製造商的提供，例如 A grade 或 B grade 的容積玻璃器材，其容許的誤差範圍均已有所規範，一般常省略校正的動作。但各類玻璃器皿均應對已存在的刻度體積做校正，或使用新的校正刻度將可使其更能符合器皿所代表的體積。

一般容量分析較精確之玻璃器皿，因其玻璃管柱可能因內徑不均一，但刻度描繪卻以等間區隔刻上，可能使各區間內的容積易發生不一致的現象；另因，玻璃容器本身的體積亦會隨溫度變化而膨脹或收縮，唯其溫度係數很小，例如，軟玻璃容器每度體積變化為 0.003%，而耐熱玻璃之體積變化約為此數據的三分之一。因此，由於溫度變化所造成容器的體積變化很小，僅當需要很精確的研究工作才需要考慮。固定質量之溶液體積亦受溫度影響，且影響較大，故通常校正時僅考慮溫度對溶液的體積效應，即用校正體積之容器測定所盛裝的（或移送的）已知密度之液體質量。

通常校正體積所用之液體以水為樣品，因在稀釋水溶液的膨脹係數約為每°C 0.025%，但當水的密度比校正電動天平之砝碼的密度小很多時，浮力對稱重數據有顯著影響。而浮力的校正須應用水作為校正流體之數據，可用下列方程式來校正：

$$W_1 = W_2 + W_2(\frac{dair}{d_1} - \frac{dair}{d_2})$$

其中 W_1：物體校正重量

W_2：砝碼的質量

d_1 ：物體之密度

d_2 ：砝碼之密度（常用不銹鋼製造之砝碼 $d = 7.8$ g/ml）

dair：被其所排除空氣之密度，其值為 0.0012 g/ml

在做校正計算時，首先用(1)式來校正大約的稱重數據之浮力效應。其次，由該溫度校正重量除以該溫度時水的密度，可得該容器在該溫度時的校正體積，最後將此體積校正為 20°C 標準溫度時之標準體積，亦可由下表作為校正時簡單的計算資料，下表為不銹鋼或黃銅砝碼校正浮力的效應對於水的體積變化，與其玻璃容器的體積變化已合併在這些數據中，乘以表中適當的因數，可得其他溫度所量的質量換算成 20°C 之標準體積。而稀釋溶液之體積再以水的體積乘上 1.00025。

表 2-1　1.0000 g 水（在空氣中以不銹鋼砝碼稱重所得）之體積[註2-1]

溫度，t°C	體積(mL)	
	溫度 t 時	校正至 20°C
10	1.0013	1.0006
11	1.0014	1.0006
12	1.0015	1.0017
13	1.0016	1.0018
14	1.0018	1.0019
15	1.0019	1.0020
16	1.0021	1.0022
17	1.0022	1.0023
18	1.0024	1.0025
19	1.0026	1.0026
20	1.0028	1.0028
21	1.0030	1.0030
22	1.0033	1.0032
23	1.0035	1.0034
24	1.0037	1.0036
25	1.0040	1.0037
26	1.0043	1.0041
27	1.0045	1.0043

註 2-1　已對浮力（不銹鋼砝碼）和容器體積變化作校正。

溫度，t°C	體積(mL)	
	溫度 t 時	校正至 20°C
28	1.0048	1.0046
29	1.005l	1.0048
30	1.0054	1.0052

　　在校正之前，所有容器應徹底洗淨內壁，容器內壁水膜沒有破裂現象，並以蒸餾水沖洗 2～3 次。吸量管及滴定管不需乾燥，定量瓶應在室溫下乾燥才可校正。

實驗 2-1 滴定管之校正

1. 器材：以不銹鋼砝碼校正過之電動天平（可稱至 mg），125 mL 附瓶塞之錐形瓶、滴定管。

2. 步驟：

用已知溫度之蒸餾水注入滴定管中超過零點之標線。

↓

排除滴定管尖端之氣泡。

↓

先控制水流速度將水排放約 1 分鐘使水位的半月形底部恰好在 0.00 mL。

↓

將滴定管尖端接觸燒杯以除去附在其上之水滴。

↓

使滴定管靜置 10 分鐘後讀其上端是否仍為 0.00 mL 位置，以確定活塞夠緊密，不會漏水。

↓

稱量附有瓶塞的 125 mL 錐形瓶稱至 mg 單位(a)。

↓

從滴定管中緩慢移送 10 mL 之蒸餾水至錐形瓶中。

↓

等 1 分鐘後記錄其體積。

↓

稱量裝有 10 mL 蒸餾水之錐形瓶至 mg 單位(b)。

↓

(b)－(a)即為所移送蒸餾水的重量。

↓

將此重量利用表 2-1 換算成所移送的真正體積，此時將容器的體積減去真正體積即可求得此段滴定管的校正體積。[註 2-2]

再由零點標線開始，使用約 20 mL 的移送體積，重複校正工作。

對整支滴定管之體積應作每 10 mL 區間之校正，方法同上述步驟作出校正體積移送體積的函數關係圖線，任何區間的校正可由此圖線求出。

例：滴定管的校正（水溫：20°C，1.000 g＝1.0028 mL）

滴定管讀數	總校正數	瓶＋水重	水重	真正容積	校正數	總校正
0.00		55.41				
10.00	10	65.42	10.01	10.00	+0.04	+0.04
20.00	20	75.40	9.98	10.01	+0.01	+0.05
30.00	30	85.37	9.97	10.00	0.00	+0.05
40.00	40	95.33	9.96	9.9	+0.04	+0.04
50.00	50	105.29	9.96	9.9	+0.03	+0.03

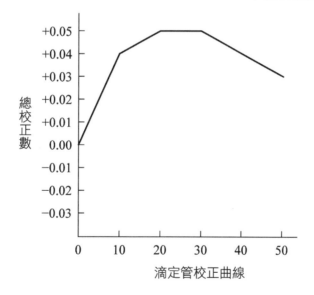

滴定管校正曲線

註 2-2　應重複上述步驟直到彼此相差在 ±0.02 mL 以內。必須將此差異之校正值加至視體積(apparent volume)以得到真正的體積(ture volume)。

實驗 2-2 吸量管之校正

1. 器材：附有瓶塞之 50 mL 乾燥過錐形瓶、欲校正之吸量管、安全吸球。

2. 步驟：

以吸量管吸取已知溫度之蒸餾水至標線。

↓

稱量乾燥之錐形瓶及瓶塞，記錄至 mg 單位。

↓

將吸量管內之蒸餾水放入錐形瓶中蓋上瓶塞。

↓

稱量此錐形瓶，利用表 2-1 計算此重量之水真正體積。

↓

此操作重複三次求平均值，即為此吸量管之真正體積。

問題與思考

1. 分析器皿校正的目的為何？

2. 實驗室中通常需要校正的器皿有哪些？為什麼？

3. 試問器皿校正過程中可能受哪些因素所影響？

CHAPTER 03 重量分析

Analytical Chemistry Lab.

實驗 3-1 氯化鋇二水合物($BaCl_2 \cdot 2H_2O$)水分含量的測定

一、實驗原理及目的

　　測定固體水分含量一般採用烘箱乾燥法，係屬重量分析中揮發法的應用。將精確稱量的樣品(sample)置烘箱中乾燥，經由樣品減少的重量或烘箱裝設吸收劑增加的重量，視為樣品所含的水分含量，通常以百分比(%)表示。乾燥溫度希望盡可能在較低溫度下進行，以減少樣品受熱變化所造成的實驗誤差，但低溫乾燥較耗費時間，一般約在 105°C 下乾燥，在此溫度下一般礦物類的必要水分及吸附水分皆可除去，唯少部分吸收水和包留水無法完全除去，但其造成的誤差尚在可接受的範圍內，例如礬土和矽土需要 1000°C 或以上的高溫，方可完全乾燥。乾燥過程需一直持續到樣品在選定溫度下達到重量一定為止，以確定樣品減少的重量即為水分重。

　　本實驗目的主要使初學者熟悉電動天平的操作，訓練其正確的稱量技巧。實驗時，稱取已知重量的氯化鋇水合物，在 105°C 下加熱至重量維持衡定，通常以 ±0.2 mg 為基準，最後樣品的減少重量即為水分的重量，再將其換算成百分比。

二、藥品與器材

藥品：$BaCl_2 \cdot 2H_2O$ 晶體。

器材：藥勺 1 支、稱量瓶或坩堝 3 個、坩鍋夾 1 支或棉質白淨手套、乾燥器、天平、烘箱。

三、實驗步驟

依玻璃器材洗淨方式小心洗淨三個稱量瓶。

↓

將洗淨之稱量瓶放入烘箱(oven)中。

↓

→ 在 105°C～110°C 下烘乾 1 小時。

↓

取出乾燥後稱量瓶，置入乾燥器(desiccator)中冷卻至室溫（約 30 分鐘）。

↓

→ 稱量每一個稱量瓶重記錄到小數點後四位（直到達恆重，使連續稱重之差值在 0.2 mg 之內）。

↓

精稱 $BaCl_2 \cdot 2H_2O$ 樣品 1～1.5 g 記錄到小數點後四位，分別放入每一已知重量的稱量瓶中，並記錄之。

↓

→ 在 105～110°C 下烘乾樣品 2 小時。

↓

取出稱量瓶放入乾燥器中冷卻。

↓

→ 稱重，記錄之（重複步驟直到達恆重）。

↓

直到固定重量為止（使連續稱重之差值在 0.2 mg 內）。

⚠ 拿取乾燥過之稱量瓶應戴綿布手套或使用坩堝夾，並立即置入乾燥器中，迅速蓋緊乾燥器之蓋子，避免樣品在操作過程中又吸濕增重。

四、實驗相關知識說明

1. 固體樣品中水的形態

依 Hillebrand 對礦物含水的形態區分為：

(1) 必要水分－形成固體成分的分子或晶體構造之部分，有：

① 結晶水－如 $CaC_2O_4 \cdot 2H_2O$，$BaCl_2 \cdot 2H_2O$。

② 結構水－固體發生分解形成之產物（通常加熱所造成）。

例：$Ca(OH)_2 \rightarrow CaO + H_2O$

(2) 非必要水－不是樣品的化學組成，故無計量比例之關係，係因物理力量被固體留下，乾燥時不易完全去除。

① 吸附水－固體物質放置於潮濕環境中，與固體表面接觸的水。

② 吸收水－膠體物質所含的水分，如澱粉、蛋白等物質，吸收大量水存在於分子的間隙或毛細孔中形成膠體，吸收水的含量大於吸附水的含量。

③ 包留水－液態水分圍集於固體晶體中，不規則分布於晶體的小洞中，常在礦物和岩石中發生[註 3-1]。

2. 食品中水的形態

(1) 束縛水（結合水）bound water

存在細胞內或細胞間，與細胞組成成分如醣類、蛋白質等直接互相結合的水，其性質為：

① 不可為溶劑，無法作為化學反應之媒介物質（酵素利用）。

② 微生物生長時無法利用。

③ 不易凍結，蒸發。

(2) 游離水（自由水）free water

未與細胞組成物質結合，可游離出之水稱之，與束縛水不同，可為微生物或作溶媒之利用。

註 3-1　加熱 $105°C$，通常可除去必要水分及吸附水，吸收水與包留水則不能完全除去。

3. 水分的測定方法

(1) 烘箱乾燥法。

(2) 蒸餾法。

(3) 色層分析法(GC)。

(4) 化學方法(Karl Fisher)滴定法。

(5) 紅外線法－在紅外線的掃描，水有一吸收尖峰(1.45 μm)。

4. 烘箱乾燥法

最常用的方法－105°C 加熱，至達恆重。其分析大略步驟如下：

已稱重樣品→烘箱乾燥→樣品損失重量→求出含水量

優點：易操作，且設備簡單。

缺點：

(1) 為一種間接測定，假設損失的重量即為水重。加熱過程中，樣品中的其他成分有可能同時蒸發。

(2) 樣品中的成分可能分解生氣態產物而流失。

(3) 樣品中的成分可能發生氧化反應，產物若為非揮發性物質，則使樣品增重，若為揮發性物質，則會使樣品重量減輕，造成水分含量測定的誤差。

(4) 欲使水分釋出所須溫度無法確定。

　　（105°C 加熱可去除吸附水和必要水，但吸收水和包留水尚未能完全除去。）

五、記錄與計算

稱量瓶重 g .... a

稱量瓶+樣品重 g .... b

乾燥後之稱量瓶+樣品重 g c

$$水分含量百分比\% = \left[\frac{(b-c)}{(b-a)}\right] \times 100\%$$

六、問題思考

1. 重量分析中有揮發法及沉澱法，本實驗屬何種方法的應用？此方法有哪些優缺點？

2. 試說明食品中水分存在的形態及其性質？以105°C烘箱乾燥是否可完全除去食品中的水分？為什麼？

3. 乾燥器(desiccator)的主要功能為何？其底部置放何物？有何特性？

4. 取用乾燥過之稱量瓶時須注意哪些事項？

5. 以烘箱乾燥法測量物質的水分含量，所得的結果準確性如何？試述影響的因素。

6. 實驗時重複稱量樣品到一定時間後，若發現樣品稱愈重，試問其可能原因有哪些？

實驗 3-2 可溶性鹽類中硫酸根含量的測定

一、實驗原理及目的

　　利用重量分析的沉澱法以測定可溶性鹽類中硫酸根的含量。沉澱法是將分析物與特定試劑反應，使形成不溶（微溶）物質，經浸煮(digestion)步驟後，冷卻、過濾、洗滌，最後再予以灼燒，而稱量殘留固體之重量，再利用沉澱物與分析物的化學計量關係，計算出分析物（即硫酸根）的重量。

　　本實驗利用 $BaCl_2$ 熱溶液與含硫酸根之樣品溶液，充分混合，產生 $BaSO_4$ 之沉澱物，計算樣品中硫酸根之含量。主要反應式如下：

$$Ba^{2+} + SO_4^{2-} \rightarrow BaSO_4(s)$$

　　硫酸鋇之晶型沉澱物，由於其結晶顆粒較小，故需經浸煮(digestion)後即可得較大的結晶。於無灰濾紙過濾後，收集濾紙及沉澱物，經乾燥及灰化可得知硫酸鋇沉澱物的重量，由化學式推算出該鹽類中硫酸根的含量。

二、藥品與器材

藥品：6 M HCl、1.3%(w/v) $BaCl_2 \cdot 2H_2O$（若不澄清則須過濾）。

器材：500 mL 燒杯 3 個、250 mL 杯 3 個、玻棒 3 支、250 mL 量筒 1 支、100 mL 量筒 1 支、10 mL 量筒 1 支、10 mL 刻度移液吸管 1 支、灰化爐、抽氣過濾裝置、布氏漏斗或古啟坩堝、無灰濾紙 whatman No.42、加熱攪拌器。

三、實驗步驟

1. 洗淨三個坩堝和其蓋子，在 500°C 下強熱 15 分鐘。

　↓

放入乾燥器中冷卻至室溫後稱重。

　↓

重複強熱直到恆定重量為止(±0.2 mg)，記錄坩堝編號及重量，置乾燥器中備用。

2. 將樣品在 105～110°C 乾燥 1 小時。

↓

取出後置於乾燥器中冷卻至室溫。

↓

稱量 0.5～0.7 g 樣品三個，記錄到小數點後四位。分別放入 500 mL 燒杯中。

↓

各加入 200 mL 蒸餾水溶解後，立即分別加入 6 M HCl 溶液 4 mL，並加熱至接近沸騰。

↓

另同時準備三份 100 mL、1.3% $BaCl_2$ 沸騰溶液。

↓

將每個 100 mL $BaCl_2$ 熱溶液迅速加入各個熱樣品溶液中，同時劇烈攪拌 1 分鐘。

↓

混合樣品溶液，在低於沸點下，浸煮 $BaSO_4$ 沉澱物 1～2 小時。

↓

靜置過夜。

↓

將樣品溶液傾入放置無灰濾紙的布氏漏斗中，以抽氣過濾裝置過濾之，濾液丟棄。

↓

以熱蒸餾水每次約 15 mL 洗滌沉澱物三次，收集此洗滌液。

↓

再將洗滌液傾入布氏漏斗中。

↓

將燒杯內的沉澱物完全移至濾紙上（用洗滌瓶沖洗燒杯底部）。

↓

取出濾紙和沉澱物，放入前述已稱重記錄之坩堝內，於灰化爐中 550°C 左右灰化 3～4 小時後，取出置於乾燥器中冷卻後稱重。

⚠ ① 取用坩堝須用坩堝鉗。

② 灰化爐不可一次調至 550°C，須每隔半小時調高 100°C。

③ 每個樣品需各別使用一支玻棒，並始終放在溶液中。

④ 浸煮過的沉澱物可靜置數天仍無影響。

⑤ 須選用無灰濾紙，可用 Whatman No.42 濾紙。

⑥ 抽氣過濾完成後，須先解開裝置內之真空狀態，方可取下布氏漏斗。

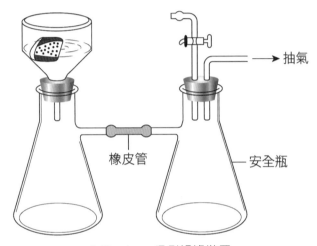

橡皮管　　安全瓶

(a)Buchner 吸引過濾裝置

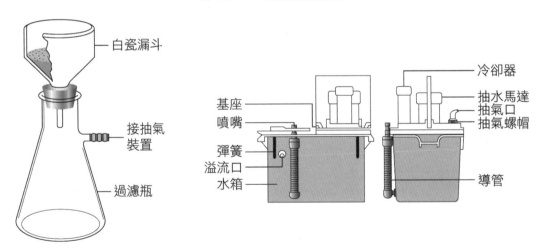

白瓷漏斗

接抽氣裝置

過濾瓶

基座
噴嘴
彈簧
溢流口
水箱

冷卻器
抽水馬達
抽氣口
抽氣螺帽

導管

(b)水流抽氣機抽氣過濾裝置

抽氣裝置圖

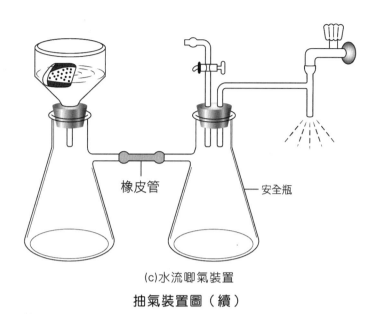

(c)水流唧氣裝置

抽氣裝置圖（續）

四、實驗相關知識說明

1. $BaSO_4$ 沉澱產生時易與 K^+，或 Fe^{3+} 等產生共沉澱現象(coprecipitation)，在中性或鹼性的條件下，會與 CO_3^{2-} 和 PO_4^{3-} 成 $BaCO_3$，$Ba_3(PO_4)_2$ 沉澱析出。故實驗操作時須在溫熱條件下，且加稀鹽酸，使之成酸性，以防止其共沉澱發生（其皆溶解）。

2. 若溶液之酸性過高，則 $BaSO_4$ 的溶解度會增大，造成實驗結果的誤差。$BaCl_2$ 加入需要過量，可降低 $BaSO_4$ 的溶解度，不致影響沉澱物($BaSO_4$)的重量。以實際計算結果為例：已知在 100°C 時的溶液中 $BaSO_4$ 的 $Ksp = [Ba^{2+}][SO_4] = 1.7 \times 10^{-10}$，此時 $BaSO_4$ 的溶解度為 1.3×10^{-5} mole/L，$BaSO_4$ 的 MW $= 233.4$ g/mol，故溶解度為 3.04 mg/L，實驗中試樣溶液總體積約為 300 mL，其中溶解之 $BaSO_4$ 約為 0.91 mg，當 1.3%$BaCl_2$ 過量，則會產生 Ba^{2+} 共同離子效應，使 $BaSO_4$ 的溶解度減少。

3. 酸性下，可促進 $BaSO_4$ 沉澱結晶成長為較大顆粒，以利過濾。

4. 沉澱理論(Von Weimarn)

相對過飽和度 $= (Q-S)/S$

　　Q 為溶質任一時刻的濃度

　　S 為其平衡溶解度

已知 $(Q-S)/S$ 很大時，沉澱物傾向膠體，顆粒小，不易過濾。

已知$(Q-S)/S$很小時，產生晶形固體，顆粒大，較易過濾。

欲促進結晶粒子成長（大）

(1) 增高溫度（增加 S）。

(2) 稀釋溶液（減少 Q）。

(3) 緩慢加入沉澱劑並激烈攪拌（減少 Q 的平均值）。

(4) 降低 pH 值（酸性）（增大 S）。

5. 晶形沉澱物形成後，加熱一段時間，通常可產生較純且顆粒較大、較易過濾的產物。因為在高溫時，溶解與再結晶連續發生的速率增加，而得更完整的結晶，故有浸煮(digestion)之步驟（在沸點溫度以下加熱數小時，不需攪拌）。

6. 過濾後純淨的 $BaSO_4$ 極安定，但在 1400°C 以上灼熱時會起分解，可能生成 BaO，而且濾紙易焦化，其所生之碳可能會將 $BaSO_4$ 還原成硫化物(BaS)，故灼熱時，溫度不宜過高，最好先在較低溫度約 300°C 左右完全灰化濾紙後，再於 800~900°C 間灼燒。

7. 實驗中迅速加入氯化鋇於樣品之熱溶液中，可除去大部分之負偏差（樣品中含鹼金屬氯化物時，如緩慢加入則會產生鹼金屬硫酸鹽的共沉澱而造成 1~1.5% 的負誤差）。雖然迅速加入氯化鋇會產生較小粒子之硫酸鋇結晶，對過濾之操作稍微不利，但其大小仍足以適當地過濾。

五、記錄及計算

樣品重(g)：a

坩堝重(g)：b

灼燒後坩堝＋沉澱物重(g)：c

樣品含硫酸根重$\% = \dfrac{(c-b) \times 96/(137.2+96)}{a} \times 100$

重量分析計算公式：

$$SO_4\% = \frac{BaSO_4 \times \dfrac{1 \times SO_4\,fw}{1 \times BaSO_4\,fw}}{Sample重} \times 100\%$$

六、思考問題

1. 本實驗係重量分析中何種方法的應用？請簡述其原理，並列出化學反應式。

2. 試問反應中加入 6 M HCl、4 mL 的目的？若某生誤加成濃鹽酸可能會有何影響？

3. 反應產生沉澱物後，為何須浸煮 1～2 小時？說明何謂浸煮(digestion)。

4. 濾紙種類可分哪幾種？本實驗為何採用 Whatman No.42，請說明。

5. 何謂 Von Weimarn 沉澱理論？

6. 何謂洗滌？其目的為何？

實驗 3-3　可溶性氯化物樣品中氯離子含量的測定

一、實驗原理及目的

　　本實驗係重量分析法中沉澱法的利用，在可溶性氯化物之樣品溶液中，加入 HNO_3 溶液使呈酸性，再以 $AgNO_3$ 溶液加入樣品溶液中，與氯離子作用，產生 AgCl 沉澱。AgCl 經過濾、乾燥稱重後即可利用測重因數計算所含氯離子的百分比。

$$Ag^+ + Cl^- \rightarrow AgCl\downarrow$$

　　食品應用時可測定 NaCl 中 Cl^- 的含量，進而換算出食品中 NaCl 的含量。唯樣品中若含有鹵素化合物如溴、碘化合物或氰、硫氰化物時，亦會同時產生沉澱，造成分析結果偏高。

二、藥品與器材

藥品：濃硝酸、6 M HNO_3、6 M NH_3、0.2 M $AgNO_3$。

器材：500 mL 燒杯 3 個、玻棒 3 支、過濾坩堝、攪拌棒、抽氣過濾裝置、加熱器。

三、實驗步驟

將樣品於 105～110ºC 乾燥 2 小時後，置乾燥器中冷卻後備用。

↓

稱取樣品 0.15～0.29 g 記錄到小數點後四位，放入 500 mL 燒杯中。

↓

各加入約 100 mL 蒸餾水於燒杯中，溶解樣品，並各加 6 M HNO_3 2～3 mL。

↓

緩慢加入 0.1 M $AgNO_3$ 於上述冷溶液中並攪拌均勻直至沉澱凝聚析出。

↓

再加 5 mL 0.2 M AgNO₃。

↓

加熱此溶液至接近沸騰,並在此溫度浸煮 10 分鐘。

↓

加入數滴 AgNO₃,於澄清液中,檢驗是否已沉澱完全[註 3-2]。

↓

覆蓋每一燒杯;並放置於暗處中至少 2 小時。

↓

然後將澄清液傾入已稱重的過濾坩堝,過濾後的澄清液予以捨棄。

↓

用每升蒸餾水中含有 6 M HNO₃ 2～5 mL 的溶液清洗沉澱物數次(以傾倒法)。

↓

將沉澱物移至過濾坩堝中。

↓

用塑膠刮勺刮除所有附著在燒杯壁上的粒子。

↓

持續洗滌沉澱物到濾液完全不含 Ag⁺ [註 3-3]。

↓

在 100℃ 下乾燥過濾坩鍋及沉澱物至少 1 小時。

↓

將過濾坩堝置於乾燥器中冷卻至室溫。

↓

註 3-2　若有白色 AgCl 出現,表示沉澱不完全,則需再加入 AgNO₃ 3 mL 再浸煮,然後再檢驗沉澱是否完全。

註 3-3　集少量洗液於試管中,再加入 HCl 數滴,以檢測是否有 Ag 存在,若洗液加入 HCl 後不混濁,則表示洗滌完全。

稱重並重複加熱、冷卻和稱重,直到恆重為止(前後兩次稱量差距約 0.2 mg)。

↓

記錄重量,並計算樣品中含氯的百分比。

⚠ 每一樣品各自用一支攪拌棒,其始終放在溶液中。

四、實驗相關知識

1. 添加 HNO_3 調整溶液 pH 值至微酸性,避免在中性溶液下,添加之 $AgNO_3$ 與樣品溶液中之其他不純物亦發生沉澱(如碳酸根等, $2Ag^+ + CO_3^{2-} \rightarrow Ag_2CO_3 \downarrow$,而影響實驗稱重)。但若加入過量的 HNO_3,亦會造成 AgCl 的略微溶解。AgCl 的溶解度約為 0.0018 g/L H_2O。

2. 加入適當過量的 $AgNO_3$,可降低沉澱物 AgCl 的溶解度,但若大量加入,則 Ag^+ 與 $AgNO_3$ 生成共沉澱 $AgCl + Ag^+ \rightarrow AgCl \cdot Ag^+$。

3. AgCl 沉澱發生時首先形成膠體(此點與 $BaSO_4$ 形成結晶不同),故予以浸煮加熱(digestion),促使其凝聚(凝膠)形成較大顆粒,以利過濾。

4. 由於 AgCl 極易為濾紙焦化產生的碳所還原,故一般過濾時較少用無灰濾紙,因而採用古啟過濾坩堝。

5. 洗滌沉澱物之液體中添加 6 M HNO_3,可保持溶液中電解質的濃度,避免洗滌過程中發生沉澱物溶膠現象。

6. 洗滌至洗滌液中不含 Ag^+ 方為完成,可以 HCl 滴加入洗滌過之液體測試是否有 Ag^+ 之存在。

7. AgCl 沉澱物避曝曬於強光或螢光下,其會進行光分解作用

$$2AgCl \rightarrow 2Ag(s) + Cl_2$$

沉澱物中若有紫色物質即表生成元素態 Ag,此現象導致 Cl^- 的結果偏低。

8. 若在過濾前即有光分解反應,則可能進一步反應

$$2Cl_2 + 3H_2O + 5Ag^+ \rightarrow 5AgCl + Cl_3^- + 6H^+$$

即光分解產生之氯氣與水中作用生成 Cl^-，此氯離子再與溶液中剩餘之 Ag^+作用，又形成 $AgCl$，會使 Cl^-結果偏高。造成實驗結果之不確定性。

五、記錄與計算

樣品重量(g)：S

沉澱物重(g)：X

$$Cl\% = \frac{X \times (Cl之\ fw / AgCl之\ fw)}{S} \times 100\%$$

六、問題思考

1. 何謂凝膠？如何使膠體粒子產生結晶，以利過濾？

2. 有甲、乙、丙三學生在洗滌沉澱物時，甲遵照實驗步驟以每升中含 2～5 mL 6 M HNO_3 溶液洗滌，乙則疏忽僅以蒸餾水洗滌，丙則以 HCl 替代 HNO_3 洗滌，問甲、乙、丙之實驗結果可能有何種差異？

3. 欲測某食品中所含 $NaCl$ 含量，此 $NaCl$ 為市售加碘食鹽，若以本法測定之，問實驗結果可能產生何結果，請說明之。

4. 何謂溶膠現象？對實驗結果有何影響？

5. 本實驗於樣品中加入 $AgNO_3$ 時，為什麼須緩慢加入？而硫酸根分析實驗時，加入 $BaCl_2$ 產生沉澱則需迅速加入，二者有何差異？

MEMO

沉澱滴定法

Analytical Chemistry Lab.

實驗 4-1 Mohr（莫爾）法測定氯含量

一、實驗原理及目的

　　沉澱滴定法是利用標準溶液滴定被分析物，以生成難溶物質之反應。當樣品中的分析物與標準溶液完全作用沉澱後，藉由指示劑與過量的標準溶液作用呈色，確認滴定終點，以測定分析物含量的方法。其中最常用的方法為利用硝酸銀標準溶液，測定樣品中氯離子的含量，故又稱銀量法。沉澱滴定法中因所使用之指示劑不同而有不同的名稱。本實驗之 Mohr 法，係在含有氯離子的中性或弱鹼性溶液中，加入少量之 K_2CrO_4 溶液（黃色）當指示劑，然後以 $AgNO_3$ 標準溶液滴定之，此時，AgCl 因溶解度較小先行沉澱，待滴定至當量點時，所有的 Cl^- 皆與 Ag^+ 產生 AgCl 沉澱，過當量點時，過多之 Ag^+ 會與指示劑的 CrO_4^{2-} 作用，產生磚紅色 Ag_2CrO_4 沉澱，此時即可判定為滴定終點，本法亦可用於溴離子的含量、水質監測及食品中食鹽含量的分析等，實驗原理與溶解度積(ksp)有關。

　　　　$Ag^+ + Cl^- \rightarrow AgCl\downarrow$（白色沉澱）

　　　　$2Ag^+ + CrO_4^{2-} \rightarrow Ag_2CrO_4\downarrow$（磚紅色沉澱）

二、藥品及器材

藥品：1. $AgNO_3$ 標準溶液(0.1 M)：精稱 1.6987 g $AgNO_3$ 放入 100 mL 燒杯中，加入約 70 mL 去離子水，攪拌使其溶解，倒入 100 mL 定量瓶，加水至標準線，混合均勻。

2. 5% (w/v) K₂CrO₄ 指示劑溶液：精稱 5.0 g K₂CrO₄ 溶於，放入 100 mL 燒杯中，加入約 70 mL 去離子水，攪拌使其溶解，倒入 100 mL 定量瓶，加水至標準線，混合均勻。

3. 分析級(AR)碳酸氫鈉、分析級(AR)碳酸鈣。

器材：50 mL 棕色滴定管、100 mL 定量瓶 2 個、100 mL 燒杯 2 個、250 mL 錐形瓶 4 個、天平。

三、實驗步驟

1. 測定步驟

樣品於 110°C 乾燥 1 小時。

↓

取出乾燥樣品，放入乾燥器中冷卻至室溫，精稱約 0.25 g 記錄到小數點後四位之樣品於 250 mL 錐形瓶中。

↓

加入約 100 mL 蒸餾水。

↓

緩慢添加一小撮 NaHCO₃，直到泡沫消失為止（呈中性或弱鹼性）。

↓

加入 5% K₂CrO₄ 溶液 1～2 mL，此時溶液呈黃色。

↓

將 0.1 M AgNO₃ 裝入 50 mL 棕色滴定管。

↓

以 0.1 M AgNO₃ 滴定試樣溶液直到產生 Ag₂CrO₄ 磚紅色不褪色為止。

※本實驗需做三重複。

2. 空白試驗

　　以 100 mL 蒸餾水及少量碳酸鈣，加入 5% K_2CrO_4 指示劑 1～2 mL，以 0.1 M $AgNO_3$ 滴定至產生相同磚紅色時，即為滴定終點做為空白試驗。此時所得的 0.1 M $AgNO_3$ 消耗體積即為空白滴定體積。

 ① 為增進實驗的準確性，$AgNO_3$ 溶液需小心製備並求精確之濃度。
② 皮膚避免接觸到 $AgNO_3$，否則會灼傷。

四、實驗相關知識

1. $AgNO_3$ 之配製：$AgNO_3$ 易溶於水，且有高當量，其固體與溶液須避免與有機物質及日光接觸，與有機物質接觸會被還原成銀。曝露於日光中會產生光分解，故於實驗中應放入棕色滴定管，進行滴定分析。

2. $AgNO_3$ 昂貴，故須小心使用避免浪費，廢液須回收。

3. Mohr 法僅適用於滴定中性或弱鹼性的溶液，實驗中加入 $NaHCO_3$ 調整溶液的 pH，以逐次緩慢加入一小撮之方式，以調整溶液之 pH 值達中性或弱鹼性之範圍。

4. 在酸性溶液中 (pH ＜ 6)，鉻酸根離子指示劑會形成重鉻酸根 ($2CrO_4^{2+}$ ＋ $2H^+ \rightarrow Cr_2O_7^{2-} + H_2O$)，使鉻酸根溶液濃度減少，當形成沉澱所需的 Ag^+ 濃度將會提高，產生誤差，且 $Cr_2O_7^{2-}$ 與 Ag^+ 生成 $Ag_2Cr_2O_7$ 其溶解度較高。

5. 在鹼性溶液中 (pH ＞ 10) 則 Ag^+ 生成 Ag_2O（褐色）沉澱，故 Mohr 法只適用於中性或弱鹼靠中性的溶液。

　　$Ag^+ ＋ OH \rightarrow AgOH\downarrow$

　　$2AgOH \rightarrow Ag_2O\downarrow ＋ H_2O$

6. 作指示劑空白試驗時，因溶液呈酸性，以固態 $NaHCO_3$ 中和。

7. 到達當量點時，Ag^+ 之濃度為 1×10^{-5} M（因 $[Ag^+] = [Cl^-] = 1 \times 10^{-5}$，ksp of AgCl＝ 1×10^{-10}）此時欲有 Ag_2CrO_4 沉澱產生，CrO_4^{2-} 的濃度應不小於 $(1.2 \times 10^{-12})/(1 \times 10^{-5})^2$ ＝ 0.02 M，但因此濃度其具有濃厚的黃色，會影響終點的辨認，故一般以使用 0.002 M 為宜。實驗中用 5% K_2CrO_4，約為 0.257 M。

8. 在食品分析上沉澱滴定法常以 $AgNO_3$ 之標準溶液來測定食鹽的含量係為 Mohr 法之應用。

$$AgNO_3 + NaCl \rightarrow AgCl\downarrow + NaNO_3$$

9. 要在室溫下完成 Mohr 法滴定，高溫時可使 Ag_2CrO_4 的溶解度明顯增加，對此滴定的指示劑靈敏度相對地減少。

五、記錄與計算

a：滴定樣品之 mL 數

b：滴定空白之 mL 數

$$Cl^-\% = \frac{(a-b)mL \times 0.1\ M\ AgNO_3 \times \dfrac{1\ mmol\ Cl^-}{1\ mmol\ AgNO_3} \times \dfrac{0.03545\ g}{1\ mmol\ Cl}}{sample重(g)} \times 100\%$$

$$= \frac{Cl^-重}{sample重} \times 100\%$$

六、問題與思考

1. 容量分析包括哪些種類？本實驗係屬何類？本實驗以何者為指示劑？

2. 本實驗方法又稱 Mohr（莫爾）法，實驗中為何須添加 $NaHCO_3$？對實驗有何影響？

3. 請查出 AgCl 與 Ag_2CrO_4 二者的 ksp？何者的溶解度較大？

4. 實驗中加入 5% K_2CrO_4 溶液 1～2 mL 目的為何？說明為何用此濃度？

5. 本法若應用於食鹽的定量時，請列出反應方法程式及計算食鹽中 NaCl 百分比的計算式？

6. Mohr 法實驗為何溶液的 pH 值須在 6～10 之範圍內。

Volhard（柏哈）法測定氯含量

一、實驗原理及目的

　　Volhard 法係為容量分析沉澱滴定法，利用指示劑與沉澱劑產生呈色之可溶性錯離子，以辨認滴定終點。本法可應用於，Cl^-、Br^-、I^-、CN^- 及 SCN^- 等離子之測定，其中應用於鹵素分析係為間接滴定之應用。在含有氯離子的樣品溶液中添加過量的 $AgNO_3$ 溶液，待反應完全後，過濾去除 AgCl 沉澱物，收集含有 Ag^+ 的濾液，加入硫酸銨鐵(III)（$NH_4Fe(SO_4)_2 \cdot 12H_2O$，又稱鐵明礬）於濾液中作為指示劑，濾液中過量的 Ag^+，再以 KSCN 或 NH_4SCN 標準溶液反滴定，滴定終點時，過量之 SCN^- 與指示劑之 Fe^{3+} 作用，產生 $FeSCN^{2+}$ 的錯合物，呈血紅色。其反應如下：

$$Ag^+ + Cl^- \rightarrow AgCl\downarrow$$
（過量）

$$Ag^+ + SCN^- \rightarrow AgSCN$$
（剩餘）

$$Fe^{3+} + SCN^- \rightarrow FeSCN^{2+} （滴定終點）$$
（血紅色）

　　可由 SCN^- 的消耗計算過剩的 Ag^+，再由 $AgNO_3$ 加入之總量減去過量 Ag^+，算出實際與 Cl^- 作用之 Ag^+ 量，進而換算出原樣品中 Cl^- 的含量。

二、藥品與器材

藥品：0.1 M KSCN、0.1 M $AgNO_3$、0.1 M 鐵明礬、6 N HNO_3。

器材：500 mL 定量瓶 1 個、250 mL 錐形瓶 4 個、50 mL 棕色滴定管 1 支、50 mL 滴定管 1 支、抽氣過濾裝置、天平。

三、實驗步驟

1. 0.1 M KSCN 的製備與標定

　(1) 配製：精稱 5 g KSCN，加少量蒸餾水溶解後倒入 500 mL 定量瓶，再加蒸餾水至定量瓶標準線，均勻混合。

(2) 標定：由 0.1 M $AgNO_3$ 濃度標定 KSCN 的濃度。

　　精確量取 30 mL 實驗 4-1 配製的 0.1 M $AgNO_3$ 溶液，置入 250 mL 錐形瓶中，加 20 mL 蒸餾水，6 M HNO_3 5 mL 及鐵明礬指示劑溶液 5 mL，以 0.1 M KSCN 溶液滴定至呈紅色維持 15 秒即為終點。滴定時須持續攪拌。

2. 氯含量測定

精稱 0.2 g 樣品記錄到小數點後四位，放入 250 mL 錐形瓶中，以 50 mL 蒸餾水溶解之。

↓

加 6 M HNO_3 溶液 5 mL，均勻混合。

↓

由滴定管中加入過量的 0.1 M $AgNO_3$ 溶液。

（過量 $AgNO_3$ 溶液體積的預估量：假設樣品氯離子含量為 80%，計算稱得樣品中氯離子的含量，再計算達當量點所需 0.1 M $AgNO_3$ 標準溶液的體積，將此體積乘 1.1 倍，以確定應加入 $AgNO_3$ 溶液的過量體積。）

↓

混合均勻。

↓

微熱，使 AgCl 膠體沉澱凝膠成較粗大的顆粒，以利過濾。

↓

過濾，並洗滌沉澱物四次再過濾，每次用 20 mL 熱水（含加熱過之微量 HNO_3）。

↓

合併洗液與濾液。

↓

於合併之溶液中加入 5 mL 鐵明礬指示劑，以 KSCN 標準液滴定至呈現血紅色於 15 秒內不消失，即為滴定終點。

↓

計算樣品中氯含量，以 Cl%表示。

四、實驗相關知識

1. 滴定時須持續攪拌以免部分 Ag^+ 吸附在 AgSCN 沉澱物之表面，以至未達當量點時，滴入之 SCN^- 即與 Fe^{3+} 作用，產生紅色，誤判為滴定終點。

2. 實驗中產生 AgSCN 白色沉澱，其 $ksp = 1 \times 10^{-12}$，即達當量點時 $[Ag^+]=[SCN^-]=1 \times 10^{-6}$，已可視為完全移除 Ag^+。再加一滴 KSCN 即與指示劑產生錯離子：$FeSCN^{2+}$，$k_f = 1.4 \times 10^2$。

3. 實驗在強酸性下進行，可避免指示劑之 Fe^{3+} 形成水合氧化物($Fe(OH)_3$)而沉澱。同時溶液中之碳酸根，草酸根及砷酸根皆不致與 Ag^+ 作用產生 Ag 鹽，減少其干擾。

4. 實驗產生 AgCl 沉澱物之 $ksp = 1.0 \times 10^{-10}$，顯示其溶解度較 AgSCN 大，(AgSCN 之 $ksp = 1.0 \times 10^{-12}$)，故當以 KSCN 進行反滴定時，將造成部分 AgCl 溶解，形成 AgSCN，即

$$AgCl + SCN^- \rightarrow AgSCN + Cl^-$$

其平衡時

$$\frac{[Ag^+][Cl^-]}{[Ag^+][SCN^-]} = \frac{[Cl^-]}{[SCN^-]} = \frac{1 \times 10^{-10}}{1 \times 10^{-12}} = 100$$

當滴定至二離子之比值為 100 時即達平衡。

此部分為超過實際 Ag^+ 剩餘之量，造成結果偏低。

5. 為避免上述 4 項所發生情形，可以下列措施處理：

   (1) 加熱浸煮 AgCl 沉澱物，使其完全凝結，冷卻後以 KSCN 標準溶液迅速滴定。因凝結良好的 AgCl 沉澱物，釋出 Ag^+ 與 SCN^- 作用之過程較為緩慢。

   (2) 先行過濾 AgCl 沉澱物，移去 AgCl，再取其濾液進行滴定。

   (3) 添加少量硝基苯(nitrobenzene)與 AgCl 沉澱物一起搖盪。硝基苯可在 AgCl 的周圍，形成保護膜，防止 AgCl 的解離，形成 AgSCN。

   本實驗採用(1)及(2)的方法進行氯離子的分析，故步驟中有過濾之處理，因而為 Volhard 法中的過濾法。若採用(3)的方法進行分析，則無須過濾。

6. 本實驗方法可應用於溴及碘離子的直接滴定，唯分析 I^- 時，須加入過量 $AgNO_3$，使完全反應後，再加指示劑 Fe^{3+}，以免發生氧化還原反應。

$$2I^- + Fe^{3+} \rightarrow I_2 + Fe^{2+}$$

7. 試樣中若有氧化劑存在，會與硫氰酸根(SCN^-)作用，不利實驗之進行。

五、記錄與計算

W：樣品重(g)

V_1：$AgNO_3$ 加入總體積(mL)

V_2：KSCN 反滴定體積(mL)

M_1：$AgNO_3$ 莫耳濃度

M_2：KSCN 莫耳濃度

$$Cl\% = \frac{\dfrac{(M_1 V_1 - M_2 V_2)}{1000} \times \dfrac{Cl的fw}{1}}{W(g)} \times 100\%$$

六、問題與思考

1. 實驗中為何需加入 6 M HNO_3？

2. 本實驗測定鹵化物中陰離子含量的原理皆相同，但測定 Cl^- 時為需過濾去除 AgCl，而測定 Br^-，I^- 時，則可直接以 KSCN 滴定無須過濾，為什麼？

3. 滴定過程未加以時時攪拌，請問對分析結果有何影響？

以 Fajan（菲傑恩）法測定氯含量

一、實驗原理及目的

本法亦為沉澱滴定法中吸附指示劑的應用。其主要原理為利用：

1. 沉澱膠體粒子會吸附溶液中之正負離子於其表面，而帶有電荷。

2. 被吸附之離子當為沉澱物成分之相同離子，如 AgCl 會吸附 Ag^+ 或 Cl^-。

3. 吸附指示劑(adsorption indicator)吸附於沉澱物離子表面呈色，達當量點時離子層改變則吸附指示劑呈現顏色變化。

以本實驗為例；當量點前氯化銀沉澱會吸附溶液中的 Cl^- 而帶負電，達當量點時 AgCl 沉澱，超過當量點時 AgCl 沉澱吸附 Ag^+，與指示劑解離所得陰離子吸附而生粉紅色，即認定為滴定終點，此方法較前述二種沉澱滴定法更為靈敏。

二、藥品與器材

藥品：標準 0.1 M $AgNO_3$ 溶液、二氯螢光黃溶液(dichloronuorescein)、糊精。

器材：250 mL 錐形瓶 4 個、50 mL 棕色滴定管 1 支、天平。

三、實驗步驟

在 110°C 乾燥含氯未知樣品 1 小時。

↓

置於乾燥器中冷卻至室溫。

↓

精稱樣品約 0.25 g，記錄到小數點後四位，置入 250 mL 錐形瓶中。

↓

以適當量的蒸餾水溶解。

↓

加入 0.1 g 糊精和 5 滴二氯螢光黃指示劑。

↓

以 0.1 M $AgNO_3$ 滴定至粉紅色不再消失為止。

四、實驗相關知識

1. 實驗中，吸附變化過程如下：

   (1) 當量點前，溶液含多量之 Cl^-

   Cl^-（過量）$+ Ag^+ \rightarrow AgCl \cdot Cl^-$

   (2) 當量點時

   $Cl^- + Ag^+ \rightarrow AgCl$

   (3) 過當量點後，繼續滴加 $AgNO_3$，溶液中 Ag^+ 過量

   $Cl^- + Ag^+$（過量）$\rightarrow AgCl \cdot Ag^+$

2. 吸附指示劑如二氯螢光黃(dichlorofluorescein)、曙紅(eosin)或螢光黃(fluorescein) 等皆是，使用時須注意其 pH 值範圍（表 4-1）。

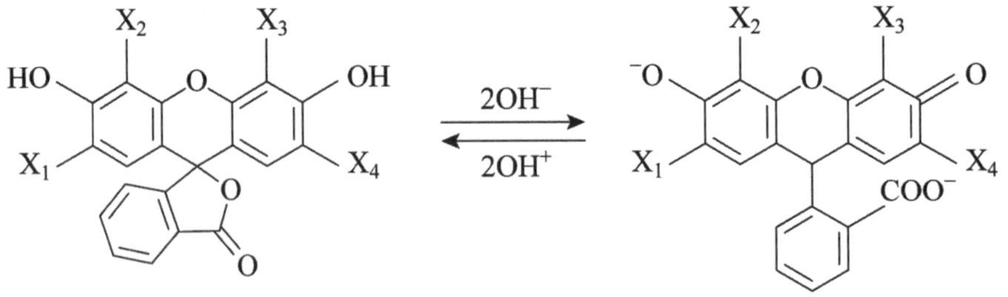

Fluorescein   X = H   dichlorofluorescein X_1，X_4 = H

Eosin   X = Br X_2，X_3 = Cl

🖊 表 4-1　吸附指示劑種類

指示劑	滴定形式	pH 範圍
fluorescein	$Ag^+ \to Cl^-$	中性
dichlorofluorescein	$Ag^+ \to Cl^-$	pH＞4
eosin	$Ag^+ \to I^-$	pH＞2
	$Ag^+ \to Br^-$	pH＞2
	$Ag^+ \to SCN^-$	pH＞2
methyl violet	$Cl^- \to Ag^+$	酸性
bromphenol blue	$Cl^- \to Ag^+$	酸性

以螢光黃為例，於溶液中解離如下：

$HFl \to H^+ + Fl^-$（黃色）

Fl^-（黃色）$+ AgCl \cdot Ag^+ \to AgCl \cdot Ag^+ Fl^-$（粉紅色）

吸附劑本身亦為有機弱酸，須解離方有顏色改變，故實驗進行多在中性範圍。

3. 溶液若太酸可加入 $CaCO_3$ 予以中和。

4. 加入糊精可減少 AgCl 沉澱之凝膠，使其有充分之表面積與吸附指示劑作用，顏色變化較明顯。

5. 指示劑存在時，AgCl 對光分解特別敏感，故切勿直曝日光。最好在滴定大部分 $AgNO_3$ 後，再加指示劑及糊精，迅速滴定完成。

6. 指示劑應用於銀量法須視形成鹵化銀沉澱之種類而定，Ag^+ 與指示劑的結合力不得大於 Ag^+ 與鹵素的結合力，以免當量點前即生有色沉澱物，影響實驗，各離子與 Ag^+ 結合力順序如下：

$I^-，CN^- > SCN^- > Br^- > Eosin > Cl^- > fluorescein > NO_3^- > ClO_4^-$

五、記錄與計算

W：樣品重(g)

V：$AgNO_3$(mL)

M：$AgNO_3$當量濃度

$$Cl\% = \frac{M \times (V/1000) \times Cl的fw}{W} \times 100\%$$

六、問題與思考

1. 何謂吸附指示劑(adsorption indicator)？本實驗過當量點後呈紅色，現若再加入足量的 Cl^-時，會有何種變化？為什麼？

2. 何謂糊精(dextrin)？滴定時為何添加此物？

3. 試比較三種測氯方法：(1)Mohr 法、(2)Volhard 法、(3)Fajan 法之主要不同原理及其優缺點。

0.1 N HCl 和 NaOH 的製備與標定

一、實驗原理及目的

依據 Broensted-Lowry 的定義,酸為可提供質子者,鹼則為接受質子者。在中和滴定的過程中,酸與鹼作用產生鹽與水,酸鹼作用過程中,被滴定的酸或鹼溶液之氫離子濃度產生改變。

$$HCl + NaOH \rightarrow NaCl + H_2O$$

當酸鹼完全作用時,即恰達當量點(equivalence point),此時酸的當量數與鹼的當量數恰好相等,即

$$NV = N'V'$$

N 為當量濃度(normality)＝每升溶液中所含溶質的當量數,即(溶質的當量數／L)

溶質的當量數＝溶質重／當量

酸或鹼的當量＝酸或鹼的 fw／酸或鹼可解離或可中和之 H^+ 或 OH^- 的數目

實驗進行時,以酸或鹼的標準溶液來滴定未知物,以求出未知物的濃度或含量。故首先必須瞭解用來滴定之酸、鹼標準溶液之精確的當量濃度。因此,實驗前應先將製備好的標準溶液予以標定(standardization),即精秤高純度的一級標準試劑為被滴定物(可準確計算得知其當量數),以酸或鹼的標準溶液滴定之,當達到滴定當量點時,酸和鹼的當量數相等,利用已知被滴定物的當量數,進而求出標準溶液的精確濃度。

　　測定樣品中可被酸或鹼中和的物質含量，滴定到達當量點時，即表示酸鹼恰好完全作用，利用已知標準溶液的濃度及體積即可計算被分析物的濃度，唯當量點為理論數據，滴定過程中無法以目測得知，故須利用適當的指示劑，指示劑在當量點附近產生明顯的顏色變化，提示中和滴定應已完成，此點稱滴定終點(end point)，其與當量點接近，但不一定為同一點，期望二者的誤差愈小愈佳。

二、藥品與器材

藥品： 1. 溴甲酚綠指示劑(bromocresol green)：精稱 0.1 g 溴甲酚綠溶於 0.1 N NaOH 的溶液 1.45 mL 中，再加水稀釋至 100 mL。

　　　 2. 酚酞指示劑(phenolphthalein)：精稱 0.05 g 酚酞，溶於 100 mL 的 80% 乙醇溶液中。

　　　 3. 濃 HCl（36.6%(w/w)，比重 1.18），試藥級 NaOH、Na_2CO_3，鄰苯二甲酸氫鉀(potassium biphthalate，$C_6H_4(COOH(COOK))$, KHP)、0.05 M NaCl。

器材：1000 mL 定量瓶、1000 mL 有玻璃塞之玻璃瓶、10 mL 刻度移液吸管、安全吸球、稱量瓶 1 個，加熱器、50 mL 滴定管 2 支（其中必須有一支為鐵弗龍栓或橡皮控制器）、250 mL 錐形瓶 8 個、1000 mL PE 瓶。

三、實驗步驟

1. 0.1 N HCl 標準溶液之製備

　　在 1000 mL 定量瓶中裝約半滿之蒸餾水。

　　↓

　　以 10 mL 刻度移液吸管吸取濃 HCl 約 8 mL，加入上述有蒸餾水之定量瓶中。

　　↓

　　以蒸餾水稀釋至定量瓶之標線。

　　↓

　　混合均勻。

　　↓

　　貯存於有玻璃塞之貯存瓶。

① 取用濃 HCl 需在抽氣櫃中進行。

② 稀釋濃 HCl 不可以蒸餾水倒入濃 HCl 中，應將濃 HCl 加入大量之蒸餾水中。

③ 濃 HCl 為強酸，對皮膚有腐蝕性，應小心操作，不可接觸皮膚。

2. 利用碳酸鈉(Na_2CO_3)標定鹽酸溶液的濃度

將一級標準 Na_2CO_3 置於 110°C 下乾燥 2 小時。

↓

取出置乾燥器中冷卻至室溫。

↓

精稱 0.20～0.25 g Na_2CO_3，記錄到小數點後四位，放入 250 mL 錐形瓶中。

↓

加入約 50 mL 蒸餾水溶解之。

↓

加入 2 滴溴甲酚綠指示劑（此時溶液呈藍色）。

↓

以製備的 HCl 溶液滴定由藍色溶液變成綠色止。

↓

煮沸此溶液 2～3 分鐘（以除去 CO_2），使溶液變回藍色。

↓

冷卻至室溫。

↓

繼續滴定至綠色為止。

◎ 三重複，另以 50 mL 0.05 M NaCl 溶液做空白試驗。

 在加熱後，除去 CO_2，溶液必定由綠色變回藍色，如果仍為綠色，表示加入的酸過量，此時可用和此酸已知比值的鹼標準溶液來反滴定，否則此樣品必須丟棄。

3. 0.1 N NaOH 標準溶液之製備

煮沸 1200 mL 蒸餾水，冷卻至室溫備用。

↓

稱取 4.0 g NaOH 固體，放入 100 mL 燒杯中。

↓

加入 50～100 mL 蒸餾水，攪拌溶解之。

↓

倒入 1000 mL 定量瓶。

↓

以蒸餾水沖洗 100 mL 燒杯數次，併入定量瓶。

↓

加入蒸餾水至標準線。

↓

混合均勻。

↓

移入具橡皮塞之瓶子或 PE 瓶中貯存。

 NaOH 具有很強的腐蝕性且易潮解，可用燒杯稱量，小心操作，不可隨意倒入水槽中。部分實驗會採用 50% NaOH 作為貯藏溶液，實驗時直接取用，減少稱量 NaOH 時潮解之影響。

4. 利用鄰苯二甲酸氫鉀(KHP)標定 NaOH 溶液的濃度

在 110°C 乾燥 $C_6H_4(COOH(COOK))$2 小時。

↓

放入乾燥器中冷卻。

↓

精稱 0.7～0.9 g KHP，記錄到小數點後四位，放入 250 mL 錐形瓶中。

↓

加入 50 mL 蒸餾水將 KHP 溶解。

↓

加入 2 滴酚酞指示劑（應為無色）。

↓

以配製之 NaOH 滴定至指示劑呈粉紅色保持 30 秒不褪色。

◎ 需做三重複。

◎ 另以 50 mL 蒸餾水做空白試驗。

四、實驗相關知識說明

1. 酸鹼滴定中，常以強酸為酸的標準溶液，HCl 溶液常作為測定鹼物質時的標準溶液，因 HCl 溶液穩定性佳，且用於大多數陽離子存在的溶液中，無複雜沉澱發生，但 Cl^- 存在，會與樣品中的某些成分產生沉澱，有時會干擾反應。另 $HClO_4$，H_2SO_4 溶液穩定佳，亦可做為酸標準溶液。HNO_3 溶液因具氧化性，易發生氧化還原反應，故較少使用。

2. 配製標準溶液用之蒸餾水，可先經煮沸過程去除 CO_2 氣體減少實驗誤差。

3. 標定時，使用市售一級標準的碳酸鈉。亦可由碳酸氫鈉以下列方式製得

$$2NaHCO_{3(s)} \xrightarrow{270\sim300°C} Na_2CO_{3(s)} + H_2O_{(g)} + CO_{2(g)}$$

但溫度不可高過 300ºC，否則 Na_2CO_3 會分解。

4. Na_2CO_3 滴定時，可觀察到二個當量點，第一個約 pH＝8.3 為 $CO_3^{2-} \rightarrow HCO_3^-$，第二個約 pH＝3.8，為 $HCO_3^- \rightarrow H_2CO_3$，當滴定至接近第二個當量點時，溶液已含有大量的 H_2CO_3 及少量未反應的 HCO_3^-，H_2CO_3 於水溶液 $H_2CO_{3(aq)} \rightarrow CO_2 + H_2O$，此時加以煮沸 2～3 分鐘以去除碳酸及 CO_2。

　　故溶液中剩餘 HCO_3^- 致使溶液呈鹼性（見圖），等溶液冷卻後再滴定 pH 值變化大，可明顯觀察到顏色的變化。

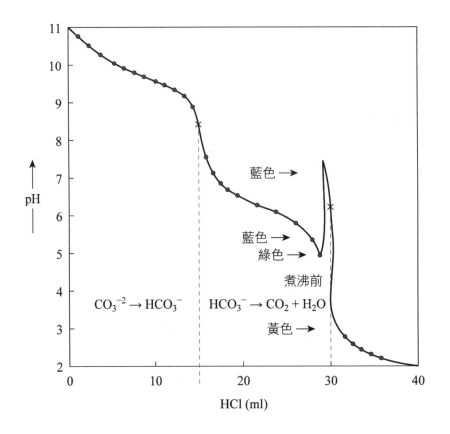

5. 鹼性試劑標準溶液常用 NaOH，另 KOH 及 Ba(OH)$_2$ 亦可使用，唯二者純度並不理想。

6. CO$_2$ 對標準鹼性溶液的影響

$$CO_{2(g)} + 2OH^- \rightarrow CO_3^{2-} + H_2O$$

顯示鹼性溶液易與大氣中之 CO$_2$ 作用生成碳酸鹽類。

(1) 若在滴定時使用酸性指示劑，如溴甲酚綠，pH 在 3.8～5.4 範圍變色，則會有下列反應：

$$CO_3^{2-} + 2H_3O^+ \rightarrow H_2CO_3 + 2H_2O$$

顯示反應消耗的鋞離子量，相當於用來形成 CO$_3^{2-}$ 所損失之 OH$^-$ 離子量，故恰好沒產生誤差。

(2) 若用鹼性指示劑，如酚酞 pH＝8.3～10.0，當指示劑顯示顏色變化時，CO$_3^{2-}$ 僅與一個鋞離子反應。

$$CO_3^{2-} + 2H_3O^+ \rightarrow HCO_3^- + 2H_2O$$

鹼的有效濃度被吸收而減少，以致造成負誤差。故配製 NaOH 時應避免 CO_3^{2-} 所造成誤差。

7. 避免 CO_3^{2-} 汙染 NaOH

(1) 利用 CO_3^{2-} 於濃鹼溶液中具極低的溶解度。故實驗時可採用 50% NaOH 溶液。

(2) 製備用水需不含 CO_2，故蒸餾水應先煮沸，隨後冷卻再加入鹼溶液中。注意應冷卻後再加入，因為熱的鹼溶液會迅速再吸收 CO_2。

8. 貯存玻璃瓶中之 NaOH 溶液，其濃度會慢慢減少（每週約 0.1～0.3%），主因鹼會與玻璃反應形成矽酸鈉。貯存最好不要超過兩週。而且鹼溶液不可貯存在附有玻璃塞子之容器內，因鹼與玻璃塞子會反應，經短暫時間後可能會使塞子被凝結住，無法開啟。

9. 鄰苯二甲酸氫鉀(KHP)，結構式為：

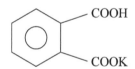

為一白色固體一級標準試劑，係弱單質子酸，
使用指示劑變色範圍需在 pH8～9 之間，故用酚酞為指示劑。

五、記錄與計算

1. HCl 的當量莫耳濃度

W：稱量 Na_2CO_3 重量(g)

a：以 0.1 N HCl 滴定之體積(mL)

b：空白試驗滴定之體積(mL)

Na_2CO_3 fw＝105.99

$N_{HCl} \times (a-b)/1000 = W/(105.99/2)$

當量點時

$$N \times \frac{V(mL)}{1000} = 酸的克當量數 = 鹼的克當量數$$

$$= \frac{Na_2CO_3 之重量(g)}{當量} = \frac{Na_2CO_3 之重量}{\dfrac{Na_2CO_3 之 fw}{2}}$$

2. NaOH 的當量濃度

$KHC_8H_4O_4$ 之 fw = 204.23 g/mol

W：$KHC_8H_4O_4$ 重(g)

a：用 0.1 N NaOH 滴定毫升數(mL)

b：空白試驗滴定數(mL)

當量點時：

鹼滴定當量點當量數 = 酸的當量數

$N \times (V\ mL/1000) = KHP$ 之 W/KHP 之當量

$\qquad\qquad = KHP$ 之 W/(KHP 之 fw/1)

求 NaOH 之當量濃度

$N_{NaOH} \times [(a-b)/1000] = W/204.23$

六、問題與思考

1. 配製 0.1 N HCl 或 NaOH 時皆需標定，為什麼？

2. 以 Na_2CO_3 來標定 HCl 時，為何在指示劑變色時須將溶液煮沸 2～3 分鐘，再繼續滴定？若未煮沸即進行滴定所得結果有何影響？

3. 說明空氣中 CO_2 對強鹼溶液之影響及其防制方法。

4. 鹼溶液於滴定及貯存時應注意哪些事項？

5. 酸鹼中和時 $N_1V_1 = N_2V_2$ 代表何種意義？又其如何轉換為與重量有關之計算式？

實驗 5-2　酸鹼比值的測定

一、實驗原理及目的

　　取一定體積已製備完成的酸標準溶液，加入酚酞作為指示劑，再以鹼標準溶液滴定至指示劑變色，即可得知二溶液之體積比，如此若其中一溶液之濃度已知，則可迅速計算出另一溶液之莫耳濃度。

　　進行中和滴定分析時，不小心滴定超過當量點時，則可由已知酸鹼溶液的體積比值之另一溶液予以反滴定，由滴定體積減去反滴定換算之相當體積，可迅速簡便的求出結果，否則此滴定過量之樣品必須丟棄。

二、藥品與器材

藥品：已製備好之 0.1 N HCl 及 0.1 N NaOH，酚酞指示劑溶液。

器材：250 mL 錐形瓶三個，50 mL 滴定管 2 支，其中必須有一支為鐵弗龍栓或橡皮控制器，25 mL 移液吸管，25 mL 或 50 mL 燒杯 1 個。

三、實驗步驟

分別將酸液(0.1 N HCl)及 0.1 N NaOH 3〜4 mL 加入玻璃栓及鐵弗龍栓之滴定管中沖洗。

↓

重複上述步驟 3〜4 次。

↓

分別以酸鹼液注滿各滴定管（記錄最初讀數）。

↓

在鹼液之滴定管頂部以小燒杯蓋住。

↓

由滴定管中移送 25 mL 之酸液於 250 mL 錐形瓶中。

↓

加入 2 滴酚酞指示劑於含酸液之錐形瓶中。

↓

小心滴入 NaOH 直至瓶內溶液由無色變為粉紅色，不褪去為止。

↓

再將此錐形瓶移至酸液之滴定管下，滴加 HCl 使溶液變為無色，並用蒸餾水少許沖洗瓶之內壁。

↓

此樣品溶液再以 NaOH 滴定使溶液變粉紅色保持 30 秒為止（記錄此時滴定管最終讀數）。

◎ 重複此實驗，並計算酸鹼的體積比值。
◎ 二次滴定的酸鹼比值平均相差須在，至 2ppt 之內。

 用鹼液滴定酸時，裝鹼液之滴定管需為鐵弗龍栓之滴定管，或者是包括一小段橡皮管，內裝有一個緊密貼合之玻璃珠的滴定管。

四、實驗相知識說明

1. 本實驗係計算酸及鹼標準溶液的體積比值，代表 1 mL 酸或鹼相當於多少 mL 鹼或酸溶液。

2. 酚酞若吸收來自大氣之 CO_2，則會使其在終點時褪色。

3. 力價(factor)的測定：
   所謂力價(factor)以 F 表示之，係為從測定值換算為物質量時使用之數值，與酸鹼比值稍有相似之處，故於此處加以說明。

   一般定量分析計算結果，通常以標準溶液的實驗濃度直接計算，不再計算其所需之力價，唯坊間有關食品檢驗分析書籍於計算時常使用力價(factor)計算，為避免學生接觸時不瞭解其意義，特說明於下：

例：一級標準試劑 Na_2CO_3，欲配製 0.1 N Na_2CO_3 溶液 1 L 時，精確稱取 5.2997 g Na_2CO_3 溶液，其力價(F)為 1.000。今假設配製時稱取 5.3721 g Na_2CO_3 稀釋定量至 1 L，此時其當量濃度已非 0.1 N，故可計算其力價(F)

$$F = 5.3721/5.2997 = 1.014$$

其實際當量莫耳濃度即為 0.1 N×F = 0.1014 N

　　在容量分析中和滴定實驗時，常預設使用酸或鹼標準溶液的適當濃度，但獲得精確的濃度非常重要，故常求其力價。以 HCl 為例，欲求 0.1 N HCl 之力價，則可取 25 mL，以已知力價的 0.1 N Na_2CO_3 溶液滴定之，達當量點時

　　0.1 N HCl 之 Factor
　　=（Na_2CO_3 溶液之滴定值×Na_2CO_3 溶液之 Factor）/25 mL

　　或利用標定求得實際 0.1 N HCl 溶液之當量濃度，計算力價。假設實際濃度為 0.0997 N，同上述其實際當量濃度 = 0.1 N×F，則 F = 0.997。

　　吾人建議計算時仍以直接標定求得實際之當量濃度，勿需以 Factor 來計算，以減少其複雜性。

五、記錄與計算

　　　　酸的 mL 數／鹼的 mL 數＝酸鹼比值
此處酸鹼比值表示 1 mL 鹼標準溶液相當於酸的 mL 數

六、問題與思考

1. 實驗中鹼液滴定管頂部以小燒杯蓋住，目的為何？若不蓋住有何影響？

2. 實驗以酚酞為指示劑達滴定終點時溶液呈粉紅色須保持 30 秒，試問超過 30 秒後褪色是否亦可認定為達滴定終點？為什麼？

3. 以 NaOH 滴定至溶液呈粉紅色後，又以 HCl 滴定至無色，再以 NaOH 滴定之，其目的為何？

4. 何謂力價(factor)？請你以實驗 5-1，標定之 HCl 及 NaOH 為例，計算出二者的力價。

實驗 5-3 食醋中酸含量之測定

一、實驗原理及目的

　　食醋中主要的酸為醋酸，雖尚有其他有機酸的存在，分析結果仍皆以醋酸(acetic acid)來表示，市售食醋通常其含量約在 4.5% (w/v)以上，測定食醋總酸含量，可用標準鹼溶液來滴定之。

　　實驗時以強鹼標準溶液(NaOH)滴定食醋中的弱酸（CH_3COOH 等有機酸），指示劑用酚酞，達當量點時，溶液呈粉紅色，其反應式如下：

$$NaOH + HC_2H_3O_2 \rightarrow NaC_2H_3O_2 + H_2O$$

　　由於中和後形成弱鹼 $NaC_2H_3O_2$，導致當量點時溶液的 pH＞7，強酸強鹼的實驗，滴定當量點時形成中性的鹽類和水，溶液 pH＝7，與本實驗結果不同，此類滴定可應用在測定果汁飲料食品的酸度。

二、藥品與器材

藥品：標定過的 0.1 N NaOH，標定過的 0.1 N HCl（可有可無），酚酞指示劑溶液。

器材：滴定管（裝 0.1 N NaOH 用），250 mL 錐形瓶 4 個，50 mL 吸量管 1 支，25 mL 吸量管 1 支，250 mL 定量瓶 1 個。

三、實驗步驟

將食醋樣品搖勻。

↓

以吸量管吸取 5.0 mL 食醋至 250 mL 錐形瓶中。

↓

加 50 mL 蒸餾水。

↓

混合均勻。

↓

加入 2 滴酚酞指示劑溶液。

↓

以 0.1 N 標定過之 NaOH 滴定至出現粉紅色持續約 30 秒，記錄消耗 NaOH 的 mL 數。

↓

計算每 100 mL 樣品（食醋）總酸度之含量，以醋酸%(w/v)表示。

◎ 至少做三重複。
◎ 以 55 mL 蒸餾水做空白試驗。

四、相關實驗知識說明

1. 瓶裝醋曝露於空氣中會導致酸度降低，故應密封貯存。

2. 酚酞吸收大氣中之 CO_2 會造成褪色現象。

3. 本實驗亦可應用於其他食品中有機酸的定量，樣品若為液體試料則可直接稀釋，若為固體先稱適當的樣品，以蒸餾水均質萃取有機酸後稀釋至定量體積，再取一定量的稀釋溶液，以鹼標準溶液滴定之。

4. 相當於 1 mL 0.1 N NaOH 的有機酸量

種　類	相當的毫克數
醋　酸	6.0
乳　酸	9.0
酒石酸	7.5
蘋果酸	6.7
檸檬酸	6.4
琥珀酸	5.9

五、記錄與計算

N：使用之 NaOH 的當量濃度

a：NaOH 滴定樣品消耗的體積(mL)

b：空白試驗之滴定體積(mL)

計算式：

$$HC_2H_3O_2 \%(w/v) = N_{NaOH} \times \frac{a-b}{1000} \times HC_2H_3O_2 \text{ 數之 } fw \times 1/5 \times 100\%$$

六、問題與思考

1. 食品中的有機酸主要有哪些？請查出結構式。食醋中主要為何種酸？

2. 請說明實驗之反應方程式及使用指示劑之變色 pH 範圍為何？為何不用其他指示劑，例如溴甲酚綠？

3. 實驗中哪些步驟應精確量取樣品，哪些步驟則可不需要？

不純樣品中碳酸鈉含量的測定 （總鹼度的測定）

一、實驗原理及目的

　　工業用無水碳酸鈉(Na_2CO_3)的總鹼度，可利用中和滴定以標準酸溶液測定之。樣品中常含有氯化物，氫氧化物如 NaCl，NaOH 等雜質，以標準酸溶液滴定時，除了主要成分 Na_2CO_3 被中和外，其中夾雜之 NaOH，鹼金屬及鹼土金屬硫化物等亦被中和，故測定所得量並非真正 Na_2CO_3 之百分比，是所含總鹼量的百分比，一般通稱為總鹼度，以 Na_2O%或 Na_2CO_3%來表示。若是樣品中夾雜汙染物不會干擾滴定，則其滴定與碳酸根(CO_3^{2-})的情形完全相同。其他鹼性物質如 K_2CO_3，CaO，$CaCO_3$ 等可以本法測定之，極為簡便。

二、藥品與器材

藥品：標定過的 0.1 N HCl，標定過的 0.1 N NaOH（可有可無），溴甲酚綠指示劑溶液。

器材：天平、藥勺、稱量瓶、50 mL 滴定管 1 支、250 mL 錐形瓶 4 個。

三、實驗步驟

在 110°C 乾燥未知樣品 2 小時。

↓

取出置入乾燥器中冷卻至室溫。

↓

精稱未知樣品 0.30～0.35 g，記錄到小數點後四位，置入 250 mL 錐形瓶中。

↓

以 50 mL 蒸餾水溶解之。

↓

加 2 滴溴甲酚綠指示劑（藍色）。

↓

以標定過的 HCl 滴定至指示劑變綠色。

↓

煮沸 2～3 分鐘，使溶液變回藍色。（若仍為綠色則可丟棄樣品，或用鹼標準溶液反滴定。）

↓

繼續以 HCl 滴定至綠色。

↓

讀取滴定所消耗標準 HCl 溶液的體積。

↓

計算樣品中含 Na_2CO_3 之百分率。

◎ 以 50 mL 蒸餾水做空白試驗。

◎ 實驗至少做三重複。

四、實驗相關知識說明

1. Na_2CO_3 以標準酸溶液 HCl 滴定時，具有兩個當量點

    $Na_2CO_3 + HCl \rightarrow NaHCO_3 + NaCl$ \qquad pH ＝ 8.3

    $NaHCO_3 + HCl \rightarrow H_2CO_3 + NaCl$ \qquad pH ＝ 3.8

2. 以甲基橙或溴甲酚綠為指示劑滴定至第二當量點變化較為顯著，唯若能去除溶液中之 CO_2，則變化將更明顯，因而需煮沸 2～3 分鐘，以去除水中之 CO_2。

3. 煮沸溶液有造成溶液體積損失之可能，唯溫和短時間的沸騰損失量極小，並不致影響結果，故可採用。

4. 煮沸後若仍為綠色，未變藍色，表示加入之酸已過量可用標準鹼溶液反滴定，否則需丟棄樣品，重新分析滴定。

5. 實際測定時，亦可採用兩種指示劑混合法，效果亦佳。

五、記錄與計算

S：樣品之重量(g)

a：HCl 滴定樣品所需酸溶液的體積(mL)

b：HCl 滴定空白試驗所需酸溶液的體積(mL)

N：標定過 HCl 標準溶液之當量濃度

計算

$$Na_2CO_3\% = \frac{N \times \dfrac{a-b}{1000} \times \dfrac{fw_{(Na_2CO_3)}}{2}}{S} \times 100\%$$

六、問題與思考

1. Na_2CO_3，滴定時其有幾個當量點？請列出反應式及當量點之 pH 值。

2. 實驗第一步驟在 110°C 乾燥樣品，某生操作疏忽將樣品置入 550°C 灰化爐 2 小時，請問對實驗可能造成哪些影響？

實驗 5-5　利用雙重指示劑測定碳酸鈉及碳酸氫鈉的含量

一、實驗原理及目的

在含 Na_2CO_3，$NaHCO_3$ 或 $NaOH$ 的單獨或混合溶液中，如欲分析某物種在混合物中所佔的百分比，則可利用兩種指示劑在不同區域變色，求得各滴定終點所需之滴定液體積，進而計算出各物種之組成，此方法又稱為雙重指示劑滴定法。

Na_2CO_3 以酸標準溶液滴定時，其滴定過程分兩階段

$$CO_3^{2-} + H_3O^+ \rightarrow HCO_3^- + H_2O \qquad\qquad 當量點\ pH = 8.3$$

$$HCO_3^- + H_3O^+ \rightarrow H_2CO_3 + H_2O \rightarrow CO_2 + 2H_2O \qquad\qquad 當量點\ pH = 3.8$$

當以酸進行滴定，首先完成第一階段反應，達滴定終點時 pH＝8.3，此時酚酞由紅色變無色，若再繼續滴定時，則需與第一階段中和時等體積之酸來完成第二階段滴定，達第二階段的滴定終點，此時 pH＝3.8，可使甲基橙由黃色變成紅色，或使溴甲酚綠由藍色變成綠色；如此可指示出兩階段反應情形，藉以計算出各混合物之比例。

二、藥品與器材

藥品：標定過的 0.1 N HCl，標定過的 0.1 N NaOH，溴甲酚綠指示劑溶液，酚酞指示劑溶液，10%(w/v)BaCl$_2$。

器材：天平、稱量紙、藥勺、滴定管 2 支、100 mL 定量瓶 1 個、25 mL 移液吸管 1 支、50 mL 移液吸管 1 支、250 mL 錐形瓶 4 個。

三、實驗步驟

方法一

1. 樣品溶液的製備

   精稱 1.2～1.5 g 之 $NaHCO_3$ 及 Na_2CO_3 混合樣品，記錄到小數點後四位，於 100 mL 定量瓶中。

   ↓

   加蒸餾水至標準線。

   ↓

   混合均勻。

2. 鹼總毫當量數的測定

   以 25 mL 移液吸管吸取 25 mL 上述樣品溶液於 250 mL 錐形瓶中。

   ↓

   加入 50 mL 蒸餾水。

   ↓

   加 2 滴溴甲酚綠指示劑。

   ↓

   以 0.1 N HCl 滴定至溶液呈綠色。

   ↓

   煮沸 2 分鐘使溶液變回藍色。

   ↓

   冷卻後，再以 HCl 滴定至綠色。

   ↓

   記錄 HCl 滴定體積(a mL)。

   計算樣品之總毫當量數。

◎ 實驗至少做三重複。

◎ 另 75 mL 蒸餾水做空白試驗，空白滴定體積(b mL)。

3. 測定碳酸氫鈉($NaHCO_3$)的毫當量數

以移液吸管吸取 25 mL 樣品溶液於 250 mL 錐形瓶中。

↓

加入精準 50 mL 標定過 0.1 N NaOH。

↓

立即加入 10 mL 10% $BaCl_2$ 及 2 滴酚酞指示劑（粉紅色）。

↓

以 HCl 標準溶液滴定溶液中過剩之 NaOH，使溶液由紅色變為無色維持 30 秒不褪色。

↓

記錄 HCl 所消耗體積(c mL)。

◎ 實驗至少做三重複。

4. 空白試驗：取 25 mL 蒸餾水，加入 10 mL 10% $BaCl_2$ 溶液，再加入 50 mL 之 NaOH 和 2 滴酚酞指示劑，以 HCl 滴定至無色。（若前已知酸鹼比值直接換算亦可，）記錄空白滴定體積(d mL)。

此空白滴定與上述樣品滴定 3 所需 HCl 之體積差，即為 HCl 標準溶液消耗於 $NaHCO_3$ 之體積(d–c)。

計算樣品中所含%$NaHCO_3$ 及%Na_2CO_3。

方法二

1. 樣品溶液的製備

精稱 1.2～1.5 g 之 $NaHCO_3$ 及 Na_2CO_3 混合樣品，記錄到小數點後四位，於 100 mL 定量瓶中。

↓

加入蒸餾水至標線。

↓

混合均勻。

2. Na_2CO_3 莫耳數的測定

以移液吸管吸取 25 mL 上述樣品溶液於 250 mL 錐形瓶中。

↓

加入 25 mL 蒸餾水。

↓

加入 2 滴酚酞指示劑。

↓

以 0.1 N HCl 滴定到溶液呈無色。

↓

記錄 HCl 滴定體積(a mL)。

計算樣品之 Na_2CO_3 莫耳數。

◎ 實驗需三重複。

◎ 另以 50 mL 蒸餾水做空白試驗，空白試驗滴定體積(b mL)。

3. $NaHCO_3$ 莫耳數的測定

以移液吸管吸取 25 mL 樣品溶液於 250 mL 錐形瓶中。

↓

加入 25 mL 蒸餾水。

↓

加入 2 滴溴甲酚綠（藍色）。

↓

以 HCl 標準溶液滴定到溶液呈綠色。

↓

煮沸此溶液 2～3 分鐘，使溶液變回藍色。

↓

繼續以 HCl 滴定至呈綠色。

↓

記錄 HCl 的滴定體積(c mL)。

◎ 實驗需三重複。

◎ 另以 50 mL 蒸餾水進行空白試驗，滴定體積為(d mL)。

四、實驗相關知識說明

（一）方法一說明

1. 鹼總毫當量數的測定：樣品混合物中含有(1)Na_2CO_3、(2)$NaHCO_3$，以溴甲酚綠為指示劑，用 HCl 滴定至呈綠色時，表示下兩反應皆已完成，pH 達 3.8。

   (1) $Na_2CO_3 + HCl \rightarrow NaHCO_3 + NaCl$

   $$\downarrow HCl$$

   $$NaCl + H_2CO_3 \rightarrow H_2O + CO_2$$

   (2) $NaHCO_3 + HCl \rightarrow H_2CO_3 + NaCl$

   $$H_2CO_3 \rightarrow H_2O + CO_2$$

2. 求 $NaHCO_3$ 的毫當量數。

   (1) $NaOH + NaHCO_3 \rightarrow Na_2CO_3 + H_2O$

   （過量）

   故此時溶液中含有 Na_2CO_3 及作用 $NaHCO_3$ 後剩餘之 NaOH，所消耗之 NaOH 當量數相當於 $NaHCO_3$ 之當量數。

   (2) 步驟中加入 10% $BaCl_2$ 溶液 10 mL，產生 $BaCO_3$ 的沉澱，其溶解度甚低，不致造成干擾。
   $Ba^{2+} + CO_3^{2-} \rightarrow BaCO_3$ 此時溶液中僅存 OH^- 離子（來自 NaOH），而原存之 Na_2CO_3 已完全作用沉澱，再以 HCl 滴定溶液中反應剩餘之 NaOH（以酚酞指示劑）。

   (3) 空白試驗，則以等量(50 mL)的 NaOH 為樣品，再以 HCl 滴定之，求出樣品中全部 NaOH 所需 HCl 的滴定體積，$NaHCO_3$ 的毫當量數即為：
   （空白試驗 mL－滴定樣品之 mL）$\times N_{HCl}$

（二）在任何溶液中，NaOH、Na_2CO_3 及 $NaHCO_3$ 等三種成分能大量同時存在的僅有兩種，因其會反應而排除第三種成分。

如：NaOH，Na_2CO_3，$NaHCO_3$ 共存，因：

$$NaOH + NaHCO_3 \rightarrow Na_2CO_3 + H_2O$$

當 NaOH 過量則溶液中僅剩 NaOH，Na_2CO_3

當 $NaHCO_3$ 過量則溶液中僅剩 $NaHCO_3$，Na_2CO_3

若 NaOH，$NaHCO_3$ 等量混合則僅剩 Na_2CO_3

（三）含 NaOH，$NaHCO_3$，Na_2CO_3 混合物滴定分析之體積關係

存在成分	滴定終點時之體積（V_{ph}－酚酞指示劑，V_{bg}－溴鉀酚綠指示劑）
NaOH	$V_{ph} = V_{bg}$
Na_2CO_3	$V_{ph} = 1/2 V_{bg}$
$NaHCO_3$	$V_{ph} = 0$，$V_{bg} > 0$
NaOH，Na_2CO_3	$V_{ph} > 1/2 V_{bg}$
Na_2CO_3，$NaHCO_3$	$V_{ph} < 1/2 V_{bg}$

（四）以酚酞及甲基橙為指示劑者

1. 以 Na_2CO_3，$NaHCO_3$ 混合為例。

(1) Na_2CO_3　　　　(2) $NaHCO_3$

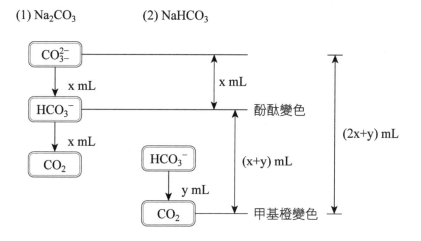

2. 以 NaOH，Na₂CO₃ 的混合物為例。

(1) NaOH   (2) Na₂CO₃

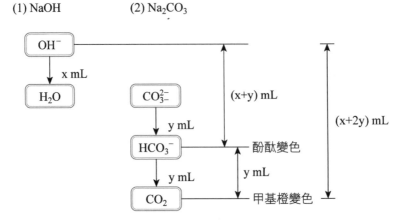

五、記錄與計算

（一）方法一

S：樣品重(g)

1. 總毫當量數測定(A)

a：HCl 滴定樣品之體積(mL)

b：HCl 滴定空白試驗之體積(mL)

N_{HCl}：HCl 當量濃度

$A = (a-b) \times N_{HCl} = NaHCO_3 + Na_2CO_3$ 之總毫當量數

2. NaHCO₃ 之毫當量數(B)

c：HCl 滴定樣品之體積(mL)

d：HCl 滴定空白試驗之體積(mL)

B：NaHCO₃ 之毫克當量數 $= (d-c) \times N_{HCl}$

3. Na₂CO₃ 之毫當量數 $= A - B$

$$\%NaHCO_3 = \frac{\dfrac{B}{1000} \times \dfrac{84}{1} \times \dfrac{100}{25}}{S} \times 100\%$$

$$\%Na_2CO_3 = \frac{\dfrac{(A-B)}{1000} \times \dfrac{106}{2} \times \dfrac{100}{25}}{S} \times 100\%$$

（二）方法二

S：樣品重(g)

1. Na_2CO_3 莫耳數測定(A)

   a：以酚酞為指示劑，HCl 滴定樣品之體積(mL)

   b：以酚酞為指示劑，HCl 滴定空白試驗之體積(mL)

   N_{HCl}：HCl 的當量濃度

   $$A = N_{HCl} \times \frac{a-b}{1000}$$

2. $NaHCO_3$ 莫耳數測定(B)

   c：以溴甲酚綠為指示劑，HCl 滴定樣品之體積(mL)

   d：以溴甲酚綠為指示劑，HCl 滴定空白試驗之體積(mL)

   $$B = N_{HCl} \times \frac{(c-d) - 2(a-b)}{1000}$$

3. $$\%Na_2CO_3 = \frac{A \times \frac{106}{2} \times \frac{100}{25}}{S} \times 100\%$$

   $$\%NaHCO_3 = \frac{B \times \frac{84}{1} \times \frac{100}{25}}{S} \times 100\%$$

六、問題與思考

1. 測定 $NaHCO_3$ 時溶液中為何要加入 10 mL 的 10% $BaCl_2$？若不加入實驗結果會有何影響？

2. NaOH，$NaHCO_3$ 及 Na_2CO_3 三者同時大量存在之可能性小，因其會反應排除第三種成分，說明其各種可能狀況。

3. 混合物含 $NaHCO_3$ 及 Na_2CO_3 時，以 HCl 滴定，至溴甲酚綠呈綠色（滴定終點），此時二物質的反應方程式為何？

4. 若欲滴定含 NaOH 及 Na_2CO_3 的混合物，請說明其在滴定過程中雙重指示劑之變化情形，並列出有關 NaOH%及 Na_2CO_3%之計算式。

MEMO

0.01 M 乙二胺四醋酸(EDTA)的製備與標定

一、實驗原理及目的

EDTA（ethylene diaminetetraacetic acid，乙二胺四醋酸），結構式為

$$
\begin{array}{cc}
HOOC-H_2C \diagdown & \diagup CH_2-COOH \\
N-CH_2-CH_2-N \\
HOOC-H_2C \diagup & \diagdown CH_2-COOH
\end{array}
$$

在 1945 年首先被提出使用，由於其兩個氮上面的未共用電子對和四個羧酸形成特殊的六芽團配位子(ligand)，共有六個位置可與金屬離子結合形成多鍵而安定的錯離子化合物，稱為鉗合物或錯合物(chelate compound)，而 EDTA 本身則稱為鉗合劑或螯合劑(chelating agent)。此錯合物無色且可溶於水中，以 EDTA 測定金屬離子含量時，需添加指示劑先與金屬離子結合呈色，當以 EDTA 滴定達當量點時，表示與指示劑結合之金屬離子已釋放出來與 EDTA 結合，游離態的指示劑呈另種顏色，作為滴定終點的判定。

實驗欲利用形成錯合物的滴定法來測定金屬離子的含量，需考慮兩大因素：(1)形成之錯合物解離常數要小；(2)螯合劑與金屬作用定量上是 1：1 的形式。EDTA 符合上述兩個條件，利用此特性，以 EDTA 標準溶液滴定樣品中的金屬離子產生穩定的鉗合物，並透過指示劑的變色，得知其滴定終點，進而計算出樣品中金屬離子的含量。在食品分析上的應用，常見於水中硬度的測定，牛乳中鈣含量測定，鎂的測定等。

二、藥品與器材

藥品：0.1 M EDTA (EDTA-2Na · 2H₂O)、羊毛鉻黑 T (Eriochrome Black T, EBT) 指示劑溶液、三乙醇胺(Triethanolamine, TEA)、絕對酒精（無水酒精，absolute alcohol）、市售濃氨水（28%(w/w)，比重 0.898）、NH₄Cl、6 M 濃氨水、3 N HCl、CaCO₃、甲基橙指示劑。

器材：天平、加熱器、1 L 定量瓶 3 支、100 mL 燒杯 1 個、250 mL 燒杯 1 個、1 L 廣口瓶、50 mL 滴定管 1 支、25 mL 移液吸管、2 mL 移液吸管、安全吸球、500 mL 燒杯 1 個、250 mL 錐形瓶 4 個。

三、實驗步驟

1. EBT 指示劑溶液製備

　　稱取 100 mg EBT 固體，溶於含有 15 mL 三乙醇胺及 5 mL 絕對酒精，混合均勻。

◎ 此試劑必須每二週製備一次，並冷藏貯存。

2. EDTA (0.01 M)溶液製備

在 80°C 下，乾燥一級 EDTA-2Na 二水合物 2 小時。

↓

在乾燥器中冷卻後，精稱 3.8 g（記錄至 0.1 mg）放入 250 mL 燒杯中。

↓

加入 150 mL 蒸餾水，攪拌均勻。

↓

倒入 1 L 的定量瓶，以 100 mL 蒸餾水沖洗燒杯三次，併入定量瓶中。

↓

加蒸餾水至標準線。

↓

混合均勻。

3. 緩衝溶液(pH 10)

　　量取 570 mL 濃氨水和 70 g NH₄Cl 混合均勻後，以蒸餾水稀釋至 1 L，混合均勻。

①EDTA 需精稱至 0.1 mg。

②直接配製標準溶液必須完全除去水中的多價陽離子。

③可以用已知濃度的 Mg²⁺溶液或一級標準的 CaCO₃ 來標定。

4. 標準 CaCO₃ 溶液配製

精稱 105℃ 乾燥過之 CaCO₃ 1 g，記錄到小數點後四位。

↓

放入 500 mL 錐形瓶中，先加入 50 mL 蒸餾水，再緩慢加入 3 N HCl 使其完全溶解（溶液呈清徹透明）。

↓

加入 200 mL 蒸餾水煮沸 3 分鐘以除去 CO₂。

↓

冷卻後加入 2～3 滴甲基橙（或甲基紅）指示劑。

↓

緩慢滴入 6 M 氨水至溶液呈橙色（甲基橙）或黃色（甲基紅）。

↓

定量至 1000 mL。

↓

混合均勻。

計算 CaCO₃ 之莫耳濃度(M)。

5. 標定方法

以移液吸管精確吸取 25 mL CaCO₃ 標準溶液於 250 mL 錐形瓶中。

↓

加入 2 mL 緩衝溶液及 2 滴 EBT 指示劑（此時呈紅色）。

↓

以 EDTA 溶液滴定至變成藍色為止。

↓

計算 EDTA 的濃度。

◎ 至少做三重複。

◎ 以 25 mL 蒸餾水做空白試驗。

四、實驗相關知識說明

1. EDTA 為 4 元酸

$H_4Y \rightarrow H_3Y^- + H^+$　　　　　　　$pk_1 = 1.02 \times 10^{-2}$

$H_3Y^- \rightarrow H_2Y^{2-} + H^+$　　　　　　$pk_2 = 2.14 \times 10^{-3}$

$H_2Y^{2-} \rightarrow HY^{3-} + H^+$　　　　　　$pk_3 = 6.92 \times 10^{-7}$

$HY^{3-} \rightarrow Y^{4-} + H^+$　　　　　　　$pk_4 = 5.50 \times 10^{-11}$

滴定應用特性：

(1) 當 pH > 10 時，溶液中以 Y^{4-} 為主要成分。

(2) $M^{2+} + Y^{4-} \rightarrow MY^{2-}$（$M^{2+}$ 為金屬離子，MY^{2-} 於弱酸或鹼性中安定）。

(3) 與金屬離子作用通常生成 1：1 的穩定錯合物。

(4) Na_4Y 於溶液中易水解形成高鹼性，使金屬離子生氫氧化物沉澱，故常用 $Na_2H_2Y \cdot 2H_2O$，其組成常溫下安定，加熱 100℃ 以上會失去結晶水，造成強吸水性。

滴定時：pH 不能太低，亦不可過高，水硬度 Ca^{2+}，Mg^{2+} 的測定，通常 pH = 10 左右。

◎ 注意：溶解速率緩慢約需 15 分鐘。

2. 指示劑：EBT（Eriochrome Black T，羊毛鉻黑）

$$H_2In^-（紅色）\qquad\qquad HIn^{2-}（藍色）$$

當 pH＝7～11 時，指示劑呈藍色。

但加入 Ca^{2+}，Mg^{2+}，Zn^{2+}，Cd^{2+}，Hg^{2+}，Pb^{2+}等金屬離子時，則

$$\underset{（藍色）}{HIn^{2-}}+Mg^{2+}\rightarrow\underset{（紅色）}{MgIn^-}+H^+$$

缺點：靜置會緩慢分解，冷藏可減緩之，每二星期須更換指示劑。

3. 緩衝溶液

以 570 mL 濃氨水和 70 g N H_4Cl 加水定量至 1 L

$[OH^-]＝K_b(M_{NH3}/M_{NH4Cl})＝1.76\times10^{-5}(0.898\times28\%\times570/17)/(70/53.5)$

$\qquad＝1.134\times10^{-4}$

$[H_3O^+]＝1\times10^{-14}/1.134\times10^{-4}＝8.8\times10^{-11}\qquad\qquad pH＝10.06$

本緩衝溶液須貯存在聚乙烯(P.E.)塑膠瓶中，蓋緊以防 NH_3 逸失及 CO_2 之溶入。

4. 滴定應用

直接滴定法：

一定容量之 Mg^{2+} 或 Ca^{2+}等溶液中

$\downarrow + EBT$

$MgIn^- + Free\ Mg^{2+}$
_{（紅色）}

$\downarrow + EDTA$

$MgY^{2+} + HIn$ （pH=10)此時即達滴定終點。
_{（更安定）} _{（藍色）}

五、記錄與計算

1. 計算 $CaCO_3$ 的濃度

$$\frac{\dfrac{CaCO_3的克數}{fw}}{溶液體積(L)} = \frac{\dfrac{1\ g}{100\ g/mole}}{1\ L} = 0.01\ M$$

2. 計算 EDTA 的濃度

C：$CaCO_3$ 的莫耳濃度(M)

a：EDTA 滴定 25 mL $CaCO_3$ 所需之體積(mL)

b：EDTA 空白滴定試驗(mL)

$$EDTA(M) = \frac{25}{a-b} \times C$$

另若求滴定濃度(Titer, T)

$$T = \frac{mg\ CaCO_3}{mLEDTA}$$

即 1 mL EDTA 相當於多少 mg $CaCO_3$

六、問題與思考

1. 何謂螯合劑(chelating agent)？EDTA 應用的二大先決因素為何？

2. 配製標準 $CaCO_3$ 溶液時，為何要用氨水滴加入溶液直到甲基橙指示劑呈橙色？

3. 標定 EDTA 時須添加 2 mL 緩衝溶液，請問何謂緩衝溶液？添加目的為何？

4. 請說明指示劑 EBT 於滴定反應中之呈色效應。

實驗 6-2 鎂(Mg)含量的測定

一、實驗原理與目的

鎂的定量方法很多，以使用 EDTA 滴定法較為簡便。利用 EDTA 標準溶液直接滴定，當樣本溶液中含鎂離子時，加入羊毛鉻黑(EBT)指示劑與鎂離子結合產生 $MgIn^-$ 紅色化合物，以標準 EDTA 溶液滴定之。當量點時，鎂離子完全為 EDTA 所螯合，形成穩定鉗合物不再解離，此時，Mg^{2+} 由 $MgIn^-$ 解離出來，在 pH 10，生成 HIn^{2-} 呈藍色，據此判定為滴定終點，計算出鎂離子的濃度。

二、藥品與器材

藥品：1. 0.01 M $MgCl_2$ 溶液之配製 $MgCl_2$ 經 80°C，乾燥 1 小時後冷卻至室溫，稱量約 0.95 g，置於 1 L 之定量瓶中（使用漏斗，並用水沖洗），定量至 1000 mL。

2. 其餘藥品、器材與實驗 6-1 相同。

三、實驗步驟

1. 利用 EDTA 滴定測定鎂之含量

精確量取 50 mL 含鎂溶液（以 50 mL 移液吸管吸取）至 250 mL 錐形瓶中。

↓

加入 2 mL pH 10 緩衝溶液。

↓

再滴加 2 滴 EBT 指示劑，此時溶液呈紅色。

↓

以 0.01 M EDTA 溶液進行滴定，溶液由紅變藍時即為滴定終點。

四、實驗相關知識

1. 終點附近 EBT 指示劑顏色變化很慢，須小心滴定。

2. 樣品中若存在其他鹼土金屬離子，如 Ca^{2+}，Ba^{2+}等，可用$(NH_4)_2CO_3$ 予以去除，如為多價陽離子則可使其生成氫氧化物沉澱去除之。

3. Mg 的形成常數 $logK_{Mgy}=8.69$，故鎂滴定時 pH 不得低於 8.69，但 pH 亦不得高過 11，否則鎂會水解生成 $MgOH^+$，$Mg(OH)_2$，而不與 EDTA 生成螯合物，故 EDTA 滴定常用緩衝溶液，控制在 pH 10 左右。

五、記錄與計算

C：EDTA 的莫耳濃度

a：EDTA 滴定所用之體積(mL)

n：Mg 試液的體積(mL)

Mg 的 fw：24.329 g/mol

$Mg^{2+}(ppm)=(a\ mL/1000\ mL)\times(C/n)\times24.329\ g/mol\times10^6$

式中之 C 亦可以 F（力價）×0.01 來代替。

六、問題與思考

1. 何謂 ppm？ppb？和 ppt？

2. 實驗中須加入 2 mL 緩衝溶液，某生疏忽操作中加入 20 mL，請問會有何影響？

3. 本實驗之溶液若測其 pH 值發現為 13，請問可能會有哪些影響？

利用乙二胺四醋酸(EDTA)測定水的硬度

一、實驗原理及目的

　　水中如含有鈣、鎂等金屬氯化物、硫酸鹽或酸性碳酸鹽等，即稱為硬水，若為 $Ca(HCO_3)_2$ 或 $Mg(HCO_3)_2$ 等化合物則又稱暫時硬水。如含有鈣、鎂等的氯化物如 $CaCl_2$，$MgCl_2$ 或 $MgCO_3$，$CaSO_4$ 等則稱為永久硬水。測定水的硬度常用 EDTA 來滴定溶液中的金屬離子，以決定其硬度。樣品溶液加入 pH 10 的溶液，使樣品溶液 $pH＝10$，以 EBT 指示劑，指示劑與水中的 Mg^{2+}，Ca^{2+} 等離子結合形成紅色錯離子，當以 EDTA 標準溶液滴定時，水中鈣、鎂等離子會與 EDTA 形成錯離子，當繼續滴定時，EDTA 再與金屬離子及指示劑(EBT)結合之錯離子中的 Ca^{2+}，Mg^{2+}。形成螯合錯離子，致使 EBT 指示劑與金屬離子分離，回復為原來的藍色，此時即達滴定終點，記錄其使用 EDTA 量。計算水的硬度，硬度以 $CaCO_3$ 濃度來表示，單位為 ppm，即每 1 L 水中所含 $CaCO_3$ 的毫克數。

二、藥品與器材

藥品：0.01 M EDTA 標準溶液，6 N HCl，6 N NaOH，甲基紅指示劑溶液，EBT 指示劑溶液，pH 10 緩衝溶液。

器材：加熱攪拌器、1 mL 移液吸管、滴定管、錐形瓶、100 mL 量筒。

三、實驗步驟

精確量取 100 mL 自來水置入 250 mL 錐形瓶中。

↓

加入 1 mL 6 N HCl 溶液以酸化樣品。

↓

緩和煮沸 3 分鐘以除去 CO_2。

↓

冷卻至室溫後，加入 2 滴甲基紅指示劑。

↓

以 6 N NaOH 溶液中和樣品溶液（紅色轉變為黃色）。

↓

再加入 2 mL pH 10 緩衝溶液及 2 滴 EBT 指示，溶液呈紅色。

↓

以 0.01 M EDTA 標準溶液滴定至樣品溶液呈藍色為止，即為滴定終點。

 指示劑顏色變化很慢，故滴定時要緩慢。

四、實驗相關知識說明

1. 實驗係利用 EDTA 與水中鈣、鎂離子作用產生可溶性錯離子化合物來測定，故所測得結果係為總硬度。

2. 硬度表示法各國皆有自行規定，例如：
   我國：每升水中所含 $CaCO_3$ 的 mg 數。
   德國：每 100 mL 水中所含 CaO 之 mg 數。
   法國：每 100 mL 水中所含 $CaCO_3$ 的 mg 數。

3. 暫時硬水是水中含 $Ca(HCO_3)_2$ 或 $Mg(HCO_3)_2$ 等化合物，其等經加熱後可生成 $CaCO_3$ 或 $MgCO_3$ 等沉澱物

   $$Ca(HCO_3)_2 \rightarrow CaCO_3\downarrow + CO_2 + H_2O$$

   煮鍋或茶壺長期加熱暫時硬水，以致常有 $CaCO_3$ 沉澱析出，形成鍋垢影響熱傳，若不直接飲入對人體無影響。欲去除鍋垢可以稀酸溶解之。

4. 水樣中若含有 Ni^{2+}，Co^{2+}，Fe^{2+}，Cu^{2+}，等離子則會干擾滴定終點的判斷，可添加隱蔽劑(masking agent)以改善之，常用 5%NaCN 或 KCN，唯緩衝溶液須調整 pH 值在 10 左右，以抵銷 NaCN 水解後產生之鹼。

 NaCN 及 KCN 有劇毒性。

5. 緩衝溶液 pH 不可大於 11，否則 Mg 會水解產生 $MgOH^+$，進而產生 $Mg(OH)_2$ 沉澱而不與 EDTA 作用，Ca^{2+} 以 EBT 當指示劑，終點較不明顯，若有 Mg^{2+} 存在則變化較敏銳。

五、記錄與計算

C：EDTA 的莫耳濃度

a：EDTA 滴定體積(mL)

fw of $CaCO_3$ ＝ 100 g/mol

n：水的體積(100 mL)

水總硬度($CaCO_3$)ppm＝(a/1000)×(C×1/n)×100×10^{6}ppm

六、問題與思考

1. 何謂暫時硬水？永久硬水？經加熱後會有何種變化？

2. 樣品水先加入 6 N 的 HCl 1 mL 後，煮沸，再中和，請問加 HCl 的目的為何？

3. 樣品中若有其他干擾離子存在時，可如何處理？

MEMO

氧化還原滴定法

Analytical Chemistry Lab.

實驗 7-1　0.1 N 過錳酸鉀(KMnO₄)溶液之製備

一、實驗原理

　　氧化還原反應為化學反應中反應物的電子轉移至其他反應物上的過程，氧化與還原反應同時發生。反應中，反應物失去電子的作用稱氧化(oxidation)，氧化數增加。物種於反應中若得到電子則稱還原(reduction)，氧化數減少。失去電子之物種被氧化卻造成另一反應物之還原，故稱還原劑；得電子之物種被還原，卻造成另一反應物之氧化，故稱氧化劑。過錳酸鉀($KMnO_4$)即為氧化還原反應中常用之強氧化劑之一，另如重鉻酸鉀、硫酸鈰及碘等氧化劑亦經常使用，過錳酸鉀本身於反應中即有顏色變化，不須另加指示劑，使用較為方便。但由於其氧化力強，故製備時須加注意，以確保 $KMnO_4$ 標準溶液的品質。

二、藥品與器材

藥品：試藥級 $KMnO_4$。

器材：天平，加熱攪拌器，玻璃過濾器 1 支，1000 mL 抽氣三角瓶 1 個，棕色試藥瓶，1500 mL 燒杯，水流抽氣裝置或水流抽氣機。

三、實驗步驟

1. 0.1 N $KMnO_4$ 之製備

　　稱取約 3.2 克 $KMnO_4$ 之試藥置入 1500 mL 的燒杯中，加 1 L 的蒸餾水溶解之。

　　↓

　　於加熱攪拌器上煮沸此溶液，溫和地沸騰約 1 小時。

↓

以鋁箔紙蓋好，標示後靜置過夜。

↓

以玻璃過濾器過濾靜置過夜之 $KMnO_4$ 溶液（去除 MnO_2 沉澱物）。

↓

將濾液倒入一乾淨的附塞棕色玻璃瓶中。

↓

置於暗處備用。

四、實驗相關知識說明

1. $KMnO_4$ 於水溶液不太穩定，其離子易氧化 H_2O 分子，反應如下：

$$4MnO_4^- + 2H_2O \rightarrow 4MnO_{2(s)} + 3O_{2(g)} + 4OH^-$$

但若小心配製，仍甚穩定，因其分解反應甚慢。

2. 上述分解反應受光、熱、鹼、錳(II)及 MnO_2 之催化，特別是 MnO_2 本身是分解產物又具自催化作用，應予以去除。MnO_2 的產生有：

   (1) $KMnO_4$ 試藥含有，即使最高級 $KMnO_4$ 仍有 MnO_2 存在。

   (2) 水中含有會與 MnO_4^- 反應之有機物質和灰塵時，配製後的新鮮溶液會產生 MnO_2。
   故於標定前先過濾除去 MnO_2，可提高 $KMnO_4$ 溶液之穩定性。

3. 解決方法

   (1) 過濾前靜置約 24 小時或加熱一段時間，可加速氧化存在於蒸餾水和去離子水中少量的有機物，全部作用生成 MnO_2 後，再予以過濾去除，維持 $KMnO_4$ 標準溶液的穩定性。

   (2) 過濾時要用過濾坩堝，不可用濾紙，因 $KMnO_4$ 與濾紙作用，產生 MnO_2。

   (3) 標定後，應置褐色瓶中或暗處，每一、二週再標定一次。若發現有固體則需過濾再標定。

五、記錄與計算

【說明】

$KMnO_4$ 於酸性溶液中，反應

$$MnO_4^- + 8H^+ + 5e^- \rightarrow Mn^{2+} + 4H_2O$$

氧化數改變 5 單位，故

當量＝$KMnO_4$ 之 fw／氧化數改變數＝158.04／5＝31.61

【問題】

1. 配製 0.1 N $KMnO_4$ 標準液 1 L 須多少克 $KMnO_4$？

2. 配製 0.2 N $KMnO_4$ 標準液 250 mL 又須多少克 $KMnO_4$？

六、問題與思考

1. 何謂氧化劑？還原劑？$KMnO_4$ 屬何者？

2. 配製 $KMnO_4$ 時為何需溫和煮沸 1 小時？又為何須靜置過夜？

3. $KMnO_4$ 溶液在貯存與過濾時應注意哪些事項？

4. 配製完成後之 $KMnO_4$ 溶液放置一段時間後，溶液中發現有固體存在，請問此固體物質可能為何化合物？又應如何處理此溶液？

實驗 7-2　0.1N 過錳酸鉀(KMnO₄)溶液之標定

一、實驗原理及目的

　　過錳酸鉀(KMnO₄)為氧化還原滴定過程中，常用的強氧化劑，於反應中常作為滴定用的標準溶液。其在定量分析前首先需確認 KMnO₄ 的當量濃度，故使用前應先予以標定。本實驗採用草酸鈉(Na₂C₂O₄)作為標準試劑(standard reagent)，其在酸性溶液中形成 H₂C₂O₄（草酸），當過錳酸鉀與草酸作用時，氧化草酸生成 CO₂ 及 H₂O，反應中 KMnO₄ 為氧化劑，本身被還原成 Mn²⁺，氧化數改變為−5，而草酸為還原劑，本身被氧化，其氧化數改變數為+2，其反應式如下：

$$2MnO_4^- + 5C_2O_4^{2-} + 16H^+ \rightarrow 2Mn^{2+} + 10CO_2 + 8H_2O$$

　　如此，由已知重量之 Na₂C₂O₄，經滴定至當量點時，氧化劑與還原劑的當量數相等，可求得 KMnO₄ 濃度。

二、藥品與器材

藥品：配製之 0.1 N KMnO₄ 溶液，標準試劑 Na₂C₂O₄，2 N H₂SO₄。

器材：天平、加熱攪拌器、稱量紙、溫度計 1 支、50 mL 滴定管 1 支、250 mL 錐形瓶 4 個。

三、實驗步驟

於 105～110ºC 烘箱中乾燥 Na₂C₂O₄ 試藥 1 小時。

↓

取出乾燥的 Na₂C₂O₄ 置於乾燥器中冷卻至室溫。

↓

精稱 Na₂C₂O₄ 0.2～0.3 g，記錄到小數點後四位，置於 250 mL 錐形瓶中。

↓

加入 2 N H₂SO₄ 100 mL 溶解之。

↓

將此溶液加熱至 80～90ºC（攪拌均勻）。

↓

趁熱在攪拌中以 0.1 N KMnO$_4$ 滴定（必須緩慢滴入）。

↓

出現粉紅色保持 30 秒即為滴定終點。

◎ 實驗需做三重複。

◎ 另以 2 N H$_2$SO$_4$ 100 mL 作為空白試驗。

四、實驗相關知識說明

1. KMnO$_4$ 為強氧化劑，本身即可為指示劑，其相關之重要反應：

   (1) 在酸性溶液中

   ① 與亞鐵鹽作用

   $$MnO_4^- + 5Fe^{2+} + 8H^+ \rightarrow Mn^{2+} + 5Fe^{3+} + 4H_2O$$

   ② 熱溶液中與草酸鹽作用

   $$2MnO_4^- + 5C_2O_4^{2-} + 16H^+ \rightarrow 2Mn^{2+} + 10CO^2 + 8H_2O$$

   ③ 觸媒下與亞砷酸鹽作用

   $$2MnO_4^- + 5As^{3+} + 12H_2O \rightarrow 5H_3AO_4 + 2Mn^{2+} + 9H^+$$

   (2) 在弱酸、中性或鹼性溶液下(pH>4)

   $$4MnO_4^- + 2H_2O \rightarrow 4MnO_2 \downarrow + 4OH^- + 3O_2$$

2. 當量的計算：

   (1) 在酸性下

   當量＝KMnO$_4$ 之 fw/5

   (2) 在中性或鹼性下

   當量，KMnO$_4$ 之 fw/3

3. KMnO$_4$ 與草酸鹽作用時反應複雜且較緩慢，因此滴定時溶液加熱至 80～90°C 下趁熱滴定，加快反應。

4. 過錳酸鉀(KMnO₄)溶液具有深紫色，故可作為指示劑，濃度約 4×10^{-6} M，即有顏色，可做為滴定終點的判定。

5. KMnO₄ 剛開始滴定時，會出現淡粉紅色。數秒才會褪色，隨後由於反應生成 Mn^{2+}，具有自催化的作用，因而加速反應變為無色。

6. 加熱過程中，可能造成部分草酸為空氣氧化，

$$H_2C_2O_4 + O_2 \rightarrow H_2O_2 + 2CO_2$$

以致滴定時所使用之過錳酸鉀的量，約比理論值少 0.1～4%左右。

7. 到達滴定終點時，KMnO₄ 的顏色無法持久，主要係因在酸性溶液中，達滴定終點時，MnO_4^- 和已存在高濃度的 Mn^{2+} 反應生成 MnO_2。

$$2MnO_4^- + 3Mn^{2+} + H_2O \rightarrow 5MnO_2\downarrow + H^+$$

反應的平衡常數高達 10^{47}，顯示在酸性下，反應物 MnO_4^- 及 Mn^{2+} 極易反應生成 MnO_2，滴定終點時 MnO_4^- 的濃度很小，以致於 MnO_4^- 所造成之顏色消失，無法持久。所幸該反應的反應速率較為緩慢，因而終點時的顏色會保持 30 秒鐘後方才褪色。

五、記錄與計算

容量分析滴定過程中達當量點時，反應物與生成物的當量數相等。

本實驗中即氧化劑的當量數＝還原劑的當量數

$$N_{氧化劑} \times V_{氧化劑} ＝ W_{還原劑} ／ （fw_{還原劑} ／ 氧化數改變數）$$

$$N_{KMnO_4} \times V_{KMnO_4}(L) ＝ Na_2C_2O_4 之重量 ／ (134／2)$$

（V_{KMnO_4} 為滴定之所需 mL 數除以 1000。）

六、問題與思考

1. 實驗之反應式為何？KMnO₄ 及 Na₂C₂O₄ 的氧化數改變數各為若干？

2. 實驗中為何溶液須加熱至 80～90°C 左右，且趁熱滴定？加熱對實驗結果有何影響？

3. 為何到達滴定終點時，粉紅色僅須維持 30 秒即可認定？本實驗指示劑為何物？

雙氧水中過氧化氫之定量

一、實驗原理及目的

雙氧水含過氧化氫，一般作為氧化劑，其還原半反應為

$$H_2O_2 + 2H^+ + 2e^- \rightarrow 2H_2O \qquad E^0 = 1.77v$$

在酸性溶液之條件下，過錳酸鉀可氧化過氧化氫產生氧氣，其總反應式如下：

$$5H_2O_2 + 2KMnO_4 + 3H_2SO_4 \rightarrow K_2SO_4 + 2MnSO_4 + 8H_2O + 5O_2$$

反應中過錳酸鉀為氧化劑，而此時之過氧化氫則為還原劑，二者進行氧化還原反應，滴定過程中開始的反應較慢，故 MnO_4^- 的顏色需經數秒後方會消失。滴定達當量點時過錳酸鉀與過氧化氫完全作用，再多滴入微量的過錳酸鉀時，溶液中即存有過剩的 MnO_4^- 呈淡粉紅色，當保持約 30 秒，此時即為滴定終點，由所消耗之 $KMnO_4$ 的量可計算出過氧化氫的含量。

二、藥品及器材

藥品：市售藥用雙氧水，6 N H_2SO_4，0.1 N $KMnO_4$。

器材：50 mL 滴定管 1 支，250 mL 定量瓶 1 個，25 mL 移液吸管 2 支，50 mL 量筒 1 支，250 mL 錐形瓶 4 個。

三、實驗步驟

以移液吸管精確量取 5 mL 市售藥用雙氧水。

↓

置於 250 mL 錐形瓶中。

↓

加入 25 mL 蒸餾水。

↓

↓

加入 6 N H_2SO_4 30 mL。

↓

以 0.1 N $KMnO_4$ 標準溶液滴定至溶液呈淡粉紅色持續達 30 秒左右，即為滴定終點，記錄消耗 $KMnO_4$ 之體積。

↓

計算 H_2O_2%(w/v)。

◎ 實驗需做三重複

空白試驗：吸取 30 mL 蒸餾水及 6 N H_2SO_4 30 mL，以 0.1 N $KMnO_4$ 滴定之。

四、實驗相關知識說明

1. 反應中各物質之半反應式（酸性下）

    氧化劑　$MnO_4^- + 8H^+ + 5e^- \rightarrow Mn^{2+} + 4H_2O$　$E^0 = 1.52$

    還原劑　$H_2O_2 \rightarrow O_2 + 2H^+ + 2e^-$　$E^0 = -0.68$

    故 H_2O_2 可被 $KMnO_4$ 氧化生成 O_2，其氧化數改變數為 2，克當量為 H_2O_2 fw/2。

2. 滴定時，反應需在酸性溶液下進行，故採用 H_2SO_4 來調整其 pH 值，而並不使用鹽酸(HCl)，原因是 $KMnO_4$ 會與 HCl 作用，氧化氯離子產生氯氣。

    $$2MnO_4^- + 16H^+ + 10Cl^- \rightarrow 2Mn^{2+} + 8H_2O + 5Cl_2\uparrow$$

3. 酸性溶液採用硫酸，其濃度宜在 2 N 以上。如果酸性不夠（即接近中性），會產生 MnO_2 沉澱。

    $$MnO_4^- + 4H^+ + 3e^- \rightarrow MnO_2\downarrow + 2H_2O \qquad E^0 = 0.68$$

4. H_2O_2 於空氣中並不穩定，故實驗進行時，應盡速完成滴定。

5. 計算時常使用力價(factor, F)，以便利換算。

    $KMnO_4$ 的力價(F) = $KMnO_4$ 標定後之 N/0.1 N，其值通常在 1.0 左右。

五、記錄與計算

F：0.1 N $KMnO_4$ 的力價

a：滴定終點 $KMnO_4$ 的滴定體積(mL)

b：空白試驗 $KMnO_4$ 滴定的體積(mL)

$$H_2O_2\%(w/v) = F \times 0.1 \times \frac{a-b}{1000} \times \frac{1}{\text{樣品體積(ml)}}$$

$$\times \frac{34}{H_2O_2 \text{氧化數改數}} \times 100\%$$

$$= F \times 0.1 \times \frac{a-b}{1000} \times \frac{1}{5} \times \frac{34}{2} \times 100\%$$

六、問題與思考

1. 實驗中加入 H_2SO_4 的目的為何？可否用 HCl 來取代？

2. 請列出本實驗的總反應式，並說明各物質之氧化數改變數。

3. 試問 H_2O_2 為氧化劑或還原劑？在本實驗中為何可與 $KMnO_4$ 作用？

4. 請說明實驗中有哪些步驟須精確量取樣品溶液？

利用過錳酸鉀(KMnO₄)測定石灰石中鈣的含量

一、實驗原理及目的

　　過錳酸鉀(KMnO₄)的強氧化性質可用來直接滴定草酸鹽、砷酸鹽、亞硝酸鹽及過氧化氫等。鈣、鍶及鎂等元素的測定則須先與其他成分作用，形成適當的鹽類再以過錳酸根滴定之。石灰石的主要成分為碳酸鈣(CaCO₃)，欲測定其中鈣離子含量通常皆以濃鹽酸(HCl)加以分解，此時鈣離子在 pH 4.5 下與草酸根($C_2O_4^{2-}$)結合，產生白色的草酸鈣沉澱(CaC₂O₄)

$$Ca^{2+} + C_2O_4^{2-} \rightarrow CaC_2O_4$$

沉澱物經過濾及洗條後。草酸鈣以稀硫酸加以溶解生成草酸根及硫酸鈣

$$CaC_2O_4 + H_2SO_4 \rightarrow 2H^+ + C_2O_4^{2-} + CaSO_{4(s)}\downarrow$$

　　所產生含草酸根之溶液再以 0.1 N KMnO₄ 標準溶液滴定之，測定草酸根的含量，藉以計算出含鈣量，通常以 CaO 的百分率表示之。本方法亦可應用於蛋殼鈣含量及其他食品中含鈣量的測定。

二、藥品與器材

藥品：KMnO₄ 標準溶液(0.1 N)，濃鹽酸，3 M H₂SO₄，飽和溴水，6 M 氨水，甲基橙指示劑，6%(W/V)(NH₄)₂C₂O₄·H₂O。

器材：天平、加熱攪拌器、50 mL 滴定管 1 支、50 mL 量筒 1 支、250 mL 及 500 mL 錐形瓶、500 mL 抽氣三角瓶、250 mL 燒杯、500 mL 燒杯 3 個、Whatman No.42 濾紙、布氏漏斗 1 支、抽氣過濾裝置。

三、實驗步驟

精確稱量樣品 0.20～0.25 g 記錄到小數點後四位，放入 250 mL 燒杯中。

↓

加入 10 mL 蒸餾水，再逐滴加入濃鹽酸，使其完全溶解（溶液呈透明澄清）。

↓

加 5 滴飽和溴水以氧化樣品中可能存在的鐵離子。

↓

在抽氣櫃中煮沸此樣品溶液 1 分鐘以除去過量的溴。

↓

再加入蒸餾水 20 mL，加熱至沸騰。

↓

再加入 6%(w/v)的$(NH_4)_2C_2O_4$熱溶液 50 mL 。

↓

加入 2 滴甲基橙指示劑。

↓

逐滴加 6 M 氨水至溶液變為橙黃色為止，此時溶液產生 CaC_2O_4 沉澱。

↓

靜置溶液 30 分鐘。

↓

以玻璃漏斗過濾 CaC_2O_4 沉澱。

↓

用 10 mL 冷蒸餾水洗滌濾紙上的 CaC_2O_4 沉澱物 3～5 次，以去除吸附在 CaC_2O_4 沉澱物。

↓

將濾紙上的沉澱物以 150 mL 蒸餾水及 3 M H_2SO_4 50 mL 洗入 500 mL 燒杯中。加熱此溶液至 80～90ºC。

↓

以 0.1 N $KMnO_4$ 滴定至溶液呈粉紅色為止（此溶液須保持在 60ºC 以上）。

↓

計算樣品中的 CaO%。

◎ 實驗需做三重複。

四、實驗相關知識說明

1. 石灰石組成分主要為碳酸鈣($CaCO_3$)，通常使用濃鹽酸(HCl)可完全分解 $CaCO_3$，但矽土則不溶，唯其存在並不影響分析結果。

2. 若石灰石無法完全分解，則可稱取樣品到坩堝中，加熱至 800～900ºC，維持 30 分鐘，待冷卻後加入 5 mL H_2O 及 10 mL HCl 後，再予加熱至沸騰即可。

3. 樣品中有其他陽離子存在，可能會與草酸結合形成沉澱或生共沉澱使分析結果偏高，造成誤差。

4. 當溶液中含 Na^+ 時，且 Na^+ 較 Ca^{2+} 多，則易產生 $Na_2C_2O_4$ 之共沉澱，造成分析誤差；若有高量之 Mg^{2+} 存在，亦會影響汙染草酸鈣沉澱。唯

   (1) 如有充分過量之草酸根則可與 Mg^{2+} 形成可溶性錯合物，減少干擾。

   (2) 如能在 CaC_2O_4 沉澱生成時，立即予以過濾，則可減少汙染。

5. 石灰石中含相當量的鐵離子，故於實驗中入溴水加以氧化 Fe^{2+} 使生成 Fe^{3+}，以過錳酸根滴定樣品時，不致與 Fe^{2+} 作用，影響分析結果。

6. 本實驗的重要計算基礎為 Ca^{2+} 與 $C_2O_4^{2-}$ 生成沉澱時，其莫耳數比為 1：1。

   (1) 但如果在中性或鹼性氨溶液中形成草酸鈣沉澱則沉澱物常受汙染生成氫氧化鈣或鹼性草酸鈣，造成分析結果的偏差。

◎ 為確保 $Ca^{2+}：C_2O_4^{2-}＝1：1$ 的關係，實驗中於含鈣的酸性溶液中先加入草酸根溶液，然後再逐滴加入氨水，（每 3～4 秒 1 滴，到 pH 4.5 左右），以緩慢形成草酸鈣沉澱物，減少汙染。

(2) 以上述方法所得之沉澱物結晶固體顆粒較大，易於過濾。主因鹽酸溶液被氨水中和產生 NH_4Cl 之強電解質；當溶液含有強電解質時，沉澱顆粒會較大，有利過濾。因此，在 pH＝4 時洗滌草酸鈣的溶解損失甚小，可被忽略。

五、記錄與計算

以氧化鈣含量百分比表示之，因草酸的當量為 fw/2，其與 Ca^{2+} 之作用關係為 1：1，故 Ca 的當量於計算式中亦為 fw/2

$$W_{CaO} = N_{KMnO_4} \times (a/1000) \times （CaO 之 fw/2）$$

N＝$KMnO_4$ 之當量濃度

a＝滴定終點 $KMnO_4$ 之 mL 數

b＝$KMnO_4$ 空白滴定之 mL 數

$$CaO\% = \frac{N \times (a - b/1000) \times (CaO之 fw/2)}{Sample(g)} \times 100$$

六、問題與思考

1. 本實驗以 $KMnO_4$ 測定 Ca^{2+} 含量。若以 EDTA 測定 Ca^{2+} 含量是否可行？兩種方法有何差異點？效果為何？

2. 實驗中加入溴水的目的為何？可否用其他試藥取代？說明之。

3. 步驟中加入 $(NH_4)_2C_2O_4 \cdot H_2O$ 溶液產生沉澱後，再以滴加方式加入 6 M NH_4OH 至橙黃色，其目的為何？又為何需用滴加方式？

4. 若 CaC_2O_4 沉澱物洗滌不夠完全，則可能尚含有 Cl^-，請問對實驗結果有何影響？為什麼？

實驗 7-5

利用過錳酸鉀(KMnO₄)測定鐵礦中鐵的含量

一、實驗原理及目的

鐵含量可利用氧化還原滴定法測定之。含有鐵物質之樣品，以氧化還原滴定方法包含三個主要步驟：(1)溶解樣品；(2)將鐵還原成二價亞鐵離子；(3)用標準氧化劑滴定亞鐵離子定量之。

反應式為：

$$MnO_4^- + 8H^+ + 5Fe^{2+} \rightarrow Mn^{2+} + 5Fe^{3+} + 4H_2O$$

鐵礦主要成分常為 $Fe_2O_3 \cdot xH_2O$ 的鐵氧化物，通常在濃鹽酸下可完全分解，三價的鐵離子再利用還原劑將鐵離子全部還原為二價的亞鐵離子，本實驗使用氯化亞錫($SnCl_2$)的亞錫離子進行還原後($2Fe^{3+} + Sn^{2+} \rightarrow Sn^{4+} + 2Fe^{2+}$)，可再利用加入氯化汞(II)($HgCl_2$)從溶液將過量的還原劑氯化亞錫($SnCl_2$)除去($Sn^{2+} + 2HgCl_2 \rightarrow Hg_2Cl_{2(s)} + Sn^{4+} + 2Cl^-$)，以避免氯化亞錫與過錳酸根反應，造成分析結果誤差。反應後生成氯化亞汞(Hg_2Cl_2)，其溶解度很低不會還原過錳酸根，而過量的氯化汞(II)也不會再把 Fe^{2+} 氧化。

當樣品中的鐵離子全部還原成二價的亞鐵離子(Fe^{2+})後，即可進行第三步驟的標準氧化劑滴定過程，亦即以過錳酸鉀($KMnO_4$)來滴定之，由於實驗中樣品以鹽酸溶解，溶液中殘存有氯離子，滴定之過錳酸根會氧化氯離子因而造成分析結果偏高，故於滴定時應除去氯離子以減少影響。本實驗採用 Zimmermann-Reinhardt 試劑，其為硫酸亞錳($MnSO_4$)與磷酸及濃硫酸的混合溶液，加入被滴定之樣品溶液中，因而降低了 Mn^{3+}/Mn^{2+} 的電極電位，Mn^{3+} 為 Fe^{2+} 與過錳酸根反應的中間態產物，易導致氯離子氧化，Zimmermann-Reinhardt 試劑降低 Mn^{3+}/Mn^{2+} 的電極電位，使 MnO_4^- 無法氧化氯離子，減少實驗偏差。同時，其所含磷酸根可與 Fe^{3+} 形成錯合物，使滴定反應更為完全。

二、藥品及器材

藥品：1. 氯化亞錫溶液：50 g $SnCl_2 \cdot 2H_2O$ 加入於 100 mL 鹽酸（比重 1.18），在水浴鍋中加熱，使之溶解後加蒸餾水稀釋至 1 L，於此溶液中放少量粒狀金屬錫，貯存於棕色瓶。

2. Zimmermann-Reinhardt 試劑：取 300 g $MnSO_4 \cdot 4H_2O$，溶於大約 1 L 蒸餾水，再小心加入 400 mL 的磷酸（比重 1.7）及 400 mL 濃硫酸（比重 1.84），以蒸餾水稀釋至 3 L。

3. 0.1 N $KMnO_4$ 標準溶液，濃鹽酸（比重 1.18），氯化汞($HgCl_2$)飽和溶液。

器材：400 mL 燒杯，50 mL 滴定管 1 支，吸管。

三、實驗步驟

精稱樣品約 1.5 g，記錄到小數點後四位，置入 400 mL 燒杯中。

↓

加入 15 mL 蒸餾水後，逐滴加入 5 mL 濃鹽酸（比重 1.18）。

↓

以小火徐徐加熱溶解。

↓

以少量的熱蒸餾水沖洗燒杯壁上附著的氯化鐵。

↓

以氯化亞錫溶液每次滴加 1 滴，直到鐵(Fe^{3+})的顏色（黃色）消失，表示鐵離子還原成亞鐵離子 Fe^{2+}。

↓

冷卻後迅速加入 5 mL 氯化汞飽和溶液，此時應有白色游絲狀的沉澱產生。

↓

振盪此溶液，同時加 30 mL 的 Zimmermann-Reinhardt 試劑。

↓

加蒸餾水稀釋至全量約為 200 mL。

↓

立即以 0.1 N $KMnO_4$ 標準溶液滴定至呈粉紅色維持 10～20 秒。

↓

計算樣品含鐵的百分比。

◎ 實驗需做三重複。

四、實驗相關知識說明

1. 濃 HCl 通常可以完全分解鐵礦，因

   (1) 鐵礦與 HCl 形成 $FeCl_4^-$ 或 $FeCl_6^{3-}$ 錯離子而加速溶解，故 HCl 比 H_2SO_4 及 HNO_3 更有效。

   (2) 同時應配合加熱步驟以加速其溶解。

   (3) 但是溶液中可能殘留多量 Cl^- 及 Fe 鹽時，則 $KMnO_4$ 與 Cl^- 起氧化還原作用，會使分析結果偏高。

   避免方法：

   ① 以 H_2SO_4 加進溶液中，加熱趕除 HCl 氣體。

   ② 滴定過程中，保持稀冷溶液，且加入 $MnSO_4$·使 $KMnO_4$ 與 Fe^{2+} 氧化，但不與 Cl^- 作用。

   (4) 酸加熱處理後，如仍有白色殘餘物可能為矽化物，該物穩定不致影響實驗進行，若仍有暗色殘留物則仍應繼續加熱溶解之。

   (5) $FeCl_4^-$ 和 $FeCl_6^{3-}$ 溶液為黃色，可能會造成滴定終點的干擾。

2. 鐵的還原

   (1) 樣品中的三價鐵離子在使用氧化劑滴定前必須先還原為二價的亞鐵離子。

   常用的還原法有：

   ① 以硫化氫(H_2S)或二氧化硫(SO_2)還原。

   ② 以氯化亞錫($SnCl_2$)。

   ③ 以鋅、鎘、鋁等金屬為還原劑，本實驗採用 $SnCl_2$ 為還原劑，其淨反應為：

$$2Fe^{3+} + Sn^{2+} \rightarrow 2Fe^{2+} + Sn^{4+}$$

$$Sn^{2+} + FeCl_4^- \rightarrow 2Fe^{2+} + SnCl_6^{2-} + 2Cl^-$$

$$Sn^{2+} + FeCl_6^{3-} \rightarrow 2Fe^{2+} + SnCl_2^- + 6Cl^-$$

(2) 反應後過量的氯化亞錫($SnCl_2$)所殘留的亞錫離子(Sn^{2+})會與 $KMnO_4$ 作用，導致分析結果的偏高，故須以氯化汞(II)$HgCl_2$ 去除。

$$Sn^{2+} + 2HgCl_2 + 4Cl^- \rightarrow SnCl_6^{2-} + Hg_2Cl_2\downarrow$$

$$Sn^{2+} + 2HgCl_{2(aq)} \rightarrow Hg_2Cl_{2(s)} + Sn^{4+} + 2Cl^-$$

實驗中加入過量的 $HgCl_2$ 並不會影響 Fe^{2+}，而產生之氯化亞汞(Hg_2Cl_2)白色沉澱與 $KMnO_4$ 的反應極為緩慢，故影響極小可忽略。

(3) 溶液中若添加過高量的 $SnCl_2$ 時，剩餘之 Sn^{2+}，會與 Hg_2Cl_2 作用產生金屬汞(Hg)，Hg 會與 $KMnO_4$ 作用造成分析結果的偏高。

$$(Sn^{2+} + 2Hg_2Cl_2 + 4Cl^- \rightarrow SnCl_6^{2-} + 2Hg)$$

$$Sn^{2+} + 2Hg_2Cl_{2(aq)} \rightarrow Hg + Sn^{4+} + 2Cl^-$$

因此，實驗時應避免大量 Sn^{2+}過量，故應小心控制氯化亞錫($SnCl_2$)的添加量以達恰好還原 Fe^{3+}成 Fe^{2+}的適量，若加入 $HgCl_2$ 後呈

微白色沉澱，表示反應有適當的還原 Fe^{3+}成 Fe^{2+}

灰色沉澱，則表示反應中有汞形成

無沉澱，則表示 $SnCl_2$ 的添加量不足

3. 鐵的滴定

(1) $Fe^{2+} + MnO_4^-$反應迅速且穩定，但溶液中若存在 Cl^-亦會與 MnO_4^-作用，故須去除。去除方法係利用硫酸鹽溶液($MnSO_4$)的加入，其為濃硫酸與磷酸的錳(II)溶液（Zimmermann-Reinhardt 試劑）。

(2) 當 Fe^{2+}還原 $KMnO_4$，產生中間產物 Mn^{3+}，會促進氧化氯離子，硫酸錳溶液會降低 Mn^{3+}/Mn^{2+}電極電位，因而無法氧化氯離子形成氯氣(Cl_2)，避免造成實驗結果偏差。

(3) 溶液中所含的 H_3PO_4，會與黃色 $FeCl_4^-$ 及 $FeCl_6^{3-}$ 的 Fe^{3+} 形成無色錯離子，

$$Fe^{3+} + 2H_3PO_4^- \rightarrow Fe(PO_4)_2^{3-} + 4H^+$$

不但可減少滴定終點判定時的干擾因素，且會使溶液中 Fe^{3+} 的濃度下降，造成其還原電位的降低。

標準狀態下

$$E = E^0 - (0.059/1)\log([Fe^{2+}/Fe^{3+}] \text{，} E^{0\,Fe^{3+},\,Fe^{2+}} = 0.771 \text{ v}$$

但若是在 1 M H_2SO_4 及 0.5 M H_3PO_4 中則 $E^0 = 0.61$ v。

故造成 $MnO_4^- - Mn^{2+}$ 及 $Fe^{3+} - Fe^{2+}$ 之電位差增大，反應更易進行，MnO_4^- 的滴定更趨完全。

五、記錄與計算

N：$KMnO_4$ 當量濃度

a：$KMnO_4$ 滴定樣品達當量點的 mL 數

S：樣品重(g)

Fe 之 fw：56

$$Fe\% = \frac{N \times (a/1000) \times Fe\text{之fw}}{S} \times 100\%$$

六、問題與思考

1. 本實驗方法主要之三大步驟為哪些？分別需使用哪些試劑請說明之。

2. 實驗中加入 $SnCl_2$ 目的為何？若 $SnCl_2$ 過量對結果有何影響？

3. 實驗中加入 Zimmermann-Reinhardt 試劑目的為何？

4. 步驟中哪些試藥須精確量取？哪些則否？

5. 滴定操作時為什麼應迅速完成？

實驗 7-6　重鉻酸鉀($K_2Cr_2O_7$)的製備與標定

一、實驗原理及目的

重鉻酸鉀($K_2Cr_2O_7$)為強氧化劑之一，唯氧化力較 $KMnO_4$ 為弱，比較各氧化劑的氧化力，其半反應式及電位如下：

$$MnO_4^- + 8H^+ + 5e^- \rightarrow Mn^{2+} + 4H_2O \qquad E^0 = 1.51$$

$$Cl_2 + 2e^- \rightarrow 2Cl^- \qquad E^0 = 1.36$$

$$Cr_2O_7^{2-} + 14H^+ + 6e^- \rightarrow 2Cr^{3+} + 7H_2O \qquad E^0 = 1.33$$

$$Fe^{3+} + e^- \rightarrow Fe^{2+} \qquad E^0 = 0.77$$

優點為試藥純度高且溶液安定，滴定過程中不致氧化氯離子而影響結果，故樣品處理時可用鹽酸。缺點則為滴定終點時，低濃度的 $Cr_2O_7^{2-}$ 顏色不易做為終點的判定，滴定時須用氧化還原指示劑。其標定時常用硫酸亞鐵($FeSO_4 \cdot 7H_2O$)或硫酸亞鐵銨($FeSO_4 \cdot (NH_4)_2SO_4 \cdot 6H_2O$)做為標準試劑，在酸性下其反應方程式如下：

$$Cr_2O_7^{2-} + 6Fe^{2+} + 14H^+ \rightarrow 2Cr^{3+} + 6Fe^{3+} + 7H_2O$$

反應中鉻的氧化數改變$-3(+6 \rightarrow +3)$，每莫耳 $K_2Cr_2O_7$ 中含 2 個鉻原子，故其當量為 $K_2Cr_2O_7$ 之 $fw/3 \times 2$。

特別注意六價鉻屬於環保署公告第二類毒性化學物質，使用與操作均需按規定辦理，應小心處理。

二、藥品與器材

藥品：試藥級 $K_2Cr_2O_7$、硫酸亞鐵銨($FeSO_4 \cdot (NH_4)_2SO_4 \cdot 6H_2O$)、6 N H_2SO_4，85%H_3PO_4、二苯胺磺酸鈉鹽指示劑（0.29 g 二苯胺磺酸鈉溶於 100 mL 蒸餾水中）。

器材：1 L 定量瓶 1 個，250 mL 錐形瓶 4 個，100 mL 量筒 1 支，25 mL 量筒 1 支，50 mL 滴定管 1 支。

三、實驗步驟

1. 0.1 N $K_2Cr_2O_7$ 溶液配製

在 150～200°C 下乾燥 $K_2Cr_2O_7$ 標準試劑 2 小時。

↓

置於乾燥器中冷卻至室溫。

↓

精稱約 4.9 g $K_2Cr_2O_7$ 於 1 L 定量瓶中。

↓

加入蒸餾水溶解之,並稀釋至標準線混合均勻。

2. 0.1 N $K_2Cr_2O_7$ 溶液的標定

精確稱取硫酸亞鐵銨($FeSO_4 \cdot (NH_4)_2SO_4 \cdot 6H_2O$) 1.2 g,記錄到小數點後四位,於 250 mL 錐形瓶中。

↓

加 6 N 的 H_2SO_4 15 mL 及水 100 mL 將亞鐵鹽溶解。

↓

加入 85% H_3PO_4 7 mL 及 5 滴二苯胺磺酸鈉鹽(DPS)指示劑。

↓

以 $K_2Cr_2O_7$ 溶液滴定至溶液呈紫紅色,即達滴定終點。

↓

計算 $K_2Cr_2O_7$ 溶液之當量濃度。

四、實驗相關知識

1. $K_2Cr_2O_7$ 較少使用,因其氧化力較 $KMnO_4$ 及 Ce^{4+} 弱,且反應緩慢。但 $K_2Cr_2O_7$ 極穩定,且對鹽酸不作用。

2. $K_2Cr_2O_7$ 不含結晶水純度高,一般使用前於 150～200°C 下乾燥 2 小時後精確稱量,再稀釋至確切體積後即可計算正確濃度,直接用於滴定,無須另行標定。

3. $K_2Cr_2O_7$ 若有不純，或體積稀釋不準確則須予以標定，常採用 $FeSO_4 \cdot 7H_2O$ 或 $FeSO_4 \cdot (NH_4)_2SO_4 \cdot 6H_2O$ 之一級標準試劑，須特別注意 $FeSO_4 \cdot 7H_2O$ 的純度是否確定，且試藥貯存中易潮解，應貯存於乾燥箱中。

4. $K_2Cr_2O_7$ 溶液本身雖為橙色，濃度較低時無法辨識其顏色，不足以偵測滴定終點，故須採用氧化還原指示劑二苯胺磺酸鹽(diphenylamine sulfonate, DPS)，滴定終點時氧化型的 DPS 指示劑呈紫紅色。

二苯胺磺酸鈉

5. 標定過程中加入 7 mL 85% H_3PO_4，可與 Fe^{3+} 形成錯離子，因而降低亞鐵與鐵間的電位差。如此，$Fe^{2+} \rightarrow Fe^{3+}$ 與 DPSred→DPSox 兩半反應間之電位差異變大，故在亞鐵未完全氧化成 Fe^{3+} 前，不致氧化 DSPred 指示劑。

$$Fe^{2+} \rightarrow Fe^{3+} + e^- \qquad\qquad E^0 = -0.771$$

$$DPSred \rightarrow DPSox + e^- \qquad\qquad E^0 = -0.840$$
$$\text{無色} \qquad \text{紫紅色}$$

6. $K_2Cr_2O_7$ 屬於行政院環保署公告之第二類毒性化學物質，管制濃度限量為 1%以上，六價鉻長期吸取會導致鼻中隔受損，因此操作人員在作業中應特別注意，使用前後應依規定登錄及回收廢液。

五、記錄與計算

$$Cr_2O_7^{2-} + 14H^+ + 6e^- \rightarrow 2Cr^{3+} + 7H_2O$$

故 Cr 氧化數改變數為 +6→+3，改變 3，因 1 莫耳 $Cr_2O_7^{2-}$ 含 2 個 Cr 故氧化數改變數為 2×3＝6。

1. 配製 0.1 N $K_2Cr_2O_7$ 溶液 V mL，所需 $K_2Cr_2O_7$ 重量(w)為

w＝0.1×(V/1000)×$K_2Cr_2O_7$ 之 fw/6

2. 當量濃度(N)

滴定當量點時，氧化劑的當量數＝還原劑的當量數

$$N \times (Vml/1000) = \frac{FeSO_4 \cdot (NH_4)_2SO_4 \cdot 6H_2O 之重量}{FeSO_4 \cdot (NH_4)_2SO_4 \cdot 6H_2O 之 fw/氧化數改變數}$$

$$N = \frac{W}{392.14/1} \times \frac{1000}{a-b}$$

N：$K_2Cr_2O_7$ 之當量濃度

w：$FeSO_4 \cdot (NH_4)_2SO_4 \cdot 6H_2O$ 的重量

a：滴定終點 $K_2Cr_2O_7$ 之滴定體積(mL)

b：空白實驗 $K_2Cr_2O_7$ 之滴定體積(mL)

氧化數改變數：$Fe^{2+} \rightarrow Fe^{3+}$，改變數為 1

六、問題與思考

1. 請列出 $KMnO_4$，$K_2Cr_2O_7$，Cl_2 及 Fe^{3+}的還原半反應及其電位。並說明在測定鐵含量時，為什麼以 $K_2Cr_2O_7$ 測定時樣品處理可以用 HCl，而以 $KMnO_4$ 測定時則盡量不用 HCl？

2. 本法標定 $K_2Cr_2O_7$，加入 6 N 的 H_2SO_4 15 mL 目的為何？

3. 滴定前加 85% H_3PO_4 的目的為何？說明之。

重鉻酸鉀(K₂Cr₂O₇)測鐵礦中鐵的含量

一、實驗原理

　　$K_2Cr_2O_7$ 常用於酸性溶液下滴定亞鐵離子，如此可直接滴定分析鐵含量或間接分析某些氧化劑的含量，一般測定氧化劑的方法係用已知濃度過量的亞鐵(II)離子先與氧化劑作用後，再以標準重鉻酸根標準溶液反滴定過量的亞鐵離子。本實驗測定鐵的含量原理與 $KMnO_4$ 法相同（見實驗 7-5）。樣品之預先處理分三大步驟：(1)樣品溶解、(2)還原鐵成二價亞鐵、(3)以 $K_2Cr_2O_7$ 滴定之。實驗主要反應式為：

$$Cr_2O_7^{2-} + 6Fe^{2+} + 14H^+ \rightarrow 2Cr^{3+} + 6Fe^{3+} + 7H_2O$$

二、藥品與器材

藥品：0.1 N $K_2Cr_2O_7$、濃 HCl、氯化汞飽和溶液、氯化亞錫溶液、6 N H_2SO_4、85% H_3PO_4、二苯胺磺酸指示劑、400 mL 燒杯、滴定管。

器材：加熱器，400 mL 燒杯 4 個，10 mL 量筒 1 支，滴管 1 支，25 mL 量筒 1 支，100 mL 量筒 1 支，50 mL 滴定管 1 支。

三、實驗步驟

精確稱取 1.5 g 之樣品，記錄到小數點後四位，於 400 mL 燒杯中。

↓

加入 15 mL 蒸餾水及約 5 mL 濃鹽酸（比重 1.18）（逐滴加入）。

↓

以小火徐徐加熱溶解。

↓

以少量的熱蒸餾水沖洗燒杯壁上附著的氯化鐵。

↓

以氯化亞錫溶液每次滴加 1 滴，直到鐵(Fe^{3+})的顏色（黃色）消失，表示鐵離子還原成亞鐵離子 Fe^{2+}。

↓

加入 5 mL 飽和 $HgCl_2$ 溶液後約 2～3 分鐘再加入 60 mL 之 6 N H_2SO_4，15 mL 85% H_3PO_4，和 100 mL 蒸餾水。

↓

冷卻後，加入 8 滴二苯胺磺酸鈉鹽(DPS)指示劑（滴定中有綠色的 Cr^{3+} 產生）。

↓

用 $K_2Cr_2O_7$ 滴定至藍紫色出現。

四、實驗相關知識

1. $K_2Cr_2O_7$ 的氧化數改變為 6，而 $FeSO_4 \cdot 7H_2O$ 的氧化數改變為 1。

2. 氧化還原指示劑可用亞鐵靈(ferroin)或二苯胺類(diphenylamine)，本實驗採用二苯胺磺酸鹽(diphenylamine sulfonate, DPS)為指示劑，二苯胺在強氧化劑下，有下列反應：

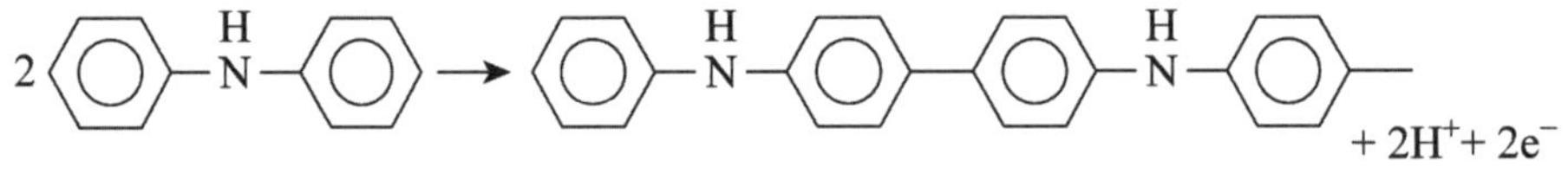

二苯胺（無色）　　　　　　　　　　二苯基聯苯胺（無色）

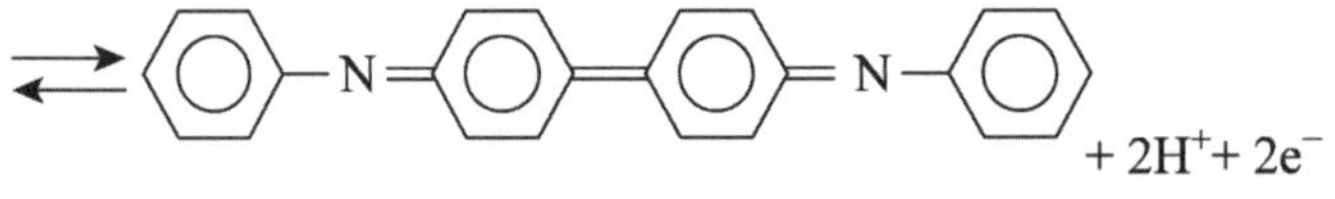

二苯基聯苯胺紫（紫色）

　　二苯胺溶解度小，須溶於濃硫酸。鎢元素存在時，指示劑會氧化產物與其酸根離子產生沉澱，且 Hg^{2+} 會減緩指示劑的反應。是故本實驗採用 DPS 並無上述缺點。

$$HSO_3 - \bigcirc - \overset{H}{\underset{N}{}} - \bigcirc$$

DPS

其銀或鈉鹽溶於水，顏色變化敏銳（無→深紫），變色電位約為＋0.85 v，且與酸濃度無關。

3. 其他相關知識與實驗 7-5 $KMnO_4$ 法測鐵含量相同。另請參考「實驗 7-6 $K_2Cr_2O_7$ 的製備與標定」。

五、記錄與計算

S：樣品重(g)

N：$K_2Cr_2O_7$ 當量濃度

V：滴定所需 $K_2Cr_2O_7$ 體積(mL)

$$Fe\% = \frac{N \times \dfrac{V}{1000} \times \dfrac{Fe\ 的\ fw}{氧化數改變數}}{S} \times 100\%$$

六、問題與思考

1. 請分別列出使用 $KMnO_4$ 及 $K_2Cr_2O_7$ 為氧化劑的優缺點。

2. 計算時若以 $Fe_2O_3\%$ 來表示，請列出其計算式。

3. 本實驗在滴定前為什麼添加 85% H_3PO_4，而以 $KMnO_4$ 滴定則須添加 Zimmermann-Reinhardt 試劑，二試劑的組成及作用有何不同？

實驗 7-8 鈰(IV)酸鹽溶液的配製與標定

一、實驗原理

鈰(Ce^{4+})為強氧化劑，其半反應式為 $Ce^{4+} + e^- \leftrightarrow Ce^{3+}$，$E^f = 1.44v$(1M H_2SO_4)其性質穩定且於硫酸中不會氧化氯離子，作用時只形成單一還原產物 Ce^{3+}，故有時可代替 $KMnO_4$，唯其須在酸性下方可反應，且其價格相當昂貴較不經濟。常用的鈰化合物為硝酸鈰，硫酸鈰和氫氧化鈰等。可利用一級標準試劑，直接製備標準溶液，在強酸下若濃度小於 0.1 N，則會有形成鹽類沉澱之趨勢。又鈰(IV)為黃色溶液但仍不適為指示劑，因此實驗中仍須用氧化還原指示劑，通常用 Fe^{2+}鄰二氮菲（又稱亞鐵靈）。標定時可用 $Na_2C_2O_4$，As_2O，或 $FeSO_4 \cdot (NH_4)_2SO_4 \cdot 6H_2O$ 等，其主要反應式如下：（以 $Na_2C_2O_4$ 為例，在酸性下）

$$2Ce^{4+} + C_2O_4^{2-} \rightarrow 2Ce^{3+} + 2CO_2$$

二、藥品與器材

藥品：濃 H_2SO_4、$Ce(SO_4)_2 \cdot 2(NH_4)_2SO_4 \cdot 2H_2O$、$Na_2C_2O_4$、0.017 M ICl、濃 HCl，$Fe^{2+}$鄰二氮菲指示劑。

器材：1 L 燒杯、250 mL 錐形瓶 4 個、滴定管 1 支、加熱器。

三、實驗步驟

1. 0.1 N 鈰溶液配製

小心將 50 mL 濃 H_2SO_4 加入 500 mL 蒸餾水中。

↓

加入 63 g 的 $Ce(SO_4)_2 \cdot 2(NH_4)_2SO_4 \cdot 2H_2O$ 並不斷攪拌。

↓

冷卻後如果溶液不澄清則過濾。

↓

稀釋至 1 L。

2. 0.1 N 鈰溶液的標定

在 110～120ºC 乾燥 $Na_2C_2O_4$ 標準試劑 1 小時。

↓

在乾燥器冷卻至室溫。

↓

精確稱量 0.25～0.30 g $Na_2C_2O_4$，記錄到小數點後四位。

↓

放入 250 mL 錐形瓶中。

↓

以 75 mL 蒸餾水溶解之。

↓

加入濃 HCl 20 mL 和 0.017 M ICl 催化劑 1.5 mL。

↓

加熱至 50°C，並加入 2～3 滴 Fe^{2+}鄰二氮菲指示劑。

↓

用鈰(IV)溶液滴定直到溶液變成無色或淡藍色，且 1 分鐘內不再恢復成粉紅色(滴定溫度保持 45～50ºC 之間)。

四、實驗相關知識

1. 反應中 Ce^{4+}氧化數改變為 1，而 $C_2O_4^{2-}$的氧化數改變數則為 2。

2. 常用$(NH_4)_2Ce(NO_3)_6$，或 $Ce(SO_4)_2 \cdot 2(NH_4)_2SO_4 \cdot 2H_2O$ 來配製。因鈰在中性及鹼性溶液中會水解成不溶物，故配製溶液須為酸性。鈰鹽在硫酸溶液中特別穩定，於過氯酸及硝酸溶液中則不穩定，於鹽酸中亦不穩定，但在高濃度之氯離子存在下仍可與其他還原劑反應，不影響結果，主因氯化物的氧化反應較慢所致。

3. Ce^{4+}溶液易與水反應，在酸性溶液中如酸濃度不夠亦會產生鹼性鹽類沉澱，故酸性溶液中須在 0.1 M 以上，以避免發生沉澱。

4. 標定時以濃 HCl 調至酸性，加入 ICl 當催化劑，加熱在 45～50°C 間滴定至無色或淡藍色，溫度不可超過 50°C 以免指示劑被破壞。

5. Fe^{2+}鄰二氮菲又稱亞鐵靈，為氧化還原指示劑，可表為$(phen)_3Fe^{2+}$。

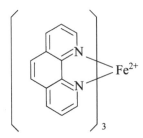

鄰二氮菲亞鐵離子

$(phen)_3Fe^{3+}+e^- \Leftrightarrow (phen)_3Fe^{2+}$　　　$E^0=1.062$

五、記錄與計算

W：$Na_2C_2O_4$ 重量(g)

V：消耗 Ce^{4+} 溶液的體積(mL)

N：Ce^{4+} 溶液的當量濃度

$$N \times VmL/1000 = \frac{W}{Na_2C_2O_4 之 fw/2}$$

六、問題與思考

1. 為何 Ce^{4+} 溶液須在酸性下方可進行氧化還原反應？

2. 鈰(IV)／鈰(III)的電位與所存在之酸種類有關，請查閱其在 $HClO_4$，HNO_3 及 H_2SO_4 中，何者氧化力最強？哪些的還原電位較弱？為什麼？

3. As_2O_3 為一良好的一級標準試劑，為何近年來較少用於配製標溶液？

實驗 7-9 以鈰(IV)酸鹽測定鐵礦中鐵的含量

一、實驗原理

　　主要原理與 $KMnO_4$ 及 $K_2Cr_2O_7$ 測定鐵含量相同，須先將樣品溶於 HCl 中，再予以還原使 Fe^{3+} 變成 Fe^{2+}，隨後添加 85% H_3PO_3 及亞鐵靈指示劑以 Ce^{4+} 溶液滴定之。（請參閱實驗 7-5 及 7-6）

$$Ce^{4+} + Fe^{2+} \rightarrow Ce^{3+} + Fe^{3+}$$

二、藥品與器材

藥品：6 M HCl、85% H_3PO_4、鄰二氮菲指示劑。

器材：加熱器、400 mL 燒杯 4 個、滴定管 1 支、25 mL 量筒 1 支、100 mL 量筒 1 支、50 mL 滴定管 1 支、PE 吸管 1 支。

三、實驗步驟

精確稱取樣品 1.5 g（至 0.1 mg）於 400 mL 燒杯中。

↓

加入 15 mL 蒸餾水及約 5 mL 濃鹽酸（比重 1.18）（逐滴加入）。

↓

以小火徐徐加熱溶解。

↓

以少量的熱蒸餾水沖洗燒杯壁上附著的氯化鐵。

↓

以氯化亞錫溶液每次滴加 1 滴，直到鐵(Fe^{3+})的顏色（黃色）消失，表示鐵離子還原成亞鐵離子 Fe^{2+}。

↓

加入 5 mL 飽和 $HgCl_2$ 溶液後約 2～3 分鐘再加入 6 M HCl 50 mL；85% H_3PO_4 15 mL；200 mL 的蒸餾水及 1～2 滴鄰二氮菲指示劑。

↓

以鈰(IV)滴至指示劑變成淡藍色。

◎另做空白試驗。

四、實驗相關知識

1. 室溫下四價鈰氧化 Fe^{2+} 反應迅速，且不致氧化 Cl^-，此特性與 $KMnO_4$ 溶液不同。

2. 有關實驗應注意事項請參考「實驗 7-5 $KMnO_4$ 測定鐵含量」一節。

五、記錄與計算

S：樣品重(g)

V：消耗 Ce^{4+}的體積(mL)

N：Ce^{4+}溶液當量濃度

$$\%Fe_2O_3 = \frac{N \times \dfrac{V}{1000} \times \dfrac{Fe_2O_3的fw}{2}}{S} \times 100\%$$

六、問題與思考

1. 試問滴定前添加 85% H_3PO_4 的目的為何？

2. 試說明使用 Ce^{4+}溶液之優缺點（與 $KMnO_4$ 比較）。

0.05 N 碘(I₂)標準液製備及標定

一、實驗原理及目的

碘晶體純度不高且易昇華揮發，不易精稱，因此不能當一級漂準試劑，故碘溶液先配製大約濃度後，再以一級標準試劑標定之。此一級標準試劑常為 As_2O_3，$BaS_2O_3 \cdot H_2O$ 或 $Na_2S_2O_3$ 等。

碘標準溶液為弱的氧化劑，可用於測定強還原劑。碘的還原半反應式為：

$$I_3^- + 2e^- \rightarrow 3I^-$$

碘標準溶液最大優點是靈敏度高且有可逆的指示劑可利用，但碘在水中溶解度不高（僅約 0.001 M），若有碘離子存在時，形成可溶性三碘錯離子，提高其溶解度。

反應式：

$$I_{2(s)} + I^- \rightarrow I_3^- \qquad K = 7.1 \times 10^2$$

碘定量分析法最常用的指示劑是懸浮的澱粉溶液，僅須有少量的 I_3^- 存在，即可與澱粉作用，使溶液呈深藍色。懸浮的澱粉溶液易被細菌作用，幾天內就會分解，故須當天製備新鮮指示劑。

本實驗碘溶液的標定採用硫代硫酸鋇的單水化合物$(BaS_2O_3 \cdot H_2O)$為標準試劑，使用澱粉指示劑，以碘溶液滴定至淡藍色，即達滴定終點。此標準硫代硫酸鋇單水化合物溶解度僅為 0.01 M，固體狀態與碘溶液反應很快，故可直接進行滴定。但在 50°C 時會開始失去水分應注意其保存溫度，其反應式為：

$$I_2 + 2S_2O_3^{2-} \rightarrow 2I^- + S_4O_6^{2-}$$

由於澱粉在高濃度碘的溶液中，會被分解而產生不完全可逆的指示劑性質。故碘溶液濃度較高時（呈深褐色），需待大多數的碘被作用後呈淡黃色時，才加入澱粉指示劑。

二、藥品與器材

藥品：KI，I_2，$BaS_2O_3 \cdot H_2O$ 一級試劑，1%澱粉指示劑（5 g 可溶性澱粉溶於 15 mL 水中製成糊狀，以沸水稀釋至 500 mL 後加熱至混合物呈澄清溶液，冷卻備用）。

器材：250 mL 燒杯、1000 mL 定量瓶、褐色瓶、50 mL 滴定管 1 支、250 mL 錐形瓶 4 個。

三、實驗步驟

1. 碘溶液製備

   稱量 20 g KI 及 6.35 g I_2 於 250 mL 燒杯中。

   ↓

   加入 100 mL 蒸餾水攪拌數分鐘盡量使其完全溶解（通常會有部分不溶之 I_2 固體存在）。

   ↓

   將溶液倒入 1000 mL 定量瓶中，加蒸餾水至標線處（未溶解之 I_2 固體請勿倒入，必要時以過濾器過濾之）。

   ↓

   混合均勻後，傾倒於褐色瓶中，並置於陰暗處貯存備用。

2. 碘溶液的標定

   精稱 0.4～0.5 g $BaS_2O_3 \cdot H_2O$，記錄到小數點後四位於 250 mL 錐形瓶中。

   ↓

   加入 100 mL 蒸餾水後，加入 2～3 mL 澱粉指示劑，混合均勻。

   ↓

   以配製之碘溶液滴定至出現淡藍色維持 30 秒以上時，即為滴定終點。

   ◎ 另以 100 mL 蒸餾水做空白試驗。
   ◎ 實驗至少需三重複。

四、實驗相關知識說明

（一）碘溶液的製備及性質

1. 碘為弱氧化劑，可測定強還原劑，正確的半反應式表示法

$$I_3^- + 2e^- \rightarrow 3I^- \qquad E^0 = 0.536$$

雖然碘係以 I_3^- 形式存在，但碘的本性並不因與碘離子結合而改變，在化學定量上，其仍以 I_2 代表其所產生之反應。

　　使用碘的優點為靈敏，且指示劑有可逆變化，缺點則為碘溶液穩定性不佳，不易保存。

2. 碘於水中溶解度低(~ 0.001 M)，但溶在 KI 溶液中則較易溶，因

$$I_{2(s)} + I^- \rightarrow I_3^- \qquad K = 7.1 \times 10^2$$

① 上述溶解速率很慢。

② 先將碘固體溶於小體積之濃 KI 溶液中。

③ 小心稀釋，溶液中不可有固體存在。故標定前將溶液通過燒結玻璃坩堝過濾之。

3. 碘溶液缺乏穩定性，因

(1) 溶液中 I_2 會揮發。

(2) I_2 與大多數有機物作用，故不可用軟木塞或橡皮塞。

(3) 空氣會氧化碘離子，改變 I_2 溶液的濃度。

$$4I^- + O_{2(g)} + 4H^+ \rightarrow 2I_2 + 2H_2O$$

　　此反應與其他各影響方式相反，會增加碘溶液濃度。且反應受熱、光、酸的催化，故應貴褐色瓶中，並置於陰暗處。

4. 碘溶液每隔數天於使用前均應重新標定之，以確認其濃度。

5. 碘的當量濃度

$$N = 當量數/L = (w/(I_2/2))/1000\ mL = (6.35/126.92)/1\ L$$

（二）碘溶液的標定

1. 標定時，採用大約 0.01 M 的 $BaS_2O_3 \cdot H_2O$，此化合物直接稱取固體後，加入蒸餾水及澱粉指示劑後，可以 I_2 溶液直接滴定至維持淡藍色約 30 秒即為達滴定終點，因碘溶液與固體的 $BaS_2O_3 \cdot H_2O$ 反應很快。反應式如下：

$$I_2 + BaS_2O_3 \cdot H_2O_{(s)} \rightarrow S_4O_6^{2-} + 2Ba^{2+} + 2I^- + H_2O$$

2. 硫代硫酸根($S_2O_3^{2-}$)為中等強度之還原劑，碘可完全氧化之

$$2S_2O_3^{2-} \rightarrow S_4O_6^{2-} + 2e^-$$

若氧化太劇烈，則：

$$S_4O_6^{2-} \rightarrow SO_4^{2-}$$

$S_4O_6^{2-}$的還原半反應為 $S_4O_6^{2-} + 2e^- \rightarrow 2S_2O_3^{2-}$　　　$E^0 = 0.08$

3. 碘溶液標定時，常採用懸浮澱粉溶液為指示劑。事實上，溶液中若含有 5×10^{-6} M I_2 時，其淡黃的 I_2 溶液即可辨別，因此若分析溶液為無色時，本身即可作為指示劑。

4. 澱粉指示劑，常用可溶性澱粉，主成分為 β 溶膠澱粉，當碘分子被吸附在螺旋鏈狀的 β 溶膠澱粉中時，呈現深藍色。

5. 澱粉溶液，易被細菌作用而分解，最好使用前再行配製，或加入氯仿做為抗菌劑。

五、記錄與計算

v：碘滴定體積(mL)

w：稱取 $BaS_2O_3 \cdot H_2O$ 重量(g)

$BaS_2O_3 \cdot H_2O$ 之 fw：257 g/mole

N [註7-1]：I_2 溶液的當量莫耳濃度

註 7-1　反應中，I_2 的氧化數改變數為 $1 \times 2 = 2$，故當量為 I_2 的 fw/2。

　　　　$S_2O_3^{2-} \rightarrow S_4O_6^{2-}$ 的氧化數改變數為 $(1/2) \times 2 = 1$，故當量為

　　　　$BaS_2O_3 \cdot H_2O$ 的 fw/1

計算式：滴定終點時，氧化劑的當量數＝還原劑的當量數

$$N \times (v/1000) = w/(fw/氧化數的改變數)$$

故　　　　$N \times (v/1000) = w/(257/1)$

六、問題與思考

1. 氧化還原反應中，碘為何種試劑？製備時為何須與 KI 混合溶解？又本實驗取 20 g KI，若某生疏忽僅加入 5 g KI，請問會有何影響？

2. 碘的安定性為何？貯存時應注意哪些事項？

3. 標定時採用何種試藥？請列出總反應式及各反應物之氧化數改變數。

4. 滴定時採用何種指示劑？應如何注意指示劑的配製及貯存？

實驗
7-11 二氧化硫(SO₂)速測法－碘直接滴定法 (Iodimetry)

一、實驗原理及目的

利用碘溶液滴定可分為：(1)直接法(iodimetry)、(2)間接法(iodometry)。本實驗係屬直接法，即直接以碘溶液為滴定劑，反應主要為碘氧化其他還原性化合物，來測定還原性化合物的含量。但因碘的氧化力較過錳酸鉀(KMnO₄)等為弱，故應用之對象較為有限，因此碘直接滴定法並不常用。碘可氧化 H_2S，SO_3^{2-}，$S_2O_3^{2-}$，$A_sO_3^{3-}$ 及 SbO_3^{3-} 而分別形成 S，SO_4^{2-}，$S_4O_6^{2-}$，$A_sO_4^{3-}$ 及 SbO_4^{3-} 等。本實驗係以碘直接滴定，測定 SO_2 含量，並使用澱粉指示劑，滴定至變色為止，其反應式為：

$$H_2SO_3 + I_2 + H_2O \rightarrow 2I^- + SO_4^{2-} + 4H^+$$

二、藥品與器材

藥品：未知濃度之亞硫酸鹽溶液，0.05 N I_2 標準溶液，1%澱粉指示劑。

器材：10 mL 移液吸管，250 mL 錐形瓶，50 mL 滴定管 1 支。

三、實驗步驟

以移液吸管準確吸取 0.05 N I_2 溶液 10～250 mL 錐形瓶中。

↓

加入 50 mL 蒸餾水，混合均勻。

↓

由滴定管滴加亞硫酸鹽溶液於錐形瓶中。

↓

至溶液呈淡黃色時，加入 2～3 mL 澱粉指示劑於錐形瓶中。

↓

繼續滴定至藍色消失為止，即為滴定終點，記錄消耗之亞硫酸鹽溶液體積。

◎ 實驗需做三重複。

四、實驗相關知識說明

1. 測定 SO_2 含量時，因 SO_2 在水溶液中反應生成 H_2SO_3，即 $SO_2＋H_2O→ H_2SO_3$，因而可以 I_2 溶液滴定之。

2. 在高濃度的碘溶液中，澱粉指示劑會被分解而產生不完全可逆的指示劑，因此在滴定初期先不加入指示劑於碘溶液中，直到滴定溶液呈淡黃色時，表示溶液中之碘濃度已大量降低，此時方加入澱粉指示劑 I_2 與澱粉結合呈藍色，再繼續滴定至藍色消失，即為滴定終點。

3. 滴定完成後，因碘離子可在空氣中被氧化生成 I_2（I_2 與澱粉形成之藍色錯合物仍會再度產生），故滴定後之溶液置於一段時間後仍會回復為藍色。

4. 半反應 $SO_3^{2-}＋H_2O→SO_4^{2-}＋2H^+＋2e^-$

   $$I_2＋2e^-→2I^-$$

   故 I_2 之當量為 $(126.9×2)/2$

   SO_2 之當量為 $64/2$

五、記錄與計算

N：碘溶液的當量濃度

V：碘溶液體積(mL)，10 mL

A：SO_2 溶液所用之滴定體積(mL)

$$SO_2\%＝[(N×V/1000×(64/2))/A]×100\% \qquad (w/v：g/mL)$$

六、問題與思考

1. 何謂碘的直接滴定法(iodimetry)？有何應用？

2. 請列出實驗之總反應式？其與 SO_2 有何關係？

3. 實驗中為什麼在滴定至溶液呈淡黃色，才加入澱粉指示劑？此淡黃色溶液為何物？

4. 滴定終點後，為什麼反應液放置一段時間溶液會再呈現藍色？需要繼續滴定嗎？

實驗 7-12

0.1 N 硫代硫酸鈉($Na_2S_2O_3$)標準溶液的製備及標定

一、實驗原理

碘分子的氧化力並不強，因而應用範圍有限，故其直接滴定較少利用。反之，間接滴定法則應用較多，可測定含氧化劑樣品，碘間接滴定法(iodometry)中利用碘離子的還原性質，先與欲測樣品（氧化劑）反應後產生碘分子

$$2I^- \rightarrow I_2 + 2e^-$$

此碘分子再以硫代硫酸鈉標準溶液滴定，其總反應式為

$$I_2 + 2S_2O_3^{2-} \rightarrow 2I^- + S_4O_6^{2-}$$

因此硫代硫酸鈉須先經標定。標定硫代硫酸鈉($Na_2S_2O_3$)常用的一級標準試劑(primary standard)為碘酸鉀(KIO_3)，精確稱取 KIO_3 一級試劑，溶於含有過量 KI 的水溶液中，當其在強酸下可產生 I_2，反應方程式如下：

$$IO_3^- + 5I^- + 6H^+ \rightarrow 3I_2 + 3H_2O$$

再以未知濃度的硫代硫酸鈉滴定溶液中產生之碘分子，以澱粉溶液當指示劑，滴定至溶液呈無色即為滴定終點，即可計算 $Na_2S_2O_3$ 的確切濃度。

二、藥品及器材

藥品：$Na_2S_2O_3 \cdot 5H_2O$，Na_2CO_3，KIO_3，KI，6 M HCl，1%澱粉指示劑。

器材：天平、1000 mL 定量瓶 1 個、250 mL 錐形瓶 4 個、50 mL 滴定管 1 支。

三、實驗步驟

1. 0.1 N $Na_2S_2O_3$ 溶液的製備

   將 1000 mL 蒸餾水煮沸 5 分鐘。

   ↓

   冷卻至室溫。

   ↓

   加入約 25 g 之 $Na_2S_2O_3 \cdot 5H_2O$。

   ↓

   加入 0.1 g 之 Na_2CO_3。

   ↓

   攪拌至完全溶解,混合均勻。

   ↓

   置於貯存瓶中備用。

2. 0.1 N $Na_2S_2O_3$ 溶液的標定

   於 110°C 下乾燥 KIO_3 至少 1 小時。

   ↓

   置於乾燥器中冷卻至室溫。

   ↓

   精確稱量 0.12～0.15 g KIO_3,記錄到小數點後四位,置於 250 mL 錐形瓶中。

   ↓

   加入 75 mL 蒸餾水。

   ↓

   再加入大約 2 g 之碘化鉀(KI)試藥。

↓

再加入 6 M HCl 溶液 2 mL，混合均勻。

↓

以 $Na_2S_2O_3$ 滴定至溶液變為淡黃色。

↓

再加入 1%澱粉指示劑 2～3 mL。

↓

繼續滴定至藍色消失為止，即為滴定終點。

↓

記錄 $Na_2S_2O_3$ 溶液的滴定體積。

◎ 實驗需做三重複。

四、實驗相關知識說明

1. 製備

(1) 硫代硫酸鈉($Na_2S_2O_3$)為中等強度之還原劑，可用來測定氧化劑，而僅有碘可完全氧化硫代硫酸鈉成四硫磺酸根離子

$$I_2 + 2S_2O_3^{2-} \rightarrow S_4O_6^{2-} + 2I^-$$

其他較強的氧化劑則會繼續氧化 $S_4O_6^{2+} \rightarrow SO_4^{2-}$ 之情形，$Na_2S_2O_3$ 為少數在空氣中穩定的還原劑。

(2) $Na_2S_2O_3$ 在空氣中不致氧化，但會分解生成硫和亞硫酸氫根離子

$$S_2O_3^{2-} + H^+ \rightarrow HSO_3^- + S_{(s)}$$

當溶液中有微生物或 Cu^{2+} 存在時，或是溶液濃度愈高、pH 下降和光線照射等影響，則溶液的分解速率明顯增加。

(3) 製備時須加入少量 Na_2CO_3，其目的在抑制水溶液中微生物的繁殖，在 pH＝9～10 左右微生物不易繁殖，否則微生物會促進 $Na_2S_2O_3$ 的分解。

$$Na_2S_2O_3 \xrightarrow[H^+]{微生物} Na_2SO_3 + S\downarrow$$

硫代硫酸鈉溶液分解時則呈乳白色，此時，溶液應再重新配製及標定。

(4) 添加之 Na_2CO_3 不可過量以致鹼性太強，易造成 Na_2SO_3 在空氣中起氧化作用。

$$S_2O_3{}^{2-} + 2OH^- + 2O_2 \rightarrow 2SO_4{}^{2+} + H_2O$$

2. 標定

(1) 碘的顏色在 5×10^{-6} M 即可辨認其淡黃色，若分析溶液無色時，試劑本身即可當指示劑。

(2) 標定時須以純度高的 KI 加入，不可含 KIO_3；否則使的 $Na_2S_2O_3$ 的滴定體積比實際所需量為多，造成 $Na_2S_2O_3$ 濃度會比正確值低。如無法確定 KI 是否含有 KIO_3 時，則應做空白試驗，以扣除之。

(3) 碘滴定法僅適用於酸性溶液，故標定時添加 6 M HCl 2 mL，在鹼性溶液中，則會有下列反應產生

$$I_2 + 2OH^- \rightarrow IO^- + I^- + H_2O$$

$$3IO^- \rightarrow 2I^- + IO_3{}^-$$

因而影響實驗的正確性。

(4) 碘離子在強光照射下易於空氣中氧化成碘分子，故影響滴定終點。

$$4I^- + 4H^+ + O_2 \rightarrow 2I_2 + 2H_2O$$

(5) 滴定至溶液呈淡黃色，I_2 濃度大量減少時再加入澱粉指示劑，以免澱粉指示劑為高濃度的 I_2 溶液分解，生成不完全可逆的指示劑。

五、記錄與計算

反應式

$$IO_3^- + 5I^- + 6H^+ \rightarrow 3I_2 + H_2O$$

$$I_2 + S_2O_3^{2-} \rightarrow 2I^- + S_4O_6^{2-}$$

$$\therefore 1 \text{ mol } IO_3^- = 3 \text{ mol } I_2 = 6 \text{ mol } S_2O_3^{2-}$$

又 NaS_2O_3 的克當量數＝I_2 克當量數＝KIO_3 克當量數

$$N \times (v/1000) = w/(KIO_3 \text{ 之 fw}/6)$$

N：硫代硫酸鈉的當量濃度

V：硫代硫酸鈉的滴定體積(mL)

w：KIO_3 的重量(g)

6：KIO_3 的氧化數改變數

（因 1 mol KIO_3 → 3 mol I_2，1 mol I_2 在與 NaS_2O_3 反應中氧化數改變數為 2，故 KIO_3 的氧化數改變數為 $2 \times 3 = 6$）

六、問題與思考

1. 何謂碘的間接滴定法(iodometry)？

2. 配製 $Na_2S_2O_3$ 溶液時，加入 0.1 g Na_2CO_3 目的為何？若未添加有何影響？

3. 滴定時，於樣品溶液中加入約 2 g KI，目的為何？請列出反應式。某生疏忽加入 5 g KI，會有哪些影響？

4. 實驗中須加入 2 mL 6 M HCl，主要目的為何？某生實驗中忘記添加，可能造成哪些影響？

實驗 7-13　漂白水中有效氯的定量

一、實驗原理及目的

本實驗為碘間接滴定法(iodometry)的應用。漂白粉主要成分為 $Ca(OCl)Cl$，常為氫氧化鈣通氯氣所得

$$Ca(OH)_2 + Cl_2 \rightarrow Ca(OCl)Cl + H_2O$$

所生水分為漂白粉所吸收，而漂白水主要成分為 $NaOCl$。其含次氯酸根(OCl^-)具有強的氧化力，故有漂白及殺菌作用，次氯酸根在微酸性下可氧化碘離子生成碘，之後再以硫代硫酸鈉($Na_2S_2O_3$)的標準溶液予以滴定 I_2，即可求漂白粉含量。計算時以 $Cl_2\%$ 表示漂白粉的漂白能力，亦即所謂有效氯，其反應式：

$$OCl^- + 2H^+ + Cl^- \rightarrow Cl_2 + H_2O$$

$$Cl_2 + 2I^- \rightarrow Cl^- + I_2$$

總反應

$$OCl^- + \underset{(過量)}{2I^-} + H^+ \rightarrow Cl^- + I_2 + H_2O$$

再以硫代硫酸鈉滴定產生的 I_2

$$I_2 + 2S_2O_3{}^{2-} \rightarrow S_4O_6{}^{2-} + 2I^-$$

二、藥品與器材

藥品：市售漂白水、碘化鉀、$6\ N\ H_2SO_4$、澱粉指示劑、$0.1\ N\ Na_2S_2O_3$ 標準溶液。

器材：天平、$50\ mL$ 量筒、$10\ mL$ 量筒、$250\ mL$ 錐形瓶、$50\ mL$ 滴定管 1 支、$2\ mL$ 刻度移液吸管 1 支。

三、實驗步驟

以 2 mL 移液吸管精確量取市售漂白水 2 mL，置入 250 mL 錐形瓶中。

↓

稱取 2 g KI，加入樣品。

↓

加入蒸餾水 50 mL 及 6 N H_2SO_4 10 mL。

↓

混合均勻。

↓

以 0.1 N $Na_2S_2O_3$ 標準溶液滴定直至溶液呈淡黃色。

↓

再加入 2～3 mL 澱粉指示劑。

↓

繼續滴定直至藍色消失為止，即為滴定終點。

◎ 實驗需做三重複。

四、實驗相關知識說明

1. 漂白粉的次氯酸根在酸性溶液中，產生漂白作用變成次氯酸

$$OCl^- + H^+ \rightarrow HOCl$$

2. 因 $Ca(OCl)Cl + 2HCl \rightarrow CaCl_2 + Cl_2 + H_2O$
   而漂白粉中亦含有其他雜質及氯化物等，其等與酸作用並不生成 Cl_2，因此以 Cl_2%
   來表示漂白粉所具有之氧化力（漂白力），稱之有效氯的含量，而其他遇酸不生
   成 Cl_2 之氯化物，則屬無效之氯。

3. 因 1 mole OCl^-可產生 1 mole I_2，而 1 mole I_2 與 $Na_2S_2O_3$ 作用時，其氧化數改變數為 2，即(0→1)1×2。

$$1 \text{ 當量數 } Na_2S_2O_3 = 1/2 \text{ } I_2 \text{ mole} = 1/2 \text{ } Cl_2 \text{ mole}$$

4. 一般市售漂白水的次氯酸鈉濃度約為 6% 左右，高濃度者則約為 12%。

五、記錄與計算

$$Cl_2\% = \frac{N \times \dfrac{V}{1000} \times \dfrac{fw}{2}}{v} \times 100\%$$

N：$Na_2S_2O_3$ 的當量濃度

V：$Na_2S_2O_3$ 的滴定體積(mL)

Cl_2 之 fw＝71 g/mol

v：樣品體積(mL)

六、問題與思考

1. 何謂有效氯？

2. 標定 $Na_2S_2O_3$ 時曾加入 6 M HCl，本實驗中亦加入 6 N H_2SO_4，問此二者功能有否差異？可否一致改為 HCl 或 H_2SO_4？

3. 請列出實驗的反應式，並說明氧化數改變數。

利用碘間接滴定法測定水中溶氧量—文克勒法

一、實驗原理及目的

　　水中氧濃度與壓力、水溫及鹽分有關係，而水的汙染程度對水中溶氧量亦有甚大影響，通常水中汙染物多時，其溶氧量較少，因此測定水中的溶氧量對監測水質有重要意義。測定天然水中的溶解氧量，可利用碘間接分析法(iodometry)。水樣品先以過量的錳(II)、碘化鉀及氫氧化鈉來處理。白色的氫氧化錳(II)形成後迅速地與水中的溶氧反應，而產生棕色的氫氧化錳(III)。即

$$4Mn(OH)_{2(s)} + O_2 + 2H_2O \rightarrow 4Mn(OH)_{3(s)}$$

當酸化後，錳(III)會將碘離子氧化成碘。因此

$$2Mn(OH)_{3(s)} + 2I^- + 6H^+ \rightarrow I_2 + 6H_2O + 2Mn^{2+}$$

　　所產生的碘分子再以標準硫代硫酸鈉溶液滴定之，可換算出水中溶氧的含量。

　　此方法的樣品處理方式極為重要，在加入每一試劑時，必須確定沒有空氣進入，以確定無加入樣品外的氧，或從樣品中損失氧。樣品必須不含任何可氧化碘離子或還原碘分子的溶質存在，其等會干擾實驗結果的正確性。

二、藥品與器材

藥品：1. 硫酸錳(II)試劑：稱取 48 g $MnSO_4 \cdot H_2O$ 溶在足量的水中，再稀釋成 100 mL 的溶液。

　　　2. 碘化鉀／氫氧化鈉混合溶液（KI/NaOH 溶液）：稱取 15 g KI 溶於約 25 mL 水中，加入 50% NaOH 溶液 66 mL，再稀釋至 100 mL。

　　　3. 標準 0.025 N $Na_2S_2O_3$ 溶液、濃硫酸、澱粉指示劑溶液。

器材：BOD(biochemical oxygen demand)瓶、50 mL 滴定管、塑膠管、滴管、250 mL 量筒。

樣品：可取用各種不同來源之水質或是自來水。

三、實驗步驟

將水溶液樣品移入 BOD 瓶中，必須小心地操作以減少曝露在空氣中。

↓

首先，以塑膠管自瓶底加入水溶液樣品，當瓶子滿溢時慢慢抽出管子。

↓

用滴管加入硫酸錳試劑 1 mL，將試劑放入液體表面下（將有一部分溶液溢出瓶外）。

↓

以同樣方法，加入 KI/NaOH 溶液 1 mL（有部分溶液溢出瓶外）。

↓

塞緊瓶塞，以確定沒有空氣吸入。

↓

將瓶倒轉以使沉澱物均勻分布。

當沉澱物沉降低於瓶塞時，將濃硫酸 1 mL(18 M)加入液體表面以下（部分溶液溢出瓶外）。

↓

再塞緊瓶塞並均勻混合直到沉澱物完全溶解為止。

↓

以量筒量取 200 mL 之酸化水溶液樣品，放入 500 mL 錐形瓶中。

↓

再以 0.025 N $Na_2S_2O_3$ 滴定，直到溶液呈淡黃色後。

↓

再加入 2～3 mL 澱粉指示劑，並繼續滴定至無色，此時即達滴定終點。

記錄所消耗硫代硫酸鈉的毫升數以換算得每升水溶液樣品中所含氧量之毫升數(STP)。

◎ 實驗需做三重複。

四、實驗相關知識說明

1. 溶液加入 KI/NaOH 溶液時呈強鹼，請注意避免觸碰到皮膚。

2. 加濃硫酸酸化，使 pH 在 1.0～2.5 間，沉澱物溶解，使用磁攪拌器可促進溶解，此時三價錳氧化 I^- 形成 I_2。

3. 水樣中之 NO_2^- 含量若大於 0.05 mg/g 時，會干擾水中溶氧的測定，此時可加入 1 g/100 mL 之 NaN_3 消除干擾，NaN_3 含劇毒，應小心操作不可碰觸。

4. 如有干擾物質於水樣中，可以空白試驗校正之。干擾物質過多時，應考慮採用其他的測定水中溶氧量方法，例如：電極測定法等儀器測定。

五、記錄與計算

$$1 \text{ mol } I_2 = 2 \text{ mol } Mn(OH)_3 = 1/2 \text{ mol } O_2$$

滴定當量點時，$Na_2S_2O_3$ 當量數 $= I_2$ 當量數 $= \dfrac{1}{2} I_2 \text{ mol} = \dfrac{1}{4} O_2 \text{ mol}$

又標準狀態下每 mol 氣體的體積為 22.4 L

$$O_2(\text{mL/L}) = N \times \frac{a}{1000} \times \frac{1}{4} \times 22.4 \times 10^3 \times \frac{1000}{200}$$

N：$Na_2S_2O_3$ 的當量濃度

a：滴定終點 $Na_2S_2O_3$，滴定體積(mL)

六、問題與思考

1. 本實驗樣品處理時，須特別注意哪些事情？

2. 本實驗在過程中須為鹼性或酸性或者二者兼備？為什麼？

3. 水中若有干擾物質請問可如何處理？

實驗 7-15　利用 KBrO₃ 測定 Vit C 的含量

一、實驗原理及目的

　　溴酸鉀($KBrO_3$)為良好的一級標準試劑,具有強的氧化力,其性質穩定可直接配製成標準溶液。主要用途為測定可與溴離子反應的有機化合物,例如 Vit C。反應原理為:(1)將已知量的溴酸根標準溶液加入含過量溴化鉀(KBr)的樣品溶液中,經酸化後將混合物靜置容器中,此時溴酸根會氧化溴離子而生成溴(Br_2),溴則會與樣品的分析物完全反應,反應後會有剩餘之溴存在溶液中;(2)剩餘溴則以過量的 KI 反應生成 I_2;(3)產生之碘分子(I_2)則再以硫代硫酸鈉($Na_2S_2O_3$)滴定之,直到溶液中的澱粉指示劑變色為止,因而可換算出樣品的含量,其各反應式如下:

$$BrO_3^- + \underset{(過量KBr)}{5Br^-} + 6H^+ \rightarrow 3Br_2 + 3H_2O$$

$$C_6H_8O_6(\text{ascorbic acid, vit C}) + Br_2 \rightarrow C_6H_6O_6 + 2H^+ + 2Br^-$$

$$Br_2 + \underset{(過量KI)}{2I^-} \rightarrow 2Br^- + I_2$$

$$I_2 + 2S_2O_3^{2-} \rightarrow 2I^- + S_4O_6^{2-}$$

二、藥品與器材

藥品:0.05 N $KBrO_3$、0.05 N $Na_2S_2O_3$、6 N H_2SO_4、KBr、KI、1%澱粉指示劑、市售 Vit C 錠。

器材:研缽及杵、500 mL 定量瓶 1 個、250 mL 錐形瓶 4 個、50 mL 滴定管 1 支。

三、實驗步驟

1. 0.05 N KBrO₃ 之製備

在 110°C 下乾燥試藥級之 KBrO₃ 至少 1 小時。

↓

取出置乾燥器中冷卻至室溫。

↓

精確稱取已乾燥之 KBrO₃ 0.7 g，記錄到小數點下四位，放入 500 mL 定量瓶中。

↓

先以大約 200 mL 的蒸餾水溶解後。

↓

再以蒸餾水稀釋至標準線處，並混合均勻備用。

↓

由精稱之 KBrO₃ 之重量計算其當量濃度(N)。

2. Vit C 的測定

市售 Vit C 錠以研缽及杵先磨成粉末。

↓

精確稱量約 0.1 g，記錄到小數點下四位之 Vit C 樣品粉末及 1 g KBr 於 250 mL 的錐形瓶中。

↓

加入 50 mL 蒸餾水及 6 N 的 H₂SO₄ 10 mL 溶解樣品，混合均勻，立即以 0.05 N KBrO₃ 標準溶液滴定至溶液呈淡黃色時（較原樣品溶液的顏色深），即停止滴定，記錄滴加之 KBrO₃ 的毫升數。

↓

加入 KI 1 g 及 1% 澱粉指示劑 2～3 mL。

↓

再以 0.05 N $Na_2S_2O_3$ 滴定至溶液的藍黑色消失為止，此時即為滴定終點，記錄使用之硫代硫酸鈉($Na_2S_2O_3$)的毫升數。

◎ 實驗需做三重複。

四、實驗相關知識說明

1. 以 $KBrO_3$ 進行間接滴定，較以標準溴溶液為佳，因溴溶液穩定性不佳。

2. 抗壞血酸(ascorbic acid, Vit C, $C_6H_8O_6$)完全被溴氧化，形成去氫抗壞血酸($C_6H_6O_6$)。此滴定試驗應迅速進行，以避免空氣氧化 Vit C，造成實驗結果的誤差。

3. 溶液含過量之 Br_2 時呈現淡黃色，此時表示加入溶液中的 $KBrO_3$ 與 KBr 作用，產生之 Br_2 已與 Vit C 作用完全，且有過量之 Br_2 存在。

4. 溶液中含剩餘之 Br_2，再加入 KI 及澱粉指示劑，I^- 被 Br_2 氧化生成 I_2，此 I_2 與澱粉指示劑作用生成藍色溶液，再以 $Na_2S_2O_3$ 標準溶液測定 I_2 含量，可換算求得 Vit C 的含量。

5. 空白試驗所需硫代硫酸根的體積甚少超過幾 mL 以上者。

6. 固體 $KBrO_3$ 若與潮濕有機物質（如垃圾桶中紙巾）接觸有起火的危險性，應特別注意，勿隨意丟棄。

五、記錄與計算

1. 1 mol BrO_3^- ＝ 3 mol Br_2 ＝ 3 mol I_2

   BrO_3^- 氧化數改變數為 6

   故 $KBrO_3$ 的當量濃度(N)為

   $$N_{KBrO_3} = [w/(fw/6)]/v$$

   w：$KBrO_3$ 的克數

   v：配製標準溶液的體積(L)

2. 硫代硫酸鈉($Na_2S_2O_3$)的當量濃度(N)

$$N_{Na_2S_2O_3} = [w/(fw/2)]/v$$

w：$Na_2S_2O_3$ 重(g)

v：配製標準溶液的體積(L)

3. $C_6H_8O_6\% = \dfrac{[(ax-by)/1000] \times (fw_{C_6H_8O_6}/2)}{S} \times 100\%$

W：樣品重(g)

x：$KBrO_3$ 之當量濃度

y：$Na_2S_2O_3$ 之當量濃度

a：$KBrO_3$ 之滴定 mL 數

b：$Na_2S_2O_3$ 之滴定 mL 數

六、問題與思考

1. 請列出實驗的各反應式。BrO_3^- 的氧化數改變多少？

2. 步驟中 $KBrO_3$，KI，KBr 或 Vit C 等，哪些試劑須精確稱量？

3. 本實驗進行為什麼須迅速完成？

MEMO

電位滴定法

Analytical Chemistry Lab.

  **pH 計測定弱酸的解離常數（一）**

一、實驗原理及目的

在酸鹼滴定中可利用玻璃／甘汞電極系統，決定其滴定終點，亦可從電位滴定曲線來計算弱酸或弱鹼的解離常數（Ka 或 Kb）。理論上，解離常數（Ka 或 Kb）可由曲線上的任一點求得；實際上，它最容易由半中和(half-neutralization)點的 pH 導出。

以強鹼溶液滴定弱酸 HA 中，當酸恰好被中和一半時，此時[HA]=[A⁻]因此對弱酸而言

$$HA+H_2O \rightleftharpoons H_3O^+ + A^-$$

此弱酸之解離常數為

$$Ka=\frac{[H_2O^+][A^-]}{[HA]}$$

當酸被中和一半時[HA]=[A⁻]，此時Ka=[H₃O⁺]即為半中和點，其 pH 值恰等於 pKa(pH=pKa)。

而偵測中和滴定之終點，通常是根據在當量點附近 pH 值之突然變化很大，利用指示劑顏色的變化來確定之，但若溶液混濁，有顏色等干擾存在時，則不易判定，此時以 pH 計電位變化判定則不受影響。一般中和滴定所使用之標準試劑均為強酸或強鹼，因為這些物質之反應較弱酸或弱鹼作用更完全，因此本實驗利用 0.1 N NaOH 之標準溶液對醋酸（弱酸）溶液進行電位滴定，記錄其滴定過程 pH 變化情形，並計算解離常數(Ka)。

二、藥品與器材

藥品：酚酞指示劑、0.1 N NaOH 標準溶液、0.1 N HC₂H₃O₂。

器材：pH meter 1 台，250 mL 燒杯 3 個，50 mL 移液吸管 1 支，方格紙[註8-1]。

三、實驗步驟

（一）pH meter 校正

　　預先開機，暖機後，電極棒用裝有蒸餾水的洗瓶沖洗後以拭鏡紙拭乾，將其浸入 pH＝7.0 的緩衝溶液中校準後，取出電極棒以蒸餾水沖洗再以拭鏡吸乾後，浸入 pH＝4.0 或 pH＝9.0 之緩衝溶液中（視欲測定範圍而定），校正電極系統後，以蒸餾水沖洗電極，拭鏡紙吸乾後備用。

（二）電位滴定

以 50 mL 移液吸管吸取準確 0.1 N HC₂H₃O₂ 50 mL 於 250 mL 燒杯中。

↓

加入 2 滴之酚酞指示劑後，以 0.1 N NaOH 標準溶液滴定之。

↓

以 pH meter 測定溶液之 pH 值，每滴定 0.1 N 的 NaOH 標準溶液 5 mL 後，攪拌均勻，讀取並記錄一次 pH 值，滴定約 45 mL 後注意指示劑發生顏色變化及 pH 之變化，必要時（接近當量點時）每滴定一滴 0.1 N NaOH 溶液即讀取記錄一次 pH 值。

↓

最後以 pH 值為縱座標，NaOH 體積為橫座標於方格紙上繪製滴定曲線圖。

↓

利用滴定曲線圖找出半中和點，求出醋酸之 Ka 值。

註 8-1　0.1 N NaOH 標準溶液的配製與標定請參考實驗 5-1。

四、實驗相關知識說明

1. pH 值即為 $\log\dfrac{1}{[H^+]}$，係溶液酸鹼度的簡便表示法，其可藉由電位量測來確定之。

   一般測 pH 的酸鹼度計係由玻璃指示電極和飽和甘汞參考電極所組成。測定時兩電極均浸泡於欲測量 pH 值的溶液中。玻璃指示電極尾端具有玻璃薄膜，電極管中加入少量經氯化銀飽和過的稀鹽酸(0.1 M)，另將銀線連接於該電極中，而形成銀／氯化銀的內部參考電極。甘汞電極為系統之外部參考電極，其內外層管，內層管裝有 Hg，Hg_2Cl_2 和飽和 KCl，外層管則裝飽和 KCl 溶液。

   系統中電極頂端的薄玻璃膜，係對 pH 有敏感的部位。

   測定時系統與被測溶液組成電池如下：

   $$Ag\,|\,AgCl，Cl^-，H^+\,|\qquad\qquad \|H^+\|KCl，Hg_2Cl_2\,|\,Hg$$

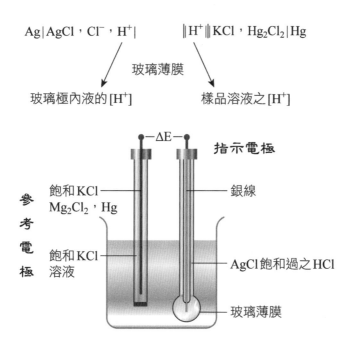

   其測定試液之 pH 值，為

   $$pH = pH_{標準} - \frac{(E_{欲測物} - E_{標準})}{0.0592}$$

   $pH_{標準}$ 為電極系統中標準緩衝溶液的 pH 值。

2. 使用電位測量滴定所得的數據較使用指示劑的方法更為準確，尤其是在溶液有顏色或混濁之情形下，其缺點為較耗時間，使用自動滴定儀器可節省時間。

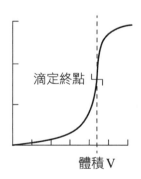

3. 電位滴定操作說明

(1) 玻璃電極前端圓球部需完全浸入測定溶液中。

(2) 使用磁攪拌器應注意勿將玻璃電極打壞或使溶液濺出，以免影響結果。

(3) 開始時可加入較大量體積（每次約 5 mL），每次加入後應攪拌均勻再測定溶液 PH，直到 30 秒內 pH 變化在 0.05 單位左右。

(4) 攪拌馬達有時會造成不正常電位讀數，此時應暫時關掉馬達，再讀取讀數。

(5) 接近當量點時，以每次加入 0.1 mL 為原則。

(6) 電極量測後應以蒸餾水洗瓶沖洗之，再以拭鏡紙輕微靠近電極吸乾水分，避免磨擦電極玻璃薄膜部位。

(7) 玻璃膜極薄易脆，切勿與硬物接觸以免破裂。

(8) 新的玻璃電極應於使用前浸泡蒸餾水中 24 小時，以活化之，平時使用後應浸泡於蒸餾水中或飽和 KCl 溶液中。

4. 影響 pH 值量測的重要因素

(1) 強鹼溶液：通常的玻璃電極對鹼金族離子較為敏感，當 pH 值大於 9 時，讀數會偏低。

(2) 強酸溶液：pH 小於約 0.5 時，玻璃電極的記錄值會有些偏高。

(3) 溫度：緩衝溶液的 pH 值與溫度有關，因此校正用緩衝溶液之溫度應與欲測試樣品欲測方式樣品溶液之溫度相同。

5. 判定滴定終點的電位量測

(1) 直接作圖：將電位與滴定試劑體積作圖，取曲線直線上升時之中點為滴定終點。

滴定終點

體積 V

(2) 換算作圖：將單位體積的滴定劑所造成的電位改變(E/v)與滴定試劑體積作圖，可得一最大高峰處，即為滴定終點。

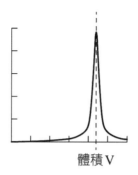

體積 V

(3) 二次微分：將 E/v 圖，取其二次微分曲線，其與（V，橫軸體積）的交點處即為滴定終點。

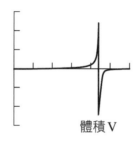

體積 V

(1)、(2)兩法直接作圖，需精確描繪，(3)法則可以計算機直接計算，較為準確。

五、記錄與計算

繪製滴定曲線圖於方格紙上，先找出滴定終點所消耗 NaOH 的體積，以終點 NaOH 體積的一半為半中和點，並對應出半中和點之 pH 值。

$$HA \rightarrow A^- + H^+ \qquad Ka = \frac{[H^+][A^-]}{[HA]}$$

在滴定半中和點時，$[HA]=[A^-]$，此時 $pH=pKa$，由半中和點的 pH 換算 Ka 值。

六、問題與思考

1. 何謂半中和點？如何由半和點計算弱酸之 Ka 值？

2. 使用電位滴定時應注意哪些事項？

3. 某生欲測定產品之 pH 值，已知產品之 pH 值約為 8.1 左右，問該生應如何校正 pH meter？說明操作過程。

4. 影響 pH 值定結果測的主要因素有哪些？試說明之。

5. 說明本實驗所用之指示電極和參考電極。

pH 計測定弱酸的解離常數（二）

一、實驗原理及目的

　　pH 計可簡易快速的測知溶液的 pH 值。當弱酸及其共軛鹼混合形成的溶液，加入少量酸或鹼至混合溶液，溶液的 pH 值的變化不大，此溶液稱為緩衝溶液(buffer solution)，緩衝溶液之 $[H_3O^+]＝Ka×（[弱酸]／[共軛鹼]）$，取負對數值則得 $pH＝pKa＋log（[共軛鹼]／[弱酸]）$ 的關係式。本實驗之進行係預先配製好醋酸與醋酸鈉混合之緩衝溶液，再以 pH 計測定不同濃度之醋酸與醋酸鈉緩衝溶液後，利用作圖法繪出 pH 與酸鹼濃度比的關係圖，由圖中找出酸鹼濃度比值為 1 時所對應之 pH 值，即可求出醋酸的解離常數。

二、器材及藥品

藥品：0.1 M 250 mL $HC_2H_3O_2$ 溶液（須標定正確濃度，冰醋酸比重 1.049），0.1 M 250 mL $NaC_2H_3O_2$ 溶液（精稱醋酸鈉配製之）：精稱 2.0511 g 之無水醋酸鈉於 250 mL 定量瓶中，加水稀釋至標線混合均勻，酚醯指示劑。

器材：50 mL 滴定管 2 支，100 mL 燒杯 5 個，pH 計，洗瓶，pH＝4.0 及 7.0 的標準溶液，0.1 N NaOH 標準溶液。

三、實驗步驟

1. 0.1 M $HC_2H_3O_2$ 溶液標定

取 20 mL 0.1 M $HC_2H_3O_2$ 溶液於 200 mL 錐形瓶中。

↓

加入 2 滴酚酞指示劑。

↓

以標定過之 0.1 N NaOH 溶液滴定至出現粉紅色持續約 30 秒。

↓

利用 $N_1V_1 = N_2V_2$ 關係式計算 $HC_2H_3O_2$ 溶液之正確濃度。

2. 醋酸解離常數的測定

將上述配製完成之 0.1 M $HC_2H_3O_2$ 溶液及 0.1 M $NaC_2H_3O_2$ 溶液分別裝入兩支 50 mL 滴定管中。

↓

取 100 mL 燒杯 5 個分別編號(1～5)後。

↓

依下表分別由滴定管中加入精確體積之醋酸及醋酸鈉溶液。

共軛酸鹼 \ 燒杯編號	1	2	3	4	5
醋酸(mL)	3	9	15	21	27
醋酸鈉(mL)	27	21	15	9	3

↓

各燒杯溶液混合均勻後以 pH meter 測定溶液之 pH 值,並記錄之。

◎ 使用 pH meter 測定前應先以實驗 8-1 校正方法校正之。

四、實驗相關知識說明

1. 冰醋酸之比重＝1.049,濃度為 17.4 M,以體積法配製 0.1 M 250 mL 之醋酸溶液,應吸取冰醋酸 1.43 mL 稀釋至 250 mL,唯仍應以標定過之 0.1 N NaOH 標定其正確濃度。

2. 若醋酸與醋酸鈉溶液濃度相等,且等體積混合,此時 pH＝pKa,即為半中和點。

五、記錄與計算

燒杯號碼 共軛酸鹼體積(mL)	1	2	3	4	5
醋酸	3	9	15	21	27
醋酸鈉	27	21	15	9	3
混合溶液 pH 值					

C_T＝溶液中醋酸與醋酸鈉濃度之總和($[HOAc]＋[NaOAc]$)

α_0＝醋酸溶液之相對濃度＝醋酸濃度／C_T（$[HOAc]／C_T$）

α_1＝醋酸鈉溶液相對濃度＝醋酸鈉濃度／C_T（$[NaOAc]／C_T$）

　　以醋酸及醋酸鈉之緩衝溶液之相對濃度與二溶液形成緩衝溶液之 pH 值關係式作圖，關係圖的縱座標（Y 軸）為二溶液之相對濃度，橫座標（X 軸）為混合溶液之 pH 值（即α_0、α_1分別對 pH 值作圖）。由二溶液相對濃度曲線之交叉點相對應之 pH 值即為醋酸之 pKa。

六、問題與思考

1. 使用 pH 計的玻璃電極應注意哪些事項？

2. 配製緩衝溶液時，可有哪些組成的可能性？（例：弱酸及其共軛鹼）

3. 為何圖中α_0與α_1交叉點的相對 pH 值即為 pKa？

MEMO

輻射吸收分析法

Analytical Chemistry Lab.

實驗 9-1 以分光光度計測定鐵的含量

一、實驗原理與目的

水中鐵含量的測定，可利用亞鐵離子(Fe^{2+})與 1,10－鄰二氮菲(1,10-phenanthrolines)形成的 $Fe(Ph)_3^{2+}$ 之橙紅色錯合物，在可見光波長 508 nm 有最大吸光值，由已知不同濃度的鐵與鄰二氮菲所形成的錯合物和其在 508 nm 吸光值的關係式，所繪出的曲線圖，計算一次回歸方程式作為檢量線方程式，而未知樣品溶液中鐵的含量以相同方法測出吸光值，由內插法即可求出鐵的含量，此法稱為標準曲線法。

鄰二氮菲溶液為弱鹼性，在酸性溶液中為二氮菲離子 PhH^+，與鐵形成之錯合物，反應式為：

$$Fe^{2+} + 3PhH^+ \rightarrow Fe(Ph)_3^{2+} + 3H^+ \qquad K_f = 2.5 \times 10^6$$

在 pH 3～9 之間生成極為完全的錯合物。通常使用 pH 約為 3.5 的溶液，以防止其他鐵的鹽類沉澱。

以鄰二氮菲分析鐵時，鐵應全部還原為 Fe^{2+}，可使用氫氯化羥胺(hydroxyamine-HCl，$NH_2OH \cdot HCl$)作為還原劑，一旦亞鐵與鄰二氮菲形成錯合物，其顏色在長時間內均很穩定。

二、藥品及器材

藥品：1. 100 ppm Fe 標準溶液：精稱 0.7020 g 試藥級的 $FeSO_4 \cdot (NH_4)_2SO_4 \cdot 6H_2O$ 放入，1 L 定量瓶中，以 50 mL 蒸餾水及 1～2 mL 濃 H_2SO_4 溶解之，稀釋至標線混合均勻。

2. 10%鹽酸羥基胺還原劑：稱取 10 g $NH_2OH \cdot HCl$ 溶於 100 mL 蒸餾水中。

3. 0.1%鄰二氮菲指示劑：稱取 0.1 g 1,10-phenanthrolines 溶於 100 mL 蒸餾水，溫和加熱攪拌使其溶解，貯存於暗處。若溶液變暗色則需丟棄。

4. 醋酸鈉緩衝溶液：稱取 10 g NaOAc 溶於 100 mL 蒸餾水中。

器材：分光光度計、比色管、50 mL 定量瓶 6 個、5 mL 移液吸管、2 mL 移液吸管、安全吸球。

三、實驗步驟

1. 分光光度計操作說明（以 SEQUOIA-TURNER Model 340 為例）

(1) 接上電源 110 V。

(2) 將(OFF-TRANS-ABS)開關轉至(TRANS)狀態，熱機 15 分鐘以上。

(3) 調整波長選擇器，轉至所欲設定之波長(WAVE LENGTH)。

(4) 選定之濾波鏡插入專用之濾波鏡位置(STRAY LIGHT FILTER)。

(5) 取蒸餾水或其他空白溶液(BLANK SOLUTION)置於圓形試管，再將此試管放入試槽(CUVETTE HOLDER)中。

(6) 按住(ZERO SET)鍵，調整零點鈕(ZERO)至顯示為 0.0。

(7) 放開(ZERO SET)鍵。

(8) 透光率之設定調整：

　　① 將開關轉在(TRANS)的位置。

　　② 調整(100%T/OA)鈕之粗調整器（大），轉至數字顯示接近 100.0。

　　③ 調整(100%T/OA)鈕之微調整器（小），轉至數字顯示接近 100.0。

(9) 重複步驟(7)、(8)兩次，以確定是否偏差。

(10) 將裝有試液之試管放入測試槽中進行測試，測試值可直接由顯示幕讀出數字。

(11) 吸光值之設定及測試：

　　① 按步驟(7)、(8)兩次，以確定是否偏差。

　　② 放入樣品，此時讀值即是吸光值。

(12) 取出樣品，倒掉清洗乾淨，再放入第二樣品。

2. 鐵吸光值標準曲線之製作

50 mL 定量瓶先予以編號（1～6 號）。

↓

以移液吸管吸取鐵標準液 0、0.5、1.0、1.5、2.0、2.5 mL 分別放入 1～6 號定量瓶中。

↓

各加入 1 mL 鹽酸羥基胺溶液、10 mL 醋酸鈉溶液及 10 mL 鄰二氮菲溶液。

↓

再加入蒸餾水稀釋至標線。

↓

混合均勻，靜置 20 分鐘。

↓

測定每一鐵標準溶液在波長 508 nm 之吸光值。

↓

以鐵的濃度為橫座標，吸光值為縱座標繪出標準曲線，以最小平方法，計算吸光值(y)與濃度(x)之方程式。

3. 樣品中鐵含量的測定

以移液吸管吸取樣品溶液 2 mL 於 50 mL 定量瓶中。

↓

加入 1 mL 鹽酸羥基胺溶液、10 mL 醋酸鈉溶液及 10 mL 鄰二氮菲溶液。

↓

再加入蒸餾水稀釋至標線。

↓

混合均勻，靜置 20 分鐘。

↓

測樣品溶液在波長 508 nm 之吸光值。

↓

計算樣品中 Fe 之毫克數(ppm)。

四、實驗相關知識

1. 每個分子具有能夠吸收電磁輻射的某特定波長。一固定電磁輻射源通過分子時，其輻射的能量會暫時轉移到分子上，結果輻射強度會減少。當可見輻射被分子溶液吸收時，溶液即會顯色，此顏色強度與分析物的濃度成正比，因此據以定量。

2. 一般在比色定量時所慣用的術語及其代表符號如下：

P_0＝入射光的功率（即進入溶液的功率）

P＝透射光的功率（即離開溶液的功率）

C＝溶液的濃度

b＝光透過溶液的厚度

$T＝P/P_0$＝溶液的透光度(transmittance)

$\%T$＝溶液的透光百分率(percentage transmittance)

溶液的吸光值(absorbance, A)定義：

$$A = \log_{10}\left(\frac{P_0}{P}\right) = -\log_{10} T$$

溶液的吸光度與穿透率相反，溶液的吸光度隨光束的減弱而增加，由上式吸光度採用對數，而分光光度計的讀出儀在穿透率和吸光度皆有校正刻度，可直接讀取樣品的吸光度。

3. 依據 Lambert-beer 法則

$A＝abC$

a：為物種吸光係數（定值）

b：溶液的厚度（即分光光度計中樣品吸收槽的寬度）

C：為溶液的濃度

4. 分光光度計的組成有五個部分，如下圖所示

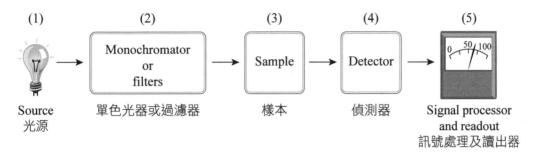

(1) 一個提供穩定輻射能量的光源。

(2) 一個單色光器（或濾光鏡）可由光柵或稜鏡將光源隔絕成一窄波長的輻射光範圍。

(3) 樣品槽為一透明容器，對來自單光器的輻射束為一空白吸收。

(4) 一個輻射偵測器或轉送器(transducer)，可將輻射能轉成可測量之電子訊號。

(5) 一個訊號處理及讀出器，可放大電子訊號和顯示放大訊號的大小。

5. 分光光度計測定範圍分紫外光(UV)、可見光(visible)兩大部分，UV 吸收光譜約在 200～350 nm，可見光則約為 400～750 nm（nm＝10^{-9} m 為波長單位）。

6. 測定時吸光值範圍應介於 0.0～1.0 之間。

7. 加入鹽酸羥基胺的目的為將 Fe^{3+} 還原，保存期限約為 2 週。

$$2Fe^{3+} + 2NH_2OH \rightarrow 2Fe^{2+} + N_2\uparrow + 2H_2O + 2H^+$$

8. 檢量線的製作：

利用最小平方差法，可計算出吸光值與濃度關係最佳的直線，使每個數據的點與這條直線在垂直方向的差異會是最小。

直線方程式： y＝ax＋b

y 是吸光值　　x：濃度　　a：斜率(slope)　　b：截距(y-intercept)

計算 a 及 b 的公式：

$$a = \frac{n \sum (x_i y_i) - \sum x_i \sum y_i}{D}$$

$$b = \frac{\sum (x_i^2) \sum y_i - \sum (x_i y_i) \sum x_i}{D}$$

$$D = n \sum (x_i^2) - (\sum x_i)^2$$

實際運算時，可以利用 Excel 或其他統計軟體進行迴歸分析，快速又正確，同時可以計算出其相關係數(r)。

五、記錄與計算

原鐵標準液濃度為 100 ppm。

稀釋液分別取原液 0、0.5、1、1.5、2.0、2.5 mL 定量至 50 mL。

故稀釋液濃度如下表：

鐵的濃度(ppm)	0	1	2	3	4	5
吸光值						

以方格紙繪出濃度與鐵的關係圖，再以未知樣品的吸光值在方格紙上。找出鐵的濃度(C)。或是經由計算得知二者之線性方程式，並求出其相關係數。

$$Fe\ ppm = C \times (50/2)$$

六、問題與思考

1. 實驗中添加鹽酸羥基胺及醋酸鈉溶液的目的為何？請說明之。

2. 分光光度計使用前，調整 0%T 及 100%T 的目的為何？

3. 分光光度計的樣品吸收槽應如何清洗？

實驗 9-2　以分光光度計測定胺基酸之含量

一、實驗原理及目的

　　二氫茚三酮(ninhydrin)與蛋白質之 α–氨基及羧基進行反應時，產生有色物質（藍色），利用此物質含量與胺基酸濃度成比例的關係，比色定量試樣中的胺基酸含量。

Ninhydrin $+ H_3^+N - \underset{R}{\underset{|}{\overset{COOH}{\overset{|}{C}}}} - H \longrightarrow RCHO + CO_2 + NH_3 +$ 　　　　$+ H^+$

2nd Ninhydrin

Two resonance forms of Ruhemann's Purple

二、藥品及器材

藥品：1. 甘胺酸(glycine)標準溶液(0.1 mg/mL)：精稱約 0.1 g 之甘胺酸，溶於去離子水後，稀釋為 100 mL。再取 25 mL 稀釋至 250 mL 為標準溶液。

2. 醋酸緩衝液(2 M, pH 5.2)：稱取 19 g 之醋酸鈉(CH₃COONa·3H₂O)，溶於 50 mL 去離子水後，加 3.6 mL 冰醋酸，以去離子水稀釋至 100 mL 備用。

3. 3% (W/V)二氫茚三酮(ninhydrin)的 95%酒精溶液：稱取 3.0 g 的二氫茚三酮粉末試劑溶於 95%酒精 100 mL 中。

器材： 分光光度計、比色管、試管振盪器、水浴槽、5 mL 移液吸管、2 mL 移液吸管、1 mL 移液吸管、安全吸球、附蓋的螺旋試管(1.7×20 cm)10 支、試管架、100 mL 及 250 mL 定量瓶。

三、實驗步驟

1. 標準曲線(standard curve)

取七支試管分別編號 1～7 號。

↓

以 1 mL 刻度移液吸管精確量取 0.1 mg/mL 甘胺酸標準液 0、0.2、0.3、0.5、0.7、0.8 及 1 mL 於 1～7 號之試管內。

↓

以 1 mL 刻度移液吸管取適當體積去離子水，加入各試管中，使其總體積為 1 mL。
↓

取醋酸緩衝液 0.5 mL 及二氫茚三酮試劑 0.5 mL 於各試管中，於試管振盪器上充分混合，並加蓋。

↓

將各試管置於試管架內，並放入沸水浴中，加熱至沸騰並維持 15 分鐘。

↓

取出試管置於冷水浴中冷卻後，加入 50%酒精 10 mL，充分混合，於 570 nm 波長測定各溶液之吸收度。

↓

以甘胺酸的濃度為橫座標，吸光值為縱座標繪出標準曲線，以最小平方法計算甘胺酸濃度與吸光值之線性關係及相關係數。

2. 甘胺酸溶液未知濃度的測定

　　　　取甘胺酸試樣溶液適當量，定量至 1 mL，依同法求出 570 nm 波長之吸收度後，計算試樣中之甘胺酸濃度(mg/mL)。

四、實驗相關知識

1. 標準曲線之相關係數(r)應大於 0.995。

2. 本實驗反應須在微酸或中性溶液中進行(pH 5～7)，若為鹼性，則會褪色。

3. 本實驗中所產生之藍紫色複合物或 CO_2 可作為 α–氨基酸之定量。

4. Proline 及 hydroxyproline 缺乏 α–氨基，故不會產生紅紫色。

5. 蛋白質衍生物及含氨基之非蛋白質化合物亦會有此反應，造成干擾。

五、記錄與計算

　　甘胺酸標準溶液的濃度為 0.1 mg/mL。

　　稀釋液分別取標準溶液 0、0.2、0.3、0.5、0.7、0.8、1 mL 定量至 1 mL。

　　故稀釋液濃度如下表：

甘胺酸的濃度(mg/mL)	0	0.02	0.03	0.05	0.07	0.08	0.1
吸光值							

　　以最小平方法計算甘胺酸濃度與吸光值之線性關係及相關係數。再以未知樣品的吸光值代入線性方程式中，計算稀釋樣品中甘胺酸的濃度(C)，最後再計算樣品中甘胺酸的濃度。

$$樣品溶液中胺基酸含量 mg/mL = C \times \frac{1}{樣品體積(mL)}$$

六、問題與思考

1. 請問實驗中添加醋酸緩衝溶液的目的為何？

2. 請問 ppm 與 mg/L 有何不同之處？

3. 實驗中測定氨基酸以 570 nm 為基準，請問可否測定其他波長之吸光值，說明其理由。

實驗 9-3　水中六價鉻含量的測定

一、實驗原理與目的

　　鉻鹽是工業上常用的原料，若排放水鉻濃度控制不當則會造成汙染，甚至於影響飲用水。六價鉻酸或鉻鹽會引起皮膚或呼吸道的潰瘍，腸胃及腎臟的嚴重損害。本實驗乃以分光光度計來定量水溶液中六價鉻含量。欲定量水中六價鉻含量，在酸性條件下將呈色劑 1,5-二苯基二氨脲(1,5-diphenyl carbazide)加入定體積的水樣品中反應成紫紅色物質，在波長 540 nm 下有最大吸收值，再以分光光度計測其吸光值而定量之。

$$Cr(VI) + O=C\begin{matrix} NH-NH-\bigcirc \\ \\ NH-NH-\bigcirc \end{matrix} \longrightarrow C\begin{matrix} N-N-\bigcirc \\ \\ N-N-\bigcirc \end{matrix} O-Cr(H_2O)_4$$

1,5-diphenylcarbazide　　　　　　　Cr-diphenylcarbazone complex

二苯基二氨脲　　　　　　　　　　紫紅色物質 $\lambda_{max}=540nm$

　　本方法僅用來定量六價鉻的含量，因此如要定量水中鉻的總含量，需將低價鉻用過錳酸鉀氧化成六價鉻後，再用本法定量。

二、藥品與器材

藥品：1. 六價鉻儲備溶液(0.1 mg/mL stock solution)：精稱 0.1414 g $K_2Cr_2O_7$ 溶於去離子水中並稀釋至 500 mL。

　　　2. 六價鉻標準溶液(0.01 mg/mL)：取 10 mL 儲備溶液以去離子水稀釋至 100 mL。

　　　3. 二苯基二氨脲溶液：溶解 250 mg 二苯基二氨脲(1,5-diphenyl carbazide)於丙酮中，並稀釋至 50 mL，儲存於棕色瓶中，本溶液如褪色應棄置不用。

　　　4. 0.10 M 硫酸溶液：取 1.4 mL 市售 18 M 濃硫酸以去離子水稀釋至 250 mL。

器材：分光光度計、比色管、pH 計、50 mL 燒杯 8 個、500 mL 定量瓶 1 個、250 mL 定量瓶 1 個、100 mL 定量瓶 9 個、2 mL 刻度移液吸管、5 mL 刻度移液吸管、10 mL 刻度移液吸管各 1 支、安全吸球。

三、實驗步驟

1. 標準曲線之製作

   以移液吸管精確量取 0、1、2、4、6、8、10 mL 之六價鉻標準溶液分別放入編號 1～7 號的 100 mL 燒杯中。

   ↓

   加入 50 mL 去離子水，混合均勻。

   ↓

   滴加 0.10 M 硫酸溶液於上述溶液中，同時以 pH 計測定溶液的 pH，調整至每一樣品溶液的 pH 值為 2 左右。

   ↓

   將溶液倒入 100 mL 定量瓶中。

   ↓

   加入 2.0 mL 二苯基二氨脲。

   ↓

   再以去離子水稀釋至 100 mL。

   ↓

   混合均勻。

   ↓

   靜置 5～10 分鐘。

   ↓

   以分光光度計測定 540 nm 之吸光值。

↓

以六價鉻的濃度為橫座標，吸光值為縱座標繪出標準曲線，以最小平方法計算六價鉻濃度與吸光值之線性方程式及相關係數。

2. 試樣溶液分析

取 50 mL 試樣溶液，同上述方法處理後，以分光光度計測定 540 nm 吸光值。以去離子水為參考樣品作為空白實驗。由標準曲線求得樣品六價鉻的濃度。

四、實驗相關知識

1. 標準曲線之相關係數應大於 0.995。

2. 本方法適用於飲用水水質、飲用水水源水質、地面水體、地下水、放流水及廢（汙）水中六價鉻之檢驗，採用 1 公分樣品槽時標準曲線範圍為 0.1～1.0 mg/L。

3. 當鐵離子之濃度大於 1 mg/L 時，會形成黃色 Fe^{3+}，雖然在某些波長下會有吸光值，但是干擾程度不大。六價鉬或汞鹽濃度大於 200 mg/L、釩鹽濃度大於六價鉻濃度 10 倍時，會形成干擾；不過六價鉬或汞鹽在本方法指定的 pH 範圍內干擾程度不高。另若有上述干擾的六價鉬、釩鹽、鐵離子、銅離子等水樣，可藉氯仿萃取出這些金屬生成的銅鐵化合物(cupferrates)而去除之，殘留在水樣的氯仿和銅鐵混合物(cupferron)可用酸分解之。

4. 過錳酸鉀可能形成之干擾，可使用疊氮化物(azide)將其還原後消除之。

5. 六價鉻化合物屬於公告毒性化學物質第二類，長期吸入會造成鼻中隔侵蝕，使用時應安全措施，使用需登錄並做好廢液處理。

五、記錄與計算

六價鉻標準溶液的濃度為 10 ppm。

稀釋液分別取標準溶液 0、1、2、4、6、8、10 mL 定量至 100 mL。

故稀釋液濃度如下表：

六價鉻的濃度(ppm)	0	0.1	0.2	0.4	0.6	0.8	1.0
吸光值							

　　以最小平方法計算六價鉻濃度與吸光值之線性方程式及相關係數。再以未知樣品的吸光值代入線性方程式中，計算稀釋樣品中六價鉻的濃度(C)，最後計算樣品中六價鉻的濃度。

　　　　六價鉻 ppm＝C×（100／樣品體積 mL）

六、問題與思考

1. 請問何為貯備溶液(stock solution)？其於實驗中有何目的？

2. 請問實驗操作過程中哪些因素可能造成吸光值的偏差？

3. 實驗中以去離子水做空白實驗，請問其主要目的為何？說明其理由。

水中亞硝酸氮含量之測定

一、實驗原理與目的

　　水中氮產物的來源主要是生活汙水、工業廢水及農業用水。各種形態的氮相互轉換和氮循環的平衡變化是環境化學和生態系統研究的重要內容之一。當水質受到含氮有機物汙染時，水中微生物和氧作用於含氮化合物時，可將其逐步分解及氧化為無機的氨(NH_3)或銨(NH_4^+)、亞硝酸鹽(NO_2^-)、硝酸鹽(NO_3^-)等無機氮化合物。這幾種形態氮的含量均可作為水質指標，分別代表有機氮轉化為無機氮的各個不同階段。在有氧條件下，氮產物的生物氧化分解依序為氨或銨、亞硝酸鹽、硝酸鹽是氧化分解的最終產物。隨著含氮化合物的逐步氧化分解，水中細菌和其它有機汙染物也逐步分解破壞，因而達到水質的淨化作用。

　　亞硝酸鹽是氮循環中氧化或還原過程的中間產物，水中亞硝酸鹽含量較高，表示微生物的活動性較強，水質不穩定。水中的亞硝酸鹽超過一定的濃度時會危害人們的健康，同時在淨水消毒過程中，亞硝酸鹽需消耗一定量的氯氣，因而降低水中有效氯的殺菌能力，因此需要檢測水中亞硝酸鹽的含量。

　　磺胺(sulfanilamide)與水中亞硝酸鹽在 pH 2.0～2.5 之條件下，起偶氮化反應(diazotation)而形成偶氮化合物，此偶氮化合物與 N-1-奈基乙烯二胺二鹽酸鹽(N-(1-naphthyl)— ethylenediamine dihydrochloride)偶合，形成紫紅色偶氮化合物，在波長 543 nm 處測其吸光度可測定其濃度，而以亞硝酸鹽氮之濃度表示之。

磺胺與亞硝酸的反應方程式

二、藥品與器材

藥品： 1. 亞硝酸氮(NO_2^--N)儲備溶液(0.200 mg/mL，stock solution)：精稱 0.4930 g NaNO$_2$（已在 105°C 乾燥 2 小時），溶於去離子水，倒入 500 mL 定量瓶中，加去離子水至標準線，混合均勻。

2. 亞硝酸氮標準溶液(1.00 μg/mL)：以 5 mL 移液吸管吸取 5.0 mL 亞硝酸鹽儲備液於 1 L 定量瓶中，加去離子水至標準線，混合均勻。此溶液一週內有效。

3. 磺胺溶液(1.0%)：稱取 10 g 磺胺(sulfanilamide)，溶於 1 L HCl(1 M)溶液中，倒入棕色細口瓶，避光保存。

4. N-1-奈基乙烯二胺二鹽酸鹽溶液(0.20%)：稱取 2.0 g N-1-奈基乙烯二胺二鹽酸鹽(N-(1-naphthyl)— ethylenediamine dihydroch loride)，溶於 1 L 去離子水中，倒入棕色瓶中貯存，本溶液冷藏 4°C 可存放一個月。

器材：分光光度計、比色管、50 mL 定量瓶 8 支、2 mL 刻度移液吸管 3 支、5 mL
刻度移液吸管 2 支、10 mL 刻度移液吸管 1 支、25 mL 刻度移液吸管 1 支。

三、實驗步驟

1. 標準曲線之製備

以刻度移液吸管吸取 0、2、5、10、15、20 mL 標準溶液於 50 mL 定量瓶，以去
離子水稀釋至 50.0 mL。

↓

各加入磺胺溶液 2 mL，混合均勻。

↓

靜置 5 分鐘。

↓

再各加入 N-1-奈基乙烯二胺二鹽酸鹽溶液 2 mL。

↓

混合均勻。

↓

靜置 15 分鐘。

↓

於 2 小時內測定各溶液在波長 543 nm 處的吸光值。

↓

以最小平方法計算亞硝酸氮濃度與吸光值之線性方程式及相關係數。

2. 樣品之處理及呈色

精確量取 25.0 mL 或適量體積之樣品。

↓

以 1 M 鹽酸或 1 M 氫氧化鈉溶液調整 pH 值在 5～9 後，稀釋至 50.0 mL。

↓

加入磺胺溶液 2 mL，混合均勻。

↓

靜置 5 分鐘。

↓

再各加入 N-1-奈基乙烯二胺二鹽酸鹽溶液 2 mL。

↓

混合均勻。

↓

靜置 15 分鐘。

↓

於 2 小時內測定溶液在波長 543 nm 處的吸光值。

↓

計算樣品溶液中亞硝酸氮的濃度(mg/L)。

四、實驗相關知識

1. 標準曲線之相關係數需大於 0.995。

2. 偶氮染料之莫耳吸光係數為 5×10^4 $M^{-1}cm^{-1}$。

3. 樣品中若存有下列物質則會影響吸光值。

    (1) 三氯化氮的存在，當加入呈色試劑時，會產生誤導性的紅色。但由於化學性質不相容，亞硝酸根、自由氯(free chlorine)及三氯化氮(NCl_3)不太可能同時存在。

    (2) 水中含 Sb^{3+}、Au^{3+}、Bi^{3+}、Fe^{3+}、Pb^{2+}、Hg^{2+}、Ag^+、$PtCl_6^{2-}$ 及 VO_3^{2-} 在檢驗時會產生沉澱，而造成干擾。

    (3) 銅離子會催化偶氮鹽之分解，而降低測定值。

    (4) 有色離子會改變呈色系統，而造成干擾，可以水樣品之吸光值做為空白試樣校正之。

    (5) 懸浮固體應先以孔徑 0.45 μm 之濾膜過濾去除之。

五、記錄與計算

亞硝酸氮標準溶液的濃度為 1.00 ppm。

稀釋液分別取標準溶液 0、2、5、10、15、20 mL 定量至 50 mL。

故稀釋液濃度如下表：

亞硝酸鹽的濃度(ppm)	0	0.04	0.10	0.20	0.30	0.40
吸光值						

以最小平方法計算亞硝酸氮濃度與吸收度之線性方程式及相關係數。再以未知樣品的吸光值代入線性方程式中，計算稀釋樣品中亞硝酸氮的濃度(C)，最後再計算樣品中亞硝酸氮的濃度。

$$亞硝酸氮\ ppm＝C×（50／樣品體積\ mL）$$

六、問題思考

1. 配製試劑及稀釋樣品溶液的水若有含氨，請問有何影響？

2. 如果天然水樣品中有顏色存在，對實驗結果有無影響？若有影響，如何克服？

3. 如何調整樣品的 pH 值及控制 pH 值？

4. 為何需先製備亞硝酸鹽儲備溶液(stock solution)？

實驗 9-5　無機磷酸鹽的比色定量

一、實驗原理及目的

　　鉬酸銨與磷酸根離子反應生成的磷鉬酸銨，經還原後即呈藍色，利用其吸光值與磷酸根的濃度成正比的關係，製作標準曲線，測定無機磷酸鹽的含量。本方法適用於地面水體、地下水、海域水質及廢（汙）水中磷之檢驗。

二、藥品及器材

藥品：1.鉬酸銨溶液：取 360 mL 去離子水於燒杯內，小心加入 136 mL 濃硫酸，冷卻後另稱取 25 g 鉬酸銨$((NH_4)_6Mo_7O_{24} \cdot 4H_2O)$於 500 mL 水溶解；倒入上述溶液，配製成 1 L。

　　　2.還原劑溶液：1.5 g 亞硫酸氫鈉及 0.5 g 對甲基氨基酚(p-methy-laminophenol)溶於 50 mL 去離子水。

　　　3.磷酸鹽儲備標準溶液(stock solution)：精稱約 0.18 g 磷酸二氫鉀(KH_2PO_4)，溶於水，稀釋至 500 mL。

　　　4.磷酸鹽標準溶液：取 10 mL 儲備溶液，稀釋成 100 mL。

器材：分光光度計、比色管、500 mL 定量瓶 1 支、100 mL 定量瓶 1 支、250 mL 燒杯一個、50 mL 定量瓶 8 支、2 mL 刻度移液吸管 3 支、5 mL 刻度移液吸管 2 支、10 mL 刻度移液吸管 1 支、25 mL 刻度移液吸管 1 支。

三、實驗步驟

1. 標準曲線之製作

取 6 支 50 mL 編號完成之定量瓶。

↓

以刻度移液精確量取磷酸標準溶液 0、2、4、6、8、10 mL 分別放入 50 mL 定量瓶中。

↓

加入適量去離子水。

↓

取 5 mL 鉬酸銨溶液分別加入各定量瓶，充分混合。

↓

靜置 5 分鐘。

↓

再分別加入 5 mL 之還原劑溶液，並加適量去離子水至標線處。

↓

混合均勻，靜置 30 分鐘。

↓

以分光光度計測定各呈色液於 660 nm 波長之吸光值。

↓

以最小平方法計算磷酸根量與吸收度之線性方程式及相關係數。

2. 樣品磷酸鹽的測定

精稱磷酸鹽試樣 w g（至 0.1 mg）。

↓

溶解於去離子水，定量至 100 mL。

↓

以移液吸管吸取樣品溶液 10 mL 放入 50 mL 定量瓶。

↓

依同法求出吸光值，利用製備之標準曲線，求出試樣之磷酸鹽含量(ppm)。

四、實驗相關知識

1. 標準曲線之相關係數需大於 0.995。

2. 本方法適用於地面水體、地下水、海域水質及廢（汙）水中磷之檢驗。樣品槽為 1 cm 時，標準曲線製備範圍以 2～48 ppm 為佳。

3. 水中含有下列物質時會造成測定結果的誤差

   (1) 高濃度之鐵離子或砷酸鹽濃度大於 0.1 mg As/L 時，產生干擾，可以亞硫酸氫鈉排除干擾。

   (2) 六價鉻、亞硝酸鹽、硫化物、矽酸鹽會產生干擾。

   (3) 水樣含有較高之色度或濁度時，可於水樣中添加除維生素 C 與酒石酸銻鉀以外之所有相同試劑，並測定其吸光度，作為空白校正值。

五、記錄與計算

磷酸鹽標準溶液的濃度：

$$PO_4(ppm) = \frac{W_{KH_2PO} \times (94.97/136.06)}{500} \times (10/100) \times 10^6$$

稀釋液分別取標準溶液 0、2、4、6、8、10 mL 定量至 50 mL。

稀釋液濃度：

定量瓶編號	1	2	3	4	5	6
磷酸鹽濃度(ppm)	0					
吸光值						

以最小平方法計算磷酸鹽濃度與吸收度之線性方程式及相關係數。再以未知樣品的吸光值代入線性方程式中，計算稀釋樣品中磷酸鹽濃度(C)，最後再計算樣品中磷酸鹽濃度。

$$樣品中磷酸鹽ppm = \frac{C \times (50/10) \times 100}{樣品重(g)} \times 10^6$$

六、問題思考

1. 請問標準曲線製備時至少需要多少點？如何決定其製備之濃度範圍？

2. 實驗中分別有兩次靜置，為 5 和 30 分鐘，請問其各目的為何？有何異同之處，請說明之。

3. 請問實驗樣品如含有干擾物質時應如何處理？

附錄一　固體試藥

英文名稱	中文名稱	化學式
Ammonium bifluoride	二氟氫銨	NH_4HF_2
Ammonium chloride	氯化銨	NH_4Cl
Ammonium citrate	檸檬酸銨	$(NH_4)_3C_6H_5O_7$
Ammonium nitrate	硝酸銨	NH_4NO_3
Ammonium persu1fate	高硫酸銨	$(NH_4)_2S_2O_8$
Ammonium sulfate	硫酸銨	$(NH_4)_2SO_4$
Ammonium thiocyanate	硫氰化銨	$NH4CNS$
Arsenious oxide	三氧化二砷	As_2O_3
Barium hbydroxide	氫氧化鋇	$Ba(OH)_2 \cdot 8H_2O$
Boric acid	硼酸	H_3BO_3
Ca1cium carbonate	碳酸鈣	$CaCO_3$
Calcium chloride(Anhy.)	無水氯化鈣	$CaCl_2$（無水）
Chrome alum	明礬	$KCr(SO_4)_2 \cdot 12H_2O$
Citric acid	檸檬酸	$H_3C_6H_5O_7$
Cobalt su1fate	硫酸亞鈷	$CoSO_4 \cdot Xh_2O$
Copper(primary standard)	銅	Cu
Copper sulfate	硫酸銅	$CuSO_4 \cdot 5H_2O$
Diammonium phosphate	磷酸氫二銨	$(NH_4)_2HPO_4$
Ferric ammonium sulfate	硫酸銨鐵	$NH_4Fe(SO)_2 \cdot 12H_2O$
Ferric chloride	氯化鐵	$FeCl_3 \cdot 6H_2O$
Ferric sulfate	硫酸鐵	$Fe_2(SO_4)_3 \cdot xH_2O$
Ferrous ammonium sulfate	硫酸亞鐵銨	$FeSO_4 \cdot (NH_4)_2SO_4$
Ferrous sulfate	硫酸亞鐵	$FeSO_4 \cdot 7H_2O$
Iodine	碘	I_2
Magnesium oxide	氧化鎂	MgO
Manganese sulfate	硫酸亞錳	$MnSO_4 \cdot H_2O$
Mercuric chloride	昇汞	$HgCl$
Mercuric oxide	氧化汞	HgO
Mercury	汞	Hg

英文名稱	中文名稱	化學式
Nickel sulfate	硫酸鎳	$NiSO_3 \cdot 6H_3O$
Potassium acid phthalate	苯二甲酸氫鉀	$KHC_6H_4O_4$
Potassium bromate	溴酸鉀	$KBrO_3$
Potassium bromide	溴化鉀	KBr
Potassium chloride	氯化鉀	KCl
Potassium dichromate	重鉻酸鉀	$K_2Cr_2O_7$
Potassium ferricyanate	鐵氰化鉀	$K_3Fe(CN)_6$
Potassium hydroxide	氫氧化鉀	KOH
Potassium iodate	碘酸鉀	KIO_3
Potassium iodide	碘化鉀	KI
Potassium nitrate	硝酸鉀	KNO_3
Potassium permanganate	過錳酸鉀	$KMnO_4$
Potassium thiocyanate	硫氰化鉀	$KCNS$
Silver nitrate	硝酸銀	$AgNO_3$
Sodium acetate	醋酸鈉	NaC_2H3O_2
Sodium benzoate	安息香酸鈉	C_6H_5COONa
Sodium bicarbonate	碳酸氫鈉	$NaHCO_3$
Sodium bismuthate(technical)	鉍酸鈉（工業級）	$NaBiO_3$
Sodium bromide	溴化鈉	$NaBr$
Sodium carbonate	碳酸鈉	Na_2CO_3
Sodium chloride	氯化鈉	$NaCl$
Sodium dichromate	重鉻酸鈉	$Na_2Cr_2O_7 \cdot 2H_2O$
Sodium hydroxide	氫氧化鈉	$NaOH$
Sodium nitrate	硝酸鈉	$NaNO_3$
Sodium oxalate	草酸鈉	$Na_2C_2O_4$
Sodium peroxide	過氧化鈉	Na_2O_2
Sodiumnsalicylate	水楊酸鈉	$C_6H_4OHCOONa$
Sodium sulfate	硫酸鈉	Na_2SO_4
Sodium chiosulfate	硫代硫酸鈉	$Na_2S_2O_3 \cdot 5H_2O$
Tartaric acid	酒石酸	$H_2C_4H_4O_6$
Trisodium phosphate	磷酸三鈉	$Na_3PO_4 \cdot 12H_2O$

附錄二　化合物式量

Ag	107.87	As_2S_3	246.04
Ag_3AsO_4	462.53	B	10.81
AgBr	187.78	B_2O_3	696.2
$AgBrO_3$	235.78	Ba	137.34
AgCl	143.32	$Ba_3(AsO_4)_2$	689.86
AgI	234.77	$BaBr_2$	297.16
$AgNO_3$	169.87	$BaCl_2$	208.25
Ag_3PO_4	418.58	$BaCl_2 \cdot 2H_2O$	244.28
Ag_2SO_4	311.80	$BaCO_3$	197.35
Al	26.98	BaC_2O_4	225.36
$AlBr_3$	266.71	BaF_2	175.34
Al_2O_3	101.96	BaI_2	391.15
$Al(OH)_3$	78.00	$Ba(IO_3)_2$	487.15
$Al_2(SO_4)_3$	342.l5	BaO	153.34
$Al_2(SO_4)_3 18H_2O$	666.43	$Ba(OH)_2$	171.36
As	74.92	$Ba(OH)_2 \cdot 8H_2O$	315.48
As_2O_3	197.84	$Ba_3(PO_4)_2$	601.96
As_2O_5	229.84	$BaSO_4$	233.40
Be	90.1	Cl_2	70.90
BeO	25.01	CO	58.93
Bi	208.98	Cr	52.00
$Bi(NO_3)_3 \cdot 5H_2O$	485.07	CrO_3	158.35
BIO_2	240.97	Cr_2O_3	151.99
Bi_2O_3	465.96	$C_2(SO_4)_3$	392.18
$BiOHCO_3$	285.99	Cu	63.54
Bi_2S_3	5l4.15	CuO	79.54
Br	79.01	$Cu_2(OH)_2CO_3$	221.11
Br_2	159.82	CuS	95.60
Ca	40.08	Cu_2S	159.14
$CaCl_2$	110.99	$CuSO_4 \cdot 5H_2O$	249.8

$CaCl_2 \cdot 2HO_2$	147.02	F	19.00
$CaCO_3$	100.09	F_2	38.00
CaF_2	78.08	Fe	55.85
$Ca(NO_3)_2$	164.09	$FeCl_3$	162.21
CaO	56.08	$FeCl_3 \cdot 6H_2O$	270.30
$Ca(OH)_2$	74.09	$FeCO_3$	115.5
$Ca_3(PO_4)_2$	310.18	$Fe(CrO_2)_2$	223.84
$3Ca_3(PO_4)_2 \cdot CaCl_2$	104.153	$Fe(NO_3)_3 \cdot 6H_2O$	349.3
$CaSO_4$	136.14	FeO	71.85
Ce	140.12	Fe_2O_3	159.69
CeO_2	I72.12	Fe_3O_4	231.54
$Ce(SO_4)_2 \cdot (NH_4)_2SO_4 \cdot 2H_2O$	632.56	$Fe(OH)_3$	106.87
C	12.01	FeS_2	119.98
CH_3COOH（乙酸）	60.05	Fe_2Si	139.78
$(CH_3CO)_2O$（乙酸酐）	102.09	$FeSO_4 \cdot 7H_2O$	278.05
CO_2	44.01	$Fe_2(SO_4)_3$	399.87
$CO(NH_2)_2$（脲）	60.06	$Fe_2(SO_4)_3 \cdot 9H_2O$	562.01
$CS(NH_2)_2$（硫脲）	76.12	$FeSO_4(NH_4)_2SO_4 \cdot 6H_2O$	392.14
Cl	35.45	Ne	10.08
H_2	20.16	$KClO_4$	138.56
HBr	80.92	KCN	65.12
$HCHO_2$（甲酸）	46.03	KCNS	97.18
$HC_2H_3O_2$（醋酸）	60.05	K_2CO_3	138.21
$HC_7H_5O_2$（苯甲酸）	122.12	K_2CrO_4	194.20
HCl	36.46	$K_2Cr_2O_7$	294.19
$HC1O_4$	100.46	$K_3Fe(CN)_6$	329.26
$H_2C_2O_4 \cdot 2H_2O$（草酸）	126.07	$K_4Fe(CN)_6 \cdot 3H_2O$	422.41
HCOOH（蟻酸）	46.03	$KHC_4H_4O_6$	188.18
HNO_3	63.01	$KHC_8H_4O_4$	204.23
H_2O	18.02	$KHCO_3$	100.12
H_2O_2	34.02	KHC_2O_4	128.11
H_3PO_3	82.00	$KHC_2O_4 \cdot H_2O$	146.13

H_3PO_4	98.00	$KHC_2O_4 \cdot H_2C_2O_4 \cdot 2H_2O$	254.20
H_2S	34.08	$KH(IO_2)Z$	389.92
H_2SO_3	82.08	$KHSO_4$	136.17
$HSO_3 \cdot NH_2$（磺胺酸）	97.09	KI	166.01
H_2SO_4	98.08	KIO_3	214.00
Hg	200.59	$KMnO_4$	158.04
Hg_2Br_2	561.00	$KNaC_4H_4O_6 \cdot 4H_2O$	282.19
Hg_2Cl_2	472.09	$KNaCO_3$	122.10
Hg_2I_2	654.99	KNO_2	85.11
HgO	216.59	KNO_3	101.11
I	126.91	K_2O	94.20
I_2	253.82	KOH	56.11
K	39.10	K_3PO_4	212.28
$KA1(SO_4)_2 \cdot 12H_2O$	474.39	K_2PtCl_6	486.01
K_3AsO_4	256.23	K_2SO_4	I74.27
$KBrO_3$	167.01	$K_2SO_4 \cdot Al_2(SO_4)_3 \cdot 24H_2O$	948.78
$KC1$	74.56	$K_2SO_4 \cdot Cr_2(SO_4)_3 \cdot 24H_2O$	998.82
$KClO_3$	122.56	Li	6.94
$LiCl$	42.39	$(NH_4)_3PO_4 \cdot 12MoO_3$	1876.37
Li_2CO_3	73.89	$(NH_4)_2PtCl_6$	443.89
Li_2O	29.88	$(NH_4)_2SO_4$	132.14
$LiOH$	23.95	NO	30.01
Mg	24.31	NO_2	46.01
$MgC1_2$	95.22	N_2O_3	76.01
$MgCO_3$	84.32	Na	22.99
$MgNH_4AsO_4$	181.27	Na_2AsO_3	19.19
$MgNH_4PO_4$	137.32	Na_3AsO_4	20.79
MgO	40.31	$Na_2B_4O_7$	201.22
$Mg(OH)_2$	58.33	$Na_2B_4O_7 \cdot 10H_2O$	381.37
$Mg_2P_2O_7$	222.57	$NaBr$	102.90
$MgSO_4$	120.37	$NaBrO_3$	150.90
$MgSO_4 \cdot 7H_2O$	246.48	$NaCHO_2$（甲酸鹽）	8.01

Mn	54.94	NaC$_2$H$_3$O$_2$（醋酸鹽）	2.03
MnO	70.94	NaCl	58.44
MnO$_2$	6.94	NaCN	49.01
Mn$_2$O$_3$	157.87	Na$_2$CO$_3$	105.99
Mn$_3$O$_4$	228.81	Na$_2$C$_2$O$_4$	134.00
Mn$_2$P$_2$O$_7$	28.32	Na$_2$HAsO$_3$	169.90
Mo	95.94	NaHCO$_3$	84.00
MoO$_3$	143.94	NaHC$_2$O$_4$	112.01
Mo$_{24}$O$_{37}$	2894.56	Na$_2$HPO$_4$	142.04
MoS$_3$	192.13	Na$_2$HPO$_4$ · 12H$_2$O	358.14
N	14.007	NaHS	56.06
N$_2$	28.02	NaH$_2$PO$_4$	119.98
NH$_3$	17.03	NaH$_2$PO$_4$ · H$_2$O	137.99
NH$_4$C1	53.49	NaI	149.89
(NH$_4$)$_2$C$_2$O$_4$ · H$_2$O	142.11	NKCO$_3$	122.10
(NH$_4$)$_2$HPO$_4$	132.05	NaNO$_2$	69.00
NH$_4$OH	35.05	NaNO$_3$	84.99
Na$_2$O	61.98	S	320.64
Na$_2$O$_2$	77.98	SO$_2$	64.06
NaOH	40.00	SO$_2$	80.07
Na$_3$PO$_4$	164.11	Sb	121.75
Na$_3$PO$_4$ · 12H$_2$O	380.12	Sb$_2$O$_3$	291.50
Na$_2$S	78.04	Sb$_2$O$_4$	307.52
Na$_2$SO$_3$	126.04	Sb$_2$O$_3$	323.50
Na$_2$SO$_4$ · 10H$_2$O	322.19	Sb$_2$S$_3$	339.69
Na$_2$S$_2$O$_3$	158.11	Si	28.09
Na$_2$S$_2$O$_3$ · 5H$_2$O	Z48.18	SiC1$_4$	169.90
Ni	58.71	SiF$_4$	104.08
NiC$_8$H$_{14}$O$_4$N$_4$		SiO$_2$	60.08
(Ni dlmethylg1yoxime)	288.94	Sn	118.69
O	16.00	SnCl$_2$	189.60
O$_2$	32.00	SnC1$_4$	260.50

P	30.97	SnO_2	150.69
P_2O_5	141.94	Sr	87.62
Pb	207.19	$SrCl_2 \cdot 6H_2O$	266.62
$PbCl_2$	278.10	$SrCO_3$	147.63
PbClF	261.64	SrO	103.62
PbC_2O_4	295.21	$SrSO_4$	183.68
$PbCrO_4$	323.18	Ti	47.90
PbI_2	461.00	TiO_2	79.90
$Pb(IO_3)_2$	557.00	U	238.03
$Pb(NO_3)_2$	331.20	UO_3	286.03
PbO	223.19	U_3O_8	842.09
PbO_2	239.19	W	183.85
Pb_2O_3	462.38	WO_3	23.85
Pb_3O_4	685.57	Zn	65.37
$Pb_3(PO_4)_2$	811.51	$ZnNH_4PO_4$	178.38
$PbSO_4$	303.25	ZnO	81.37
$Zn_2P_2O_7$	304.68		
$ZnSO_4$	161.43		
$ZnSO_4 \cdot 7H_2O$	287.54		
Zr	91.22		
ZrO_2	123.22		

附錄三 化合物的溶解度

化合物	solubility	化合物	solubility
$AgC_2H_2O_2$	1.04	As_2C_3	1.85
$AgMnO_4$	0.92	H_3AsO_4	86.3
$AgNO_2$	0.34	$AuCl_3$	68.0
$AgNO_3$	215.5	$H3BO_3$	4.9
Ag_2SO_4	0.8	$BaCl_2$	35.7
$AlCl_3$	45.6	BaF_2	0.16
$Al_2(SO_4)_3$	36.3	$Ba(OH)_2$	3.5
$KA1(SO_4)_2$	6.0	$KSCN$	218.0
Br_2	3.53	K_2SO_3	107.0
HBr	198.0	K_2SO_4	11.2
$CaCl_2$	74.5	$KHSO_4$	51.4
$Ca(OH)_2$	0.17	$LiBr$	177
$CaSO_4$	0.2	Li_2CO_3	1.3
$CdCl_2$	134.5	$LiCl$	82.8
$CdSO_4$	76.9	LiF	0.27
Cl_2	1.85	Lil	163
HCl	72.1	$LINO_3$	69.5
$COCl_2$	5.0	$LIOH$	12.8
$COSO_4$	36.0	Ll_2SO_4	34.8
CrO_3	168.0	$MgBr_2$	96.5
$KCr(SO_4)_2$	24.4	$MgC1_2$	54.3
$CuCl_2$	77.0	$MgSO_4$	35.6
$CuSO_4$	30.9	$Mncl_2$	73.5
$FeCl_2$	62.6	$MnSO_4$	62.9
$FeCl_3$	919	NH_3	53.1
$FeSO_4$	26.6	$(NH_4)_2CO_3$	100.0
$Fe(NH_4)_2(SO_4)_2$	26.9	$(NH_4)_2C_2O_4$	4.4
$FeNH_4(SO_4)_2$	124.0	NH_4Cl	37.4
$HgCl_2$	6.6	NH_4F	82.6

化合物	solubility	化合物	solubility
KBr	65.6	NH_4SCN	163.0
$KBrO_3$	6.9	$(NH_4)SO_4$	75.4
KCN	71.6	$NaC_2H_2O_2$	46.2
K_2CO_3	111.5	$Na_2B_4O_7$	2.5
$KHCO_3$	33.3	NaBr	90.5
KC1	34.4	Na_2CO_3	21.6
$KClO_3$	7.3	$NaHCO_3$	9.6
$KClO_4$	1.7	NaCl	35.9
K_2CrO_4	63. 0	NaF	4.1
$K_2Cf_2O_7$	12.3	NaI	179.3
KF	48.0	$NaNO_2$	81.8
$K_4[Fe(CN)_6]$	28.0	$NaNO_3$	88.0
KI	144.5	NaOH	107.0
KIO_3	8.1	Na_2SO_3	26.6
$KMnO_4$	6.4	$Na_2S_2O_3$	70.0
KNO_2	298.4	Na_2SO_4	19.1
KNO_3	31.5	$NiCl_2$	55.3
KOH	112.0	$NiSc_4$	37.8
$KReO_4$	1.01	Ti_2CO_3	3.92
$Pb(C_2H_2O_2)_2$	30.6	TiCl	0.32
$PbCl_2$	0.97	$TiNO_3$	9.6
$Pb(NO_3)_2$	52.2	TiOH(30℃)	39.9
SrC_2	53.8	Ti_2SO_4	4.9
$Th(NO_3)_4$	191.0	$UO_2(NO_3)_2$	119.3
$Th(SO_4)_2$	1.38	$ZnBr_2$	446.4
		$ZnCl_2$	367.0
		$ZnSc_4$	53.8

附錄四 鹽類在水中之溶解度

陰離子	陽離子	生成鹽之溶解度
全部	鹼金屬離子，Li^+, Na^+, K^+, Rb^+, Cs^+	可溶
全部	銨離子，NH_4^+	可溶
硝酸根離子，NO_3^-	全部	可溶
醋酸根離子，CH_3COO^-	全部（Ag^+, Cr^{2+}相當小）	可溶
氯離子，Cl^-	Ag^+, Pb^{2+}, Hg_2^+, Cu^+, Tl^+ 全部他種陽離子	溶解度小 可溶
溴離子，Br^-		
碘離子，I^-		
硫酸根離子，SO_4^{2-}	Ba^{2+}, Sr^{2+}, Pb^{2+}全部他種陽離子	溶解度小
		可溶
硫離子，S^{2-}	鹼金屬離子， NH_4^+, Be_2^+, Mg^{2+}, Ca^{2+}, Sr^{2+}, Ba^{2+} 全部他種陽離子	可溶 溶解度小
氫氧根離子，OH^-	鹼金屬離子， NH_4^+, Sr^{2+}, Ba^{2+} 全部他種陽離子	可溶 溶解度小
磷酸根離子，PO_4^{3-} 碳酸根離子，CO_3^{2-} 亞硫酸根離子，SO_3^{2-}	鹼金屬離子，NH_4^+ 全部他種陽離子	可溶 溶解度小

 **附錄五　溶解度積(ksp)(25℃)**

氫氧化鋁(Aluminum hydroxide)(α)	$Al(OH)_3$	3.0×10^{-34}
碳酸鋇(Barium carbonate)	$BaCO_3$	5.0×10^{-9}
鉻酸鋇(Barium chromate)	$BaCrO_4$	2.1×10^{-10}
氟化鋇(Barium fluoride)	BaF_2	1.5×10^{-6}
碘酸鋇(Barium iodate)	$Ba(IO_3)_2$	1.5×10^{-9}
草酸鋇(Barium oxalate)	BaC_2O_4	1.0×10^{-6}
硫酸鋇(Barium sulfate)	$BaSO_4$	1.1×10^{-10}
硫化鉍(Bismuth su1fide)	Bi_2S_3	1.6×10^{-72}
硫化鎘(Cadmium sulfide)	CdS	1.0×10^{27}
碳酸鈣(Ca1cium carbonate)	$CaCO_3$	4.5×10^{-9}
鉻酸鈣(Ca1cium chromate)	$CaCrO_4$	2.3×10^{-2}
氟化鈣(Ca1cium fluoride)	CaF_2	3.2×10^{-11}
碘酸鈣(Ca1cium iodate)	$Ca(IO_3)_2$	7.1×10^{-7}
草酸鈣(Ca1cium oxalate)	CaC_2O_4	1.3×10^{-8}
硫酸鈣(Calcium sulfate)	$CaSO_4$	2.4×10^{-5}
硫化鈷(Cobalt sulfide)(β)	CoS	3.0×10^{-26}
硫化銅(Cupric su1fide)	CuS	8.0×10^{-37}
氯化亞銅(Cuprous chloride)	$CuCl$	1.9×10^{-7}
溴化亞銅(Cuprous bromide)	$CuBr$	5.0×10^{-9}
碘化亞銅(Cuprous iodide)	CuI	1.0×10^{-12}
硫化亞銅(Cuprous sulfide)	CU_2S	3.0×10^{-49}
硫氰化亞銅(Cuprous thiocyanate)	$CuCNS$	4.0×10^{-14}
氫氧化鐵(Ferric hydroxide)	$Fe(OH)_3$	1.6×10^{-39}
氫氧化亞鐵(Ferrous hydroxide)	$Fe(OH)_2$	7.9×10^{-16}
硫化亞鐵(Ferrous sulfide)	FeS	8.0×10^{-19}
碳酸鉛(Lead carbonate)	$PbCO_3$	7.4×10^{-14}
氯化鉛(Lead chloride)	$PbCl_2$	1.7×10^{-5}
鉻酸鉛(Lead chromate)	$PbCrO_4$	1.8×10^{-14}
氟化鉛(Lead fluoride)	PbF_2	3.6×10^{-8}
碘酸鉛(Lead iodate)	$Pb(IO_3)_2$	2.5×10^{-13}

碘化鉛(Lead iodide)	PbI_2	7.9×10^{-9}
草酸鉛(Lead oxalate)	PbC_2O_4	4.8×10^{-10}
磷酸鉛(Lead phosphate)	$Pb_3(PO_4)_2$	3.0×10^{-44}
硫酸鉛(Lead sulfate)	$PbSO_4$	6.3×10^{-7}
硫化鉛(Lead sulfide)	PbS	3.0×10^{-28}
碳酸鎂(Magnesium carbonate)	$MgCO_3$	3.5×10^{-8}
氟化鎂(Magnesium fluoride)	MgF_2	7.4×10^{-9}
氫氧化鎂(Magnesium hydroxide)（晶體）	$Mg(OH)_2$	7.1×10^{-12}
草酸鎂(Magnesium oxalate)	MgC_2O_4	8.6×10^{-5}
氫氧化錳(Manganese hydroxide)	$Mn(OH)_2$	1.6×10^{-13}
硫化錳(Manganese sulfide)	MnS	3.0×10^{-13}
氯化亞汞(Mercurous chloride)	Hg_2Cl_2	1.2×10^{-18}
溴化亞汞(Mercurous bromide)	Hg_2Br_2	5.6×10^{-23}
碘化亞汞(Mercurous iodide)	Hg_2I_2	4.6×10^{-29}
硫化汞(Mercurous sulfide)（黑色）	HgS	2.0×10^{-53}
硫化鎳(Nickel sulfide)(β)	NiS	1.3×10^{-25}
溴酸銀(Silver bromate)	$AgBrO_3$	5.5×10^{-5}
溴化銀(Silver bromide)	$AgBr$	5.0×10^{-13}
碳酸銀(Silver carbonate)	Ag_2CO_3	8.1×10^{-12}
氯化銀(Silver chloride)	$AgCl$	1.8×10^{-10}
鉻酸銀(Silver chromate)	Ag_2CrO_4	1.2×10^{-12}
氰化銀(Silver cym1de)	$AgCN$	2.2×10^{-16}
氫氧化銀(Silver hydroxide)	$AgOH$	1.5×10^{-8}
碘酸銀(Silver o1date)	$AgIO_3$	3.1×10^{-8}
碘化銀(Silver iodide)	AgI	8.3×10^{-17}
亞硝酸銀(Silver nitrite)	$AgNO_2$	7.0×10^{-4}
草酸銀(Silver oxalate)	$Ag_2C_2O_4$	3.5×10^{-11}
磷酸銀(Silver phosphate)	Ag_3PO_4	2.8×10^{-18}
硫酸銀(Silver su1fate)	Ag_2SO_4	1.5×10^{-5}
硫化銀(Silver sulfide)	Ag_2S	8.0×10^{-51}
硫氰酸銀(Silver thiocyanate)	$AgSCN$	1.1×10^{-12}
碳酸鍶(Strontium carbonate)	$SrCO_3$	9.3×10^{-10}

鉻酸鍶(Strontium chromate)	$SrCrO_4$	3.0×10^{-5}
氟化鍶(Strontium fluoride)	SrF_2	2.6×10^{-9}
草酸鍶(Strontium oxalate)	SrC_2O_4	4.0×10^{-7}
硫酸鍶(Strontium sulfale)	$SrSO_4$	3.2×10^{-7}
碳酸鋅(Zinc carbonate)	$ZnCO_3$	1.0×10^{-10}
氫氧化鋅(Zinc hydroxide)	$Zn(OH)_2$	3.0×10^{-16}
硫化鋅(Zinc sulfide)(α)	ZnS	2.0×10^{-25}

附錄六　酸的解離常數

酸	化學式	25℃時的解離常數		
		K_1	K_2	K_3
苦味酸	$(NC_2)_3C_6H_2OH$	5.1×10^{-1}		
碘酸	HIO_3	1.7×10^{-1}		
三氯醋酸	$C1_3CCOOH$	1.29×10^{-1}		
氨基磺酸	H_2NSO_3H	1.03×10^{-1}		
氯化醋酸	$C1CH_2COOH$	1.36×10^{-3}		
丙酮酸	$CH_3COCOOH$	3.24×10^{-3}		
水楊酸	$C_6H_4(OH)COOH$	1.05×10^{-3}		
氟化氫	H_2F_2	7.2×10^{-4}		
亞硝酸	HNC_2	5.1×10^{-4}		
苯乙醇酸	$C_6H_5CHOHCOOH$	3.88×10^{-4}		
甲酸	$HCOOH$	1.77×10^{-4}		
乙醇酸	$HOCH_2COOH$	1.48×10^{-4}		
乳酸	$CH_3CHOHCOOH$	1.37×10^{-4}		
苯酸	C_6H_5COOH	61.4×10^{-5}		
氫氮酸	HN_3	1.9×10^{-5}		
醋酸	CH_3COOH	1.75×10^{-5}		
1–丁酸	$CH_3CH_2CH_2COOH$	151×10^{-5}		
丙酸	CH_3CH_2COOH	1.34×10^{-5}		
次氯酸	$HOC1$	3.0×10^{-8}		
氰化氫	HCN	2.1×1^{-9}		
硼酸	H_3BO_3	5.83×10^{-10}		
酚	C_6H_5OH	1.00×10^{-10}		
過氧化氫	H_2O_2	2.7×10^{-12}		
硫酸	H_2SO_4	Strong	1.20×10^{-2}	
草酸	$HOOCCOOH$	5.36×10^{-2}	5.42×10^{-5}	
過碘酸	H_5IO_6	2.4×10^{-2}	5.0×10^{-9}	
亞硫酸	H_2SO_3	1.72×10^{-2}	6.43×10^{-8}	
亞磷酸	H_3PO_3	1.00×10^{-2}	2.6×10^{-7}	

酸	化學式	25℃時的解離常數		
		K_1	K_2	K_3
丙二酸	$HOOCCH_2COOH$	1.40×10^{-3}	2.01×10^{-6}	
鄰苯二甲酸	$C_6H_4(COOH)_2$	1.12×10^{-3}	3.9×10^{-6}	
反丁烯二酸	$trans-HOOCCHCHCOOH$	9.6×10^{-4}	4.1×10^{-5}	
酒石酸	$HOOC(CHOH)_2COOH$	9.20×10^{-4}	4.31×10^{-5}	
羥基丁二酸	$HOOCCHOHCH_2COOH$	4.0×10^{-4}	8.9×10^{-6}	
丁二酸	$HOOCCH_2CH_2COOH$	6.21×10^{-5}	2.32×10^{-6}	
碳酸	H_2CO_3	4.45×10^{-7}	4.7×10^{-11}	
硫化氫	H_2S	5.7×10^{-8}	1.2×10^{-15}	
亞砷酸	H_3AsO_3	6.0×10^{-10}	3.0×10^{-14}	
磷酸	H_3PO_4	7.11×10^{-3}	6.34×10^{-8}	4.2×10^{-13}
砷酸	H_3AsO_4	6.0×10^{-3}	1.05×10^{-7}	3.0×10^{-12}
檸檬酸	$HOOC(OH)C(CH_2COOH)_2$	7.45×10^{-4}	1.73×10^{-5}	4.02×10^{-7}
乙二胺四醋酸	H_4Y	10×10^{-2}	2.1×10^{-3}	6.9×10^{-7}
		$K_4 = 5.5 \times 10^{-11}$		

附錄七　鹼的解離常數

名稱	化學式	25°C 時的解離常數 Kb		
		K_1	K_2	K_3
派碇	C_5HnN	1.3×10^{-3}		
二甲基胺	$(CH_3)_2NH$	5.9×10^{-4}		
三乙胺	$(C_2H_5)_3N$	5.2×10^{-4}		
乙胺	$C_2H_5NH_2$	4.7×10^{-4}		
1－丁胺	$CH_3(CH_2)_2CH_2NH_2$	4.0×10^{-4}		
甲胺	CH_3NH_2	3.9×10^{-4}		
三甲胺	$(CH_3)_3N$	6.3×10^{-5}		
乙醇胺	$HOC_2H_4NH_2$	3.18×10^{-5}		
氨	NH_3	1.76×10^{-5}		
硼酸根離子	$H_2BO_3^-$	1.6×10^{-5}		
氰離子	CN^-	1.6×10^{-5}		
聯氨	H_2NNH_2	1.3×10^{-6}		
鉻酸根離子	CrO_4^{2-}	3.1×10^{-8}		
羥胺	$HONH_2$	1.08×10^{-8}		
鹽碇	C_5H_5N	1.7×10^{-9}		
乙酸根離子	CH_3COO^-	5.7×10^{-10}		
苯胺	$C_6H_5NH_2$	4.2×10^{-10}		
草酸根離子	$C_2O_4^{2-}$	1.6×10^{-10}		
甲酸根離子	$HCOO^-$	5.6×10^{-11}		
氟離子	F^-	1.5×10^{-11}		
亞硝酸根離子	NO_2^-	1.4×10^{-11}		
硫氰酸根離子	NCS^-	1.4×10^{-11}		
硝酸根離于	NO_3^-	5×10^{-7}		
過錳酸根離子	MnO_4^-	5×10^{-7}		
氯離子	$C1^-$	3×10^{-23}		
溴離子	Br^-	1×10^{-23}		
碘離子	I^-	3×10^{-24}		
硫離子	S^{2-}	3×10^{-2}	1.0×10^{-7}	

名稱	化學式	25°C 時的解離常數 Kb		
		K_1	K_2	K_3
偏矽酸根離子	SiO_3^{2-}	6.7×10^{-3}	3.1×10^{-5}	
二乙胺	$(C_2H_5)_2NH$	8.5×10^{-4}	7.1×10^{-8}	
碳酸根離子	CO_3^{2-}	2.1×10^{-4}	2.2×10^{-8}	
乙二胺	$NH_2C_2H_4NH_2$	8.5×10^{-4}	7.1×10^{-8}	
亞硫酸根離子	SO_3^{2-}	2.0×10^{-7}	6.99×10^{-13}	
磷酸根離子	PO_4^{3-}	1×10^{-2}	1.5×10^{-7}	1.3×10^{-12}
砷酸根離子	AsO_4^{3-}	3.3×10^{-3}	9.1×10^{-8}	1.5×10^{-13}

附錄八　標準電位

（溫度＝25°C，溶液中之物質均為單位活性，但除特定者外可取 1 M 濃度。氣體為 1 大氣壓。）

半－反應	E，伏特
$F_2 + 2e \rightleftharpoons 2F^-$	+2.65
$O_3 + 2H^+ + 2e \rightleftharpoons O_2 + H_2O$	+2.07
$S_2O_8^{2-} + 2e \rightleftharpoons 2SO_4^{--}$	+2.01
$H_2O_2 + 2H^+ + 2e \rightleftharpoons 2H_2O$	+1.77
$MnO_4^- + 4H^+ + 3e \rightleftharpoons MnO_2 + 2H_2O$	+1.695
$Ce^{4+} + e \rightleftharpoons Ce^{3+}$	+1.61
$MnO_4^- + 8H^+ + 5e \rightleftharpoons Mn^{++} + 4H_2O$	+1.51
$Au^{3+} + 3e \rightleftharpoons Au$	+1.50
$PbO_2 + 4H^+ + 2e \rightleftharpoons Pb^{++} + 2H_2O$	+1.46
$BrO_3^- + 6H^+ + 6e \rightleftharpoons Br^- + 3H_2O$	+1.45
$Cl_2 + 2e \rightleftharpoons 2Cr^-$	+1.359
$Cr_2O_7^{2-} + 14H^+ + 6e \rightleftharpoons 2Cr^{3+} + 7H_2O$	+1.33
$MnO_2 + 4H^+ + 2e \rightleftharpoons Mn^{++} + 2H_2O$	+1.23
$O2 + 4H^+ + 4e \rightleftharpoons 2H2O$	+1,229
$IO_3^- + 6H^+ + 6e \rightleftharpoons I^- + 3H_2O$	+1.087
$B_2(l) + 2e \rightleftharpoons 2Br-$	+1.065
$OP + e \rightleftharpoons OP'$ 〔磷二氮菲(orthophenanthroline)〕	+1.06
$AuCl_4^- + 3e \rightleftharpoons Au + 4Cl^-$	+1.00
$NO_3^- + 4H^+ + 3e \rightleftharpoons NO + 2H_2O$	+0.96
$2Hg^{2+} + 2e \rightleftharpoons Hg_2^{++}$	+0.920

半－反應	E，伏特
$Hg^{2+}+2e \rightleftharpoons Hg$	+0.854
$Cu^{2+}+I^-+e \rightleftharpoons CuI$	+0.85
$DPS+e \rightleftharpoons DPS'$〔硫酸二苯基胺(diphenylamine sulfonate)〕	+0.84
$^{1/2}O_2+2H^+(10^{-7}M+2e \rightleftharpoons H_2O$	+0.815
$Ag^++e \rightleftharpoons Ag$	+0.799
$Hg_2^{2+}+2e \rightleftharpoons 2Hg$	+0.789
$Fe^{3+}+e \rightleftharpoons Fe^{2+}$	+0.771
$OBr^-+H_2O+2e \rightleftharpoons Br^-+2OH^-$	+0.76
O（飽和溶液）$+2H^++2e \rightleftharpoons H_2O$（飽和溶液） 〔苯醌合苯二酚電極(quinhydrone electrode)〕	+0.700
$O_2+2H^++2e \rightleftharpoons H_2O_2$	+0.682
$2HgCl_2+2e \rightleftharpoons Hg_2Cl_2+2Cl^-$	+0.63
$H_3AsO_4+2H^++2e \rightleftharpoons H_3AsO_3+H_2O$	+0.559
$I_2(I_3^-)+2e \rightleftharpoons 2I^-$	+0.535
$Fe(CN)_6^{3-}+e \rightleftharpoons Fe(CN)_6^{4-}$	+0.36
$Cu^{2+}+2e \rightleftharpoons Cu$	+0.337
$UO_2^{2+}+4H^++2e \rightleftharpoons U^{4+}+2H_2O$	+0.334
$BIO+2H^++3e \rightleftharpoons Bi+H_2O$	+0.32
$Hg_2Cl_2+2e \rightleftharpoons 2Hg+2Cl^-$(1M KCl)（汞半電池）	+0.285
$Hg_2Cl_2+2e \rightleftharpoons 2Hg+2Cl^-$（飽和 KCl）（汞半電池）	+0.246
$AgCl+e \rightleftharpoons Ag+Cl^-$	+0.222
$SbO^++2H^++3e \rightleftharpoons Sb+H_2O$	+0.212
$S_4O_6^{2-}+2e \rightleftharpoons 2S_2O_3^{2-}$	+0.17
$SO_4^{2-}+4H^++2e \rightleftharpoons H_2SO_3+H_2O$	+0.17

半－反應	E，伏特
$Sn^{4+}+2e \rightleftharpoons Sn^{2+}$	+0.15
$TiO^{2+}+2H^++e \rightleftharpoons Ti^{3+}+H_2O$	−0.126
$AgBr+e \rightleftharpoons Ag+Br^-$	−0.151
$2H^++2e \rightleftharpoons H_2$	+0.000
$Pb^{2+}+2e \rightleftharpoons Pb$	−0.126
$AgI+e \rightleftharpoons Ag+F$	−0.151
$Ni^{2+}+2e \rightleftharpoons Ni$	−0.24
$Co^{2+}+2e \rightleftharpoons Co$	−0.28
$Cd^{2+}+2e \rightleftharpoons Cd$	−0.403
$Cr^{3+}+e \rightleftharpoons Cr^{2+}$	−0.41
$2H^+(10^7M)+2e \rightleftharpoons H_2$	−0.414
$Fe^{2+}+2e \rightleftharpoons Fe$	−0.440
$2CO_2+2H^++2e \rightleftharpoons H_2C_2O_4$	−0.49
$S+2e \rightleftharpoons S^{2-}$	−0.51
$AsO_4^{3-}+3H_2O+2e \rightleftharpoons H_2AsO_3^-+4OH^-$	−0.67
$Cr^{3+}+3e \rightleftharpoons Cr$	−0.74
$Zn^{2+}+2e \rightleftharpoons Zn$	−0.763
$Mn^{2+}+2e \rightleftharpoons Mn$	−1.18
$Al^{3+}+3e \rightleftharpoons Al$	−1.67
$AlO_2^-+2H_2O+3e \rightleftharpoons Al+4OH^-$	−2.35
$Mg^{2+}+2e \rightleftharpoons Mg$	−2.37
$Na^++e \rightleftharpoons Na$	−2.714
$Ca^{2+}+2e \rightleftharpoons Ca$	−2.87

半－反應	E，伏特
$Sr^{2+}+2e \rightleftharpoons Sr$	−2.89
$Ba^{2+}+2e \rightleftharpoons Ba$	−2.90
$K^{+}+e \rightleftharpoons K$	−2.925

 附錄九　毒性化學物質

公告毒性化學物質及其管制濃度與分級運作量一覽表

列管編號[註1]	序號[註1]	中文名稱	英文名稱[註2]	分子式[註2]	化學文摘[註2]社登記號碼	管制濃度[註3]	分級運作量[註4]	毒性分類[註5]	公告日期
001	01	多氯聯苯	Polychlorinated biphenyls	$C_{12}H_{10}$-xClx （$1 \leqq x \leqq 10$）	1336-36-3 等	0.1	50[註6]	1,2	77.06.22 88.07.19 88.12.24 89.10.25 89.12.20
002	01	可氯丹	Chlordane	$C_{10}H_6Cl_8$	57-74-9	1	50[註6]	1,3	77.06.24 88.07.19 88.12.24 89.10.25
003	01	石綿	Asbestos	$_{5.5}FeO,_{1.5}MgO,_8SiO_2, H_2O$	1332-21-4	1[註7]	500	2	78.05.01 80.02.27 85.10.17 86.02.26 87.07.07 87.12.01 88.07.19 88.12.24 89.10.25 94.12.30 98.07.31 101.02.02 102.01.24 106.05.10
004	01	地特靈	Dieldrin	$C_{12}H_8Cl_6O$	60-57-1	1	50[註6]	1,3	78.05.02 88.07.19 88.12.24 89.10.25
005	01	滴滴涕	4,4-Dichlorodiphenyl- trichloroethane (DDT)	$C_{14}H_9Cl_5$	50-29-3	1	50[註6]	1,3	78.05.02 88.07.19 88.12.24 89.10.25
006	01	毒殺芬	Toxaphene	$C_{10}H_{10}Cl_8$	8001-35-2	1	50[註6]	1	78.05.02 88.07.19 88.12.24 89.10.25
007	01	五氯酚	Pentachlorophenol	C_6Cl_5OH	87-86-5	0.01	50[註6]	1,3	78.05.02 88.07.19 88.12.24 89.10.25

列管編號[註1]	序號[註1]	中文名稱	英文名稱[註2]	分子式[註2]	化學文摘[註2]社登記號碼	管制濃度[註3]	分級運作量[註4]	毒性分類[註5]	公告日期
007	02	月桂酸五氯苯酯	Pentachlorophenyl laurate	$C_{18}H_{23}Cl_5O_2$	3772-94-9	0.01	50[註6]	1,3	107.06.28
008	01	五氯酚鈉	Sodium pentachlorophenate	C_6Cl_5ONa	131-52-2	0.01	50[註6]	3	78.05.02 88.07.19 88.12.24 89.10.25
009	01	甲基汞	Methylmercury	CH_3Hg	22967-92-6	1	50[註6]	1	78.05.02 88.07.19 88.12.24 89.10.25
010	01	安特靈	Endrin	$C_{12}H_8Cl_6O$	72-20-8	1	50[註6]	1,3	78.05.02 88.07.19 88.12.24 89.10.25
011	01	飛佈達	Heptachlor	$C_{10}H_5Cl_7$	76-44-8	1	50[註6]	1,3	78.05.02 88.07.19 88.12.24 89.10.25
012	01	蟲必死	Hexachlorocyclohexane	$C_6H_6Cl_6$	319-84-6 319-85-7 319-86-8 6108-10-7	1	50[註6]	1,3	78.05.02 88.07.19 88.12.24 89.10.25
013	01	阿特靈	Aldrin	$C_{12}H_8Cl_6$	309-00-2	1	50[註6]	1,3	78.05.02 88.07.19 88.12.24 89.10.25
014	01	二溴氯丙烷	1,2-Dibromo-3-chloropropane (DBCP)	$CH_2BrCHBrCH_2Cl$	96-12-8	1	50[註6]	1,2,3	78.05.02 88.07.19 88.12.24 89.10.25
015	01	福賜松	Leptophos	$C_6H_5PS(OCH_3)OC_6H_2BrCl_2$	21609-90-5	1	50[註6]	1,3	78.05.02 88.07.19 88.12.24 89.10.25
016	01	克氯苯	Chlorobenzilate	$C_{16}H_{14}Cl_2O_3$	510-15-6	1	50[註6]	1,3	78.05.02 88.07.19 88.12.24 89.10.25
017	01	護谷	Nitrofen	$C_{12}H_7Cl_2NO_3$	1836-75-5	1	50[註6]	2	78.05.02 88.07.19 88.12.24 89.10.25

列管編號 [註1]	序號 [註1]	中文名稱	英文名稱 [註2]	分子式 [註2]	化學文摘 [註2] 社登記號碼	管制濃度 [註3]	分級運作量 [註4]	毒性分類 [註5]	公告日期
018	01	達諾殺	Dinoseb	$C_6H_2(NO_2)_2(C_4H_9)OH$	88-85-7	1	50	1,3	78.05.02 88.07.19 88.12.24 89.10.25 90.06.21
019	01	靈丹	Lindane (γ-BHC, or γ-HCH)	$C_6H_6Cl_6$	58-89-9	1	50 [註6]	1,3	78.05.02 88.07.19 88.12.24 89.10.25
022	01	汞	Mercury	Hg	7439-97-6	95	50	1	80.12.07 88.07.19 88.12.24 89.10.25 90.06.21 98.07.31 108.07.05
023	01	五氯硝苯	Pentachloronitrobenzene	$C_6Cl_5NO_2$	82-68-8	1	50 [註6]	1	80.12.07 88.07.19 88.12.24 89.10.25
024	01	亞拉生長素	Daminozide	$(CH_3)_2NNHCOCH_2CH_2COOH$	1596-84-5	1	50 [註6]	1	80.12.07 88.07.19 88.12.24 89.10.25
025	01	氰乃淨	Cyanazine	$C_9H_{13}ClN_6$	21725-46-2	1	50 [註6]	2	80.12.07 88.07.19 88.12.24 89.10.25
026	01	樂乃松	Fenchlorphos	$C_8H_8Cl_3O_3PS$	299-84-3	1	50 [註6]	1	80.12.07 88.07.19 88.12.24 89.10.25
027	01	四氯丹	Captafol	$C_{10}H_9Cl_4NO_2S$	2425-06-1	1	50 [註6]	2,3	80.12.07 88.07.19 88.12.24 89.10.25
028	01	蓋普丹	Captan	$C_9H_8Cl_3NO_2S$	133-06-2	1	50 [註6]	1,3	80.12.07 88.07.19 88.12.24 89.10.25 99.12.24

列管編號[註1]	序號[註1]	中文名稱	英文名稱[註2]	分子式[註2]	化學文摘[註2] 社登記號碼	管制濃度[註3]	分級運作量[註4]	毒性分類[註5]	公告日期
029	01	福爾培	Folpet	$C_9H_4Cl_3NO_2S$	133-07-3	1	50 [註6]	3	80.12.07 88.07.19 88.12.24 89.10.25
030	01	錫蟎丹	Cyhexatin	$(C_6H11)_3SnOH$	13121-70-5	1	50 [註6]	3	80.12.07 88.07.19 88.12.24 89.10.25
031	01	α-氰溴甲苯	α-Bromobenzyl cyanide	$C_6H_5CHBrCN$	5798-79-8	1	50 [註6]	3	81.08.08 88.07.19 88.12.24 89.10.25
032	01	二氯甲醚	Bis-Chloromethyl ether	$(CH_2Cl)_2O$	542-88-1	1	50 [註6]	2,3	81.08.08 88.07.19 88.12.24 89.10.25
033	01	對-硝基聯苯	P-Nitrobiphenyl	$C_6H_5C_6H_4NO_2$	92-93-3	1	50 [註6]	1,2	81.08.08 88.07.19 88.12.24 89.10.25
034	01	對-胺基聯苯	P-Aminobiphenyl	$C_6H_5C_6H_4NH_2$	92-67-1	1	50 [註6]	2	81.08.08 88.07.19 88.12.24 89.10.25
034	02	對-胺基聯苯鹽酸鹽	P-Aminobiphenyl Hydrochloride	$C_6H_5C_6H_4NH_2 \cdot$ HCl	2113-61-3	1	50 [註6]	2	81.08.08 88.07.19 88.12.24 89.10.25
035	01	2-萘胺	2-Naphthylamine	$C_{10}H_7NH_2$	91-59-8	1	50 [註6]	1,2	81.08.08 88.07.19 88.12.24 89.10.25
035	02	2-萘胺醋酸鹽	2-Naphthylamine acetate	$C_{10}H_7NH_2 \cdot CH_3COOH$	553-00-4	1	50 [註6]	1,2	81.08.08 88.07.19 88.12.24 89.10.25
035	03	2-萘胺鹽酸鹽	2-Naphthylamine Hydrochloride	$C_{10}H_7NH_2 \cdot$ HCl	612-52-2	1	50 [註6]	1,2	81.08.08 88.07.19 88.12.24 89.10.25
036	01	聯苯胺	Benzidine	$(NH_2C_6H_4)_2$	92-87-5	1	50 [註6]	2	81.08.08 88.07.19 88.12.24 89.10.25

列管編號[註1]	序號[註1]	中文名稱	英文名稱[註2]	分子式[註2]	化學文摘[註2]社登記號碼	管制濃度[註3]	分級運作量[註4]	毒性分類[註5]	公告日期
036	02	聯苯胺醋酸鹽	Benzidine acetate	$(NH_2C_6H_4)_2$ • CH_3COOH	36341-27-2	1	50[註6]	2	81.08.08 88.07.19 88.12.24 89.10.25
036	03	聯苯胺硫酸鹽	Benzidine sulfate	$(NH_2C_6H_4)_2$ • H_2SO_4	531-86-2	1	50[註6]	2	81.08.08 88.07.19 88.12.24 89.10.25
036	04	聯苯胺二鹽酸鹽	Benzidine dihydrochloride	$(NH_2C_6H_4)_2$ • $2HCl$	531-85-1	1	50[註6]	2	81.08.08 88.07.19 88.12.24 89.10.25
036	05	聯苯胺二氫氟酸鹽	Benzidine dihydrofluoride	$(NH_2C_6H_4)_2 • 2HF$	41766-73-8	1	50[註6]	2	81.08.08 88.07.19 88.12.24 89.10.25
036	06	聯苯胺過氯酸鹽（一）	Benzidine perchlorate	$(NH_2C_6H_4)_2$ • $HClO_4$	29806-76-6	1	50[註6]	2	81.08.08 88.07.19 88.12.24 89.10.25
036	07	聯苯胺過氯酸鹽（二）	Benzidine perchlorate	$(NH_2C_6H_4)_2$ • $xHClO_4$	38668-12-1	1	50[註6]	2	81.08.08 88.07.19 88.12.24 89.10.25
036	08	聯苯胺二過氯酸鹽	Benzidine diperchlorate	$(NH_2C_6H_4)_2$ • $2HClO_4$	41195-21-5	1	50[註6]	2	81.08.08 88.07.19 88.12.24 89.10.25
037	01	鎘	Cadmium	Cd	7440-43-9	95	500	2,3	81.08.08 88.07.19 88.12.24 89.10.25
037	02	氧化鎘	Cadmium oxide	CdO	1306-19-0	1	500	2,3	81.08.08 88.07.19 88.12.24 89.10.25
037	03	碳酸鎘	Cadmium carbonate	$CdCO_3$	513-78-0	1	500	2,3	81.08.08 88.07.19 88.12.24 89.10.25
037	04	硫化鎘	Cadmium sulfide	CdS	1306-23-6	1	500	2,3	81.08.08 88.07.19 88.12.24 89.10.25

列管編號 [註1]	序號 [註1]	中文名稱	英文名稱 [註2]	分子式 [註2]	化學文摘 [註2] 社登記號碼	管制濃度 [註3]	分級運作量 [註4]	毒性分類 [註5]	公告日期
037	05	硫酸鎘	Cadmium sulfate	$CdSO_4$	10124-36-4	1	500	2,3	81.08.08 88.07.19 88.12.24 89.10.25
037	06	硝酸鎘	Cadmium nitrate	$Cd(NO_3)_2$	10325-94-7	1	500	2,3	81.08.08 88.07.19 88.12.24 89.10.25
037	07	氯化鎘	Cadmium chloride	$CdCl_2$	10108-64-2	1	500	2,3	81.08.08 88.07.19 88.12.24 89.10.25
038	01	苯胺	Aniline	$C_6H_5NH_2$	62-53-3	1	50	3	81.08.08 88.07.19 88.12.24 89.10.25
039	01	鄰 - 甲苯胺	o-Aminotoluene	$CH_3C_6H_4NH_2$	95-53-4	1	50	1	81.08.08 88.07.19 88.12.24 89.10.25
039	02	間 - 甲苯胺	m-Aminotoluene	$CH_3C_6H_4NH_2$	108-44-1	1	50	1	81.08.08 88.07.19 88.12.24 89.10.25
039	03	對 - 甲苯胺	p-Aminotoluene	$CH_3C_6H_4NH_2$	106-49-0	1	50	1	81.08.08 88.07.19 88.12.24 89.10.25
040	01	1-萘胺	1-Naphthylamine	$C_{10}H_7NH_2$	134-32-7	1	50	1	81.08.08 88.07.19 88.12.24 89.10.25
041	01	二甲氧基聯苯胺	3,3'-Dimethoxybenzidine	$(NH_2C_6H_3)_2 \cdot (CH_3O)_2$	119-90-4	1	50	1	81.08.08 88.07.19 88.12.24 89.10.25
042	01	二氯聯苯胺	3,3'-Dichlorobenzidine	$(NH_2ClC_6H_3)_2$	91-94-1	1	50	1,2	81.08.08 88.07.19 88.12.24 89.10.25
043	01	鄰 - 二甲基聯苯胺	3,3'-Dimethyl-[1,1'-biphenyl]-4,4'-diamine	$(NH_2CH_3C_6H_3)_2$	119-93-7	1	50	1	81.08.08 88.07.19 88.12.24 89.10.25

列管編號[註1]	序號[註1]	中文名稱	英文名稱[註2]	分子式[註2]	化學文摘[註2]社登記號碼	管制濃度[註3]	分級運作量[註4]	毒性分類[註5]	公告日期
044	01	三氯甲苯	Trichloromethyl benzene	$CCl_3C_6H_5$	98-07-7	1	50	1,3	81.08.08 88.07.19 88.12.24 89.10.25
045	01	三氧化二砷	Arsenic trioxide	As_2O_3	1327-53-3	1	50	1,2,3	81.08.08 88.07.19 88.12.24 89.10.25
045	02	五氧化二砷	Arsenic pentoxide	As_2O_5	1303-28-2	1	50	2,3	102.01.24
046	01	氰化鈉	Sodium cyanide	$NaCN$	143-33-9	氰離子含量 1%以上	500	3	79.02.15 88.07.19 88.12.24 89.10.25 90.06.21
046	02	氰化鉀	Potassium cyanide	KCN	151-50-8	氰離子含量 1%以上	500	3	79.02.15 88.07.19 88.12.24 89.10.25
046	03	氰化銀	Silver cyanide	$AgCN$	506-64-9	氰離子含量 1%以上	500	3	81.08.08 88.07.19 88.12.24 89.10.25
046	04	氰化亞銅	Copper(I) cyanide	$CuCN$	544-92-3	氰離子含量 1%以上	500	3	81.08.08 88.07.19 88.12.24 89.10.25
046	05	氰化鉀銅	Copper(I) potassium cyanide	$KCu(CN)_2$	13682-73-0	氰離子含量 1%以上	500	3	81.08.08 88.07.19 88.12.24 89.10.25
046	06	氰化鎘	Cadmium cyanide	$Cd(CN)_2$	542-83-6	氰離子含量 1%以上	500	3	81.08.08 88.07.19 88.12.24 89.10.25
046	07	氰化鋅	Zinc cyanide	$Zn(CN)_2$	557-21-1	氰離子含量 1%以上	500	3	81.08.08 88.07.19 88.12.24 89.10.25
046	08	氰化銅	Copper(II) cyanide	$Cu(CN)_2$	14763-77-0	氰離子含量 1%以上	500	3	81.08.08 88.07.19 88.12.24 89.10.25

列管編號[註1]	序號[註1]	中文名稱	英文名稱[註2]	分子式[註2]	化學文摘[註2]社登記號碼	管制濃度[註3]	分級運作量[註4]	毒性分類[註5]	公告日期
046	09	氰化銅鈉	Copper Sodium cyanide	NaCu(CN)$_3$	14264-31-4	氰離子含量 1%以上	500	3	82.12.24 88.07.19 88.12.24 89.10.25
047	01	光氣	Phosgene	COCl$_2$	75-44-5	1	5	1,3	81.08.08 88.07.19 88.12.24 89.10.25 90.06.21
048	01	異氰酸甲酯	Methyl isocyanate	CH$_3$OCN	624-83-9	1	5	3	81.08.08 88.07.19 88.12.24 89.10.25
049	01	氯	Chlorine	Cl$_2$	7782-50-5	1	50	3	81.08.08 88.07.19 88.12.24 89.10.25 90.06.21
050	01	丙烯醯胺	Acrylamide	CH$_2$CHCONH$_2$	79-06-1	30	50	2,3	82.12.24 88.07.19 88.12.24 89.10.25 104.12.31
051	01	丙烯腈	Acrylonitrile	CH$_2$CHCN	107-13-1	50	50	1,2	82.12.24 88.07.19 88.12.24 89.10.25
052	01	苯	Benzene	C$_6$H$_6$	71-43-2	70	50	1,2	82.12.24 88.07.19 88.12.24 89.10.25
053	01	四氯化碳	Carbon tetrachloride	CCl$_4$	56-23-5	50	50	1	82.12.24 88.07.19 88.12.24 89.10.25
054	01	三氯甲烷	Chloroform	CHCl$_3$	67-66-3	50	50	1	82.12.24 88.07.19 88.12.24 89.10.25
055	01	三氧化鉻（鉻酸）	Chromium(VI) trioxide	CrO$_3$	1333-82-0	六價鉻含量 1%以上	500	2	82.12.24 88.07.19 88.12.24 89.10.25

列管編號[註1]	序號[註1]	中文名稱	英文名稱[註2]	分子式[註2]	化學文摘[註2]社登記號碼	管制濃度[註3]	分級運作量[註4]	毒性分類[註5]	公告日期
055	02	重鉻酸鉀	Potassium dichromate	$K_2Cr_2O_7$	7778-50-9	六價鉻含量 1%以上	500	2	82.12.24 88.07.19 88.12.24 89.10.25
055	03	重鉻酸鈉	Sodium dichromate, dihydrate Sodium dichromate	$Na_2Cr_2O_7 \cdot 2H_2O$ $Na_2Cr_2O_7$	7789-12-0 10588-01-9	六價鉻含量 1%以上	500	2	82.12.24 88.07.19 88.12.24 89.10.25
055	04	重鉻酸銨	Ammonium dichromate	$(NH_4)_2Cr_2O_7$	7789-09-5	六價鉻含量 1%以上	500	2	85.05.31 88.07.19 88.12.24 89.10.25
055	05	重鉻酸鈣	Calcium dichromate	$CaCr_2O_7$	14307-33-6	六價鉻含量 1%以上	500	2	85.05.31 88.07.19 88.12.24 89.10.25
055	06	重鉻酸銅	Cupric dichromate	$CuCr_2O_7$	13675-47-3	六價鉻含量 1%以上	500	2	85.05.31 88.07.19 88.12.24 89.10.25
055	07	重鉻酸鋰	Lithium dichromate	$Li_2Cr_2O_7$	13843-81-7	六價鉻含量 1%以上	500	2	85.05.31 88.07.19 88.12.24 89.10.25
055	08	重鉻酸汞	Mercuric dichromate	$HgCr_2O_7$	7789-10-8	六價鉻含量 1%以上	500	2	85.05.31 88.07.19 88.12.24 89.10.25
055	09	重鉻酸鋅	Zinc dichromate	$ZnCr_2O_7$	14018-95-2	六價鉻含量 1%以上	500	2	85.05.31 88.07.19 88.12.24 89.10.25
055	10	鉻酸銨	Ammonium chromate	$(NH_4)_2CrO_4$	7788-98-9	六價鉻含量 1%以上	500	2	85.05.31 88.07.19 88.12.24 89.10.25
055	11	鉻酸鋇	Barium chromate	$BaCrO_4$	10294-40-3	六價鉻含量 1%以上	500	2	85.05.31 88.07.19 88.12.24 89.10.25
055	12	鉻酸鈣	Calcium chromate	$CaCrO_4$	13765-19-0	六價鉻含量 1%以上	500	2	85.05.31 88.07.19 88.12.24 89.10.25

列管編號[註1]	序號[註1]	中文名稱	英文名稱[註2]	分子式[註2]	化學文摘[註2]社登記號碼	管制濃度[註3]	分級運作量[註4]	毒性分類[註5]	公告日期
055	13	鉻酸銅	Cupric chromate	$CuCrO_4$	13548-42-0	六價鉻含量 1%以上	500	2	85.05.31 88.07.19 88.12.24 89.10.25
055	14	鉻酸鐵	Ferric chromate	$Fe_2(CrO_4)_3$	10294-52-7	六價鉻含量 1%以上	500	2	85.05.31 88.07.19 88.12.24 89.10.25
055	15	鉻酸鉛	Lead chromate	$PbCrO_4$	7758-97-6	六價鉻含量 1%以上	500	2	85.05.31 88.07.19 88.12.24 89.10.25
055	16	鉻酸氧鉛	Lead chromate oxide	$Pb_2(CrO_4)O$	18454-12-1	六價鉻含量 1%以上	500	2	85.05.31 88.07.19 88.12.24 89.10.25
055	17	鉻酸鋰	Lithium chromate	Li_2CrO_4	14307-35-8	六價鉻含量 1%以上	500	2	85.05.31 88.07.19 88.12.24 89.10.25
055	18	鉻酸鉀	Potassium chromate	K_2CrO_4	7789-00-6	六價鉻含量 1%以上	500	2	85.05.31 88.07.19 88.12.24 89.10.25
055	19	鉻酸銀	Silver chromate	Ag_2CrO_4	7784-01-2	六價鉻含量 1%以上	500	2	85.05.31 88.07.19 88.12.24 89.10.25
055	20	鉻酸鈉	Sodium chromate	Na_2CrO_4	7775-11-3	六價鉻含量 1%以上	500	2	85.05.31 88.07.19 88.12.24 89.10.25
055	21	鉻酸錫	Stannic chromate	$Sn(CrO_4)_2$	38455-77-5	六價鉻含量 1%以上	500	2	85.05.31 88.07.19 88.12.24 89.10.25
055	22	鉻酸鍶	Strontium chromate	$SrCrO_4$	7789-06-2	六價鉻含量 1%以上	500	2	85.05.31 88.07.19 88.12.24 89.10.25
055	23	鉻酸鋅（鉻酸鋅氫氧化合物）	Zinc chromate (Zinc chromate hydroxide)	$ZnCrO_4$ $(Zn_2CrO_4(OH)_2)$	13530-65-9	六價鉻含量 1%以上	500	2	85.05.31 88.07.19 88.12.24 89.10.25

列管編號[註1]	序號[註1]	中文名稱	英文名稱[註2]	分子式[註2]	化學文摘[註2]社登記號碼	管制濃度[註3]	分級運作量[註4]	毒性分類[註5]	公告日期
055	24	六羰鉻	Chromium carbonyl	$Cr(CO)_6$	13007-92-6	鉻含量1%以上	500	2	85.05.31 88.07.19 88.12.24 89.10.25 106.09.26
055	25	鉻化砷酸銅	Chromated Copper Arsenate		37337-13-6	1	500	2	94.12.30 95.12.29 101.02.02 103.08.25
055	26	鉬鉻紅	Lead chromate molybdate sulphate red(C.I. Pigment Red 104)	$Pb(Cr,Mo,S)O_4$	12656-85-8	六價鉻含量1%以上	500	2	102.01.24
055	27	硫鉻酸鉛	Lead sulfochromate yellow（ C.I. PigmentYellow 34）	$Pb (Cr,S) O_4$	1344-37-2	六價鉻含量1%以上	500	2	102.01.24
056	01	2,4,6-三氯酚	2,4,6-Trichlorophenol	$C_6H_2Cl_3OH$	88-06-2	1	50	1,2	82.12.24 88.07.19 88.12.24 89.10.25
056	02	2,4,5-三氯酚	2,4,5-Trichlorophenol	$C_6H_2Cl_3OH$	95-95-4	1	50[註6]	1,2	82.12.24 88.07.19 88.12.24 89.10.25
057	01	氯甲基甲基醚	Chloromethyl methyl ether	CH_2ClOCH_3	107-30-2	1	50[註6]	1,2,3	82.12.24 88.07.19 88.12.24 89.10.25
058	01	六氯苯	Hexachlorobenzene	C_6Cl_6	118-74-1	1	50[註6]	1	82.12.24 88.07.19 88.12.24 89.10.25
059	01	次硫化鎳	Trinickel disulfide	Ni_3S_2	12035-72-2	1	50[註6]	2	86.04.25 88.07.19 88.12.24 89.10.25
060	01	二溴乙烷（二溴乙烯）	Ethylene dibromide	$C_2H_4Br_2$	106-93-4	10	50	1,2	86.04.25 88.07.19 88.12.24 89.10.25
061	01	環氧乙烷	Ethylene oxide	C_2H_4O	75-21-8	1	50	1,2	86.04.25 88.07.19 88.12.24 89.10.25

列管編號[註1]	序號[註1]	中文名稱	英文名稱[註2]	分子式[註2]	化學文摘[註2]社登記號碼	管制濃度[註3]	分級運作量[註4]	毒性分類[註5]	公告日期
062	01	1,3-丁二烯	1,3-Butadiene	CH₂CHCHCH₂	106-99-0	50	50	2	86.10.06 88.07.19 88.12.24 89.10.25 90.06.21
063	01	四氯乙烯	Tetrachloroethylene	CCl₂CCl₂	127-18-4	10	350	1,2	86.10.06 88.07.19 88.12.24 89.10.25 94.02.23
064	01	三氯乙烯	Trichloroethylene	CHClCCl₂	79-01-6	10	50	1,2	86.10.06 88.07.19 88.12.24 89.10.25
065	01	氯乙烯	Vinyl Chloride	CH₂CHCl	75-01-4	50	50	2	86.10.06 88.07.19 88.12.24 89.10.25
066	01	甲醛	Formaldehyde	HCHO	50-00-0	15	50	2,3	86.10.06 88.07.19 88.12.24 89.10.25 90.06.21 104.12.31
067	01	4,4'-亞甲雙（2-氯苯胺）	4,4'-Methylenebis(2-chloroaniline)	CH₂(C₆H₄ClNH₂)₂	101-14-4	1	500	1,2	88.08.16 88.12.24 89.10.25 90.08.09
068	01	鄰苯二甲酸二（2-乙基己基）酯	Di(2-ethylhexyl)phthalate（DEHP）	C₆H₄[COOCH₂CH(C₂H₅)C₄H₉]₂	117-81-7	10	50	1,2	88.08.16 88.12.24 89.10.25 90.06.21 90.06.22 90.08.09 100.07.20 102.01.24
068	02	鄰苯二甲酸二辛酯	Di-n-octyl phthalate（DNOP）	C₆H₄(COOC₈H₁₇)₂	117-84-0	10	50	1	95.12.29 100.07.20 102.01.24
068	03	鄰苯二甲酸丁基苯甲酯	Benzyl butyl phthalate（BBP）	1,2-C₆H₄(COOCH₂C₆H₅)(COOC₄H₉)	85-68-7	10	50	1,2	100.07.20 102.01.24

列管編號 註1	序號 註1	中文名稱	英文名稱 註2	分子式 註2	化學文摘 註2 社登記號碼	管制濃度 註3	分級運作量 註4	毒性分類 註5	公告日期
068	04	鄰苯二甲酸二異壬酯（DINP）	Di-isononyl phthalate（DINP）	$C_{26}H_{42}O_4$	28553-12-068 515-48-0	10	50	1	100.07.20
068	05	鄰苯二甲酸二異癸酯	Di-isodecyl phthalate（DIDP）	$C_6H_4[COO(CH_2)_7CH(CH_3)_2]_2$	26761-40-068 515-49-1	10	50	1	100.07.20
068	06	鄰苯二甲酸二乙酯	Diethyl phthalate（DEP）	$C_6H_4(COOC_2H_5)_2$	84-66-2	10	50	1	100.07.20
068	07	鄰苯二甲酸二烷基酯（C7-11支鏈及直鏈）	1,2-Benzenedicarboxylic acid, di-C7-11-branched and linear alkyl esters (DHNUP)	$C_{22}H_{34}O_4\text{-}C_{30}H_{50}O_4$	68515-42-4	10	—	4	100.07.20
068	08	鄰苯二甲酸二烷基酯（C6-8支鏈及直鏈，富含C7）	1,2-Benzenedicarboxylic acid, di-C6-8-branched alkyl esters, C7-rich (DIHP)	$C_{22}H_{34}O_4\text{-}C_{30}H_{50}O_4$	71888-89-6	10	—	4	100.07.20
068	09	鄰苯二甲酸二丙酯	Di-n-propyl Phthalate (DPP)	$C_{14}H_{18}O_4$	131-16-8	10	—	4	100.07.20
068	10	鄰苯二甲酸二異丁酯	Di-iso-butyl Phthalate (DIBP)	$C_{16}H_{22}O_4$	84-69-5	10	50	1,2	100.07.20 102.01.24
068	11	鄰苯二甲酸二戊酯	Di-n-pentyl Phthalate (DNPP)	$C_{18}H_{26}O_4$	131-18-0	10	—	4	100.07.20
068	12	鄰苯二甲酸二己酯	Di-n-hexyl Phthalate (DNHP)	$C_{20}H_{30}O_4$	84-75-3	10	—	4	100.07.20
068	13	鄰苯二甲酸二環己酯	Dicyclohexyl Phthalate (DCHP)	$C_{20}H_{26}O_4$	84-61-7	10	—	4	100.07.20
068	14	鄰苯二甲酸二異辛酯	Di-iso-octyl Phthalate (DIOP)	$C_{24}H_{38}O_4$	27554-26-3	10	—	4	100.07.20
068	15	鄰苯二甲酸二正壬酯	Di-n-nonyl phthalate (DNP)	$C_{26}H_{42}O_4$	84-76-4	10	—	4	100.07.20
068	16	鄰苯二甲酸二（4-甲基-2-戊基）酯	Bis(4-methyl-2-pentyl) phthalate(BMPP)	$C_{20}H_{30}O_4$	146-50-9	10	—	4	100.07.20

列管編號 註1	序號 註1	中文名稱	英文名稱^{註2}	分子式^{註2}	化學文摘^{註2} 社登記號碼	管制濃度 註3	分級運作量 註4	毒性分類 註5	公告日期
068	17	鄰苯二甲酸二甲氧乙酯	Bis(2-methoxyethyl) phthalate(BMEP)	$C_{14}H_{18}O_6$	117-82-8	10	—	4	100.07.20
068	18	鄰苯二甲酸雙-2-乙氧基乙酯	Bis(2-ethoxyethyl) phthalate (BEEP)	$C_{16}H_{22}O_6$	605-54-9	10	—	4	100.07.20
068	19	鄰苯二甲酸己基 2-乙基己基酯	Hexyl2-ethylhexyl phthalate(HEHP)	$C_{22}H_{34}O_4$	75673-16-4	10	—	4	100.07.20
068	20	鄰苯二甲酸二丁氧基乙酯	Bis(2-n-butoxyethyl) phthalate(BBEP)	$C_{20}H_3O_6$	117-83-9	10	—	4	100.07.20
068	21	鄰苯二甲酸二苯酯	Diphenyl phthalate (DPP)	$C_{20}H_{14}O_4$	84-62-8	10	—	4	100.07.20
068	22	鄰苯二甲酸二苄酯	Dibenzyl phthalate (DBZP)	$C_{22}H_{18}O_4$	523-31-9	10	—	4	100.07.20
068	23	鄰苯二甲酸單（2-乙基己基）酯	Mono(2-ethylhexyl) phthalate(MEHP)	$C_{16}H_{22}O_4$	4376-20-9	10	—	4	100.07.20
068	24	鄰苯二甲酸單丁酯	Mono-n-Butyl phthalate (MNBP)	$C_{12}H_{14}O_4$	131-70-4	10	—	4	100.07.20
069	01	1,3- 二氯苯	1,3-Dichlorobenzene	$C_6H_4Cl_2$	541-73-1	1	50	1	88.08.16 88.12.24 89.10.25
069	02	鄰 - 二氯苯	o-Dichlorobenzene (1,2-Dichloro benzene)	$C_6H_4Cl_2$	95-50-1	1	50	1	88.08.16 88.12.24 89.10.25
070	01	1,2,4-三氯苯	1,2,4-Trichlorobenzene	$C_6H_3Cl_3$	120-82-1	1	50	1	88.08.16 88.12.24 89.10.25
071	01	乙二醇乙醚	2-Ethoxyethanol (Ethylene glycol monoethyl ether)	$CH_2OHCH_2OC_2H_5$	110-80-5	1	50	2	88.08.16 88.12.24 89.10.25
071	02	乙二醇甲醚	2-Methoxyethanol (Ethylene glycol monomethyl ether)	$CH_2OHCH_2OCH_3$	109-86-4	1	50	2	88.08.16 88.12.24 89.10.25
072	01	環氧氯丙烷	Epichlorohydrin (1-Chloro-2,3-epoxypropane)	OCH_2CHCH_2Cl	106-89-8	1	50	2	88.08.16 88.12.24 89.10.25

列管編號[註1]	序號[註1]	中文名稱	英文名稱[註2]	分子式[註2]	化學文摘[註2]社登記號碼	管制濃度[註3]	分級運作量[註4]	毒性分類[註5]	公告日期
073	01	鄰苯二甲酐	Phthalic anhydride	$C_6H_4(CO)_2O$	85-44-9	1	50	3	88.08.16 88.12.24 89.10.25 90.06.21
074	01	二異氰酸甲苯[註8]	Toluene diisocyanate (mixed isomers)Toluene-2, 4- diisocyanate	$C_9H_6O_2N_2$ $C_6H_3CH_3(NCO)_2$	26471-62-558 4-84-9	1	500	3	88.08.16 88.12.24 89.10.25 103.08.25
075	01	1,2- 二氯乙烷	1,2-Dichloroethane (Ethylene dichloride)	CH_2ClCH_2Cl	107-06-2	15	--	4	88.08.16 88.12.24 89.10.25 104.12.31
076	01	1,1,2,2-四 氯 乙烷	1,1,2,2-Tetrachloroethane	$CHCl_2CHCl_2$	79-34-5	1	--	4	88.08.16 88.12.24 89.10.25
077	01	1,2- 二氯乙烯	1,2-Dichloroethylene	$ClCH=CHCl$	540-59-0156-59-2156-60-5	25	--	4	88.08.16 88.12.24 89.10.25
077	02	1,1- 二氯乙烯	1,1-Dichloroethylene	$C_2H_2Cl_2$	75-35-4	25	―	4	89.03.15 89.10.25
078	01	氯甲烷	Chloromethane (Methyl chloride)	CH_3Cl	74-87-3	25	--	4	88.08.16 88.12.24 89.10.25
079	01	二氯甲烷	Dichloromethane(Methy lenechloride)	CH_2Cl_2	75-09-2	25	--	4	88.08.16 88.12.24 89.10.25
080	01	鄰苯二甲酸二甲酯（DMP）	Dimethyl phthalate	$C_6H_4(COOCH_3)_2$	131-11-3	10	50	1	88.08.16 88.12.24 89.10.25 100.07.20
080	02	鄰苯二甲酸二丁酯（DBP）	Dibutyl phthalate	$C_6H_4(COOC_4H_9)_2$	84-74-2	10	50	1,2	88.08.16 88.12.24 89.10.25 100.07.20
081	01	異丙苯	Cumene	$C_6H_5CH(CH_3)_2$	98-82-8	1	--	4	88.08.16 88.12.24 89.10.25
082	01	環己烷	Cyclohexane	C_6H_{12}	110-82-7	1	--	4	88.08.16 88.12.24 89.10.25

列管編號 註1	序號 註1	中文名稱	英文名稱 註2	分子式 註2	化學文摘 註2 社登記號碼	管制濃度 註3	分級運作量 註4	毒性分類 註5	公告日期
083	01	氯乙酸	Chloroacetic acid	$CH_2ClCOOH$	79-11-8	1	--	4	88.08.16 88.12.24 89.10.25
084	01	氯甲酸乙酯	Ethyl chloroformate	$ClCOOC_2H_5$	541-41-3	1	--	4	88.08.16 88.12.24 89.10.25
085	01	2,4- 二硝基酚	2,4-Dinitrophenol	$C_6H_4N_2O_5$	51-28-5	1	50	1,3	88.12.24 89.10.25
086	01	硫酸二甲酯	Dimethyl sulfate	$C_2H_6O_4S$	77-78-1	1	50	2,3	88.12.24 89.10.25
087	01	次乙亞胺	Ethyleneimine	C_2H_5N	151-56-4	1	50	2,3	88.12.24 89.10.25
088	01	二氯異丙醚	Bis(2-chloro-1-methylethyl) ether	$C_6H_{12}Cl_2O$	108-60-1	1	50	1	88.12.24 89.10.25
089	01	二硫化碳	Carbon disulfide	CS_2	75-15-0	1	50	1	88.12.24 89.10.25 90.06.21
090	01	氯苯	Chlorobenzene	C_6H_5Cl	108-90-7	1	50	1	88.12.24 89.10.25
091	01	十溴二苯醚	Decabromobiphenyl ether	$C_{12}Br_{10}O$	1163-19-5	1	50	1,2	88.12.24 89.10.25 108.03.05
091	02	八溴二苯醚	Octabromodiphenyl ether	$C_{12}H_2Br_8O$	32536-52-0	1	50	1	94.12.30 95.12.29 103.08.25 109.09.08
091	03	五溴二苯醚	Pentabromodiphenyl ether	$C_{12}H_5Br_5O$	32534-81-960 348-60-9	1	50	1	94.12.30 95.12.29 103.08.25 109.09.08
091	04	四溴二苯醚	Tetrabromodiphenyl ether(BDE-47)	$C_{12}H_6Br_4O$	40088-47-954 36-43-1	1	50	1	99.12.24 103.08.25 109.09.08
091	05	2,2',4,4',5,5'- 六溴二苯醚	2,2',4,4',5,5'-hexabromodiphenyl ether(BDE -153)	$C_{12}H_4Br_6O$	68631-49-2	1	50	1	99.12.24 103.08.25 109.09.08
091	06	2,2',4,4',5,6'- 六溴二苯醚	2,2',4,4',5,6'-hexabromodiphenyl ether(BDE -154)	$C_{12}H_4Br_6O$	207122-15-4	1	50	1	99.12.24 103.08.25 109.09.08
091	07	2,2',3,3',4,5',6- 七溴二苯醚	2,2',3,3',4,5',6-heptabromodiphenyl ether(BDE-175)	$C_{12}H_3Br_7O$	446255-22-7	1	50	1	99.12.24 103.08.25 109.09.08

列管編號[註1]	序號[註1]	中文名稱	英文名稱[註2]	分子式[註2]	化學文摘[註2]社登記號碼	管制濃度[註3]	分級運作量[註4]	毒性分類[註5]	公告日期
091	08	2,2',3,4,4',5',6-七溴二苯醚	2,2',3,4,4',5',6-heptabromodiphenyl ether(BDE -183)	$C_{12}H_3Br_7O$	207122-16-5	1	50	1	99.12.24 103.08.25 109.09.08
092	01	二苯駢呋喃	Dibenzofuran	$C_{12}H_8O$	132-64-9	70	50[註6]	1	88.12.24 89.10.25 103.08.25
093	01	1,4-二氧陸圜	1,4-Dioxane	$C_4H_8O_2$	123-91-1	1	50	1	88.12.24 89.10.25 98.07.31
094	01	二氯萘	Dichloronaphthalene	$C_{10}H_6Cl_2$	1825-31-6	1	50	1	104.12.31
094	02	三氯萘	Trichloronaphthalene	$C_{10}H_5Cl_3$	1321-65-9	1	50	1	104.12.31
094	03	四氯萘	Tetrachloronaphthalene	$C_{10}H_4Cl_4$	1335-88-2	1	50	1	104.12.31
094	04	五氯萘	Pentachloronaphthalene	$C_{10}H_3Cl_5$	1321-64-8	1	50	1	104.12.31
094	05	六氯萘	Hexachloronaphthalene	$C_{10}H_2Cl_6$	1335-87-1	1	50	1	88.12.24 89.10.25 104.12.31
094	06	七氯萘	Heptachloronaphthalene	$C_{10}HCl_7$	32241-08-0	1	50	1	104.12.31
094	07	八氯萘	Octachloronaphthalene	$C_{10}Cl_8$	2234-13-1	1	50	1	88.12.24 89.10.25 104.12.31
095	01	碘甲烷	Methyl iodide	CH_3I	74-88-4	1	50	1	88.12.24 89.10.25
096	01	β-丙內酯	β-Propiolactone	$C_3H_4O_2$	57-57-8	1	50	1	88.12.24 89.10.25
097	01	吡啶	Pyridine	C_5H_5N	110-86-1	1	50	1	88.12.24 89.10.25
098	01	二甲基甲醯胺	N,N-Dimethyl formamide	C_3H_7NO	68-12-2	30	50	2	88.12.24 89.10.25 90.06.21
098	02	甲醯胺	Formamide	$HCONH_2$	75-12-7	10	50	1,2	100.07.20
099	01	四羰化鎳	Nickel carbonyl	C_4NiO_4	13463-39-3	1	50	2	88.12.24 89.10.25
100	01	丙烯醛	Acrolein	C_3H_4O	107-02-8	1	50	3	88.12.24 89.10.25
101	01	丙烯醇	Allyl alcohol	C_3H_6O	107-18-6	1	50	3	88.12.24 89.10.25

列管編號 註1	序號 註1	中文名稱	英文名稱^{註2}	分子式^{註2}	化學文摘^{註2} 社登記號碼	管制濃度 註3	分級運作量 註4	毒性分類 註5	公告日期
102	01	1,2- 二苯基聯胺	1,2-Diphenylhydrazine	$C_{12}H_{12}N_2$	122-66-7	1	50	3	88.12.24 89.10.25
103	01	氰化氫	Hydrogen cyanide	HCN	74-90-8	1	50	3	88.12.24 89.10.25 91.04.09
104	01	乙醛	Acetaldehyde	C_2H_4O	75-07-0	1	--	4	88.12.24 89.10.25
105	01	乙腈	Acetonitrile	CH_3CN	75-05-8	1	--	4	88.12.24 89.10.25
106	01	苯甲氯	Benzyl chloride	C_7H_7Cl	100-44-7	1	--	4	88.12.24 89.10.25
107	01	丙烯酸丁酯	Butyl acrylate	$C_7H_{12}O_2$	141-32-2	1	--	4	88.12.24 89.10.25
108	01	丁醛	Butyraldehyde	C_4H_8O	123-72-8	1	--	4	88.12.24 89.10.25
109	01	氰胺化鈣	Calcium cyanamide	CN_2Ca	156-62-7	1	--	4	88.12.24 89.10.25
110	01	六氯內-甲烯基-四氫苯二甲酸	Chlorendic acid	$C_9H_4Cl_6O_4$	115-28-6	1	--	4	88.12.24 89.10.25
111	01	氯丁二烯	Chloroprene	C_4H_5Cl	126-99-8	1	--	4	88.12.24 89.10.25
112	01	間-甲酚	m-Cresol	C_7H_8O	108-39-4	1	--	4	88.12.24 89.10.25
113	01	1,3- 二氯丙烯	1,3-Dichloropropene	$C_3H_4Cl_2$	542-75-6	50	--	4	88.12.24 89.10.25
114	01	二乙醇胺	Diethanolamine	C_4H11NO_2	111-42-2	50	--	4	88.12.24 89.10.25
115	01	二苯胺	Diphenylamine	$C_{12}H11N$	122-39-4	1	--	4	88.12.24 89.10.25
116	01	乙苯	Ethylbenzene	C_8H_{10}	100-41-4	70	--	4	88.12.24 89.10.25
117	01	甲基異丁酮	Methyl isobutyl ketone	$C_6H_{12}O$	108-10-1	1	--	4	88.12.24 89.10.25
118	01	4,4'- 二胺基二苯甲烷	4,4'-Methylenedianiline	$C_{13}H_{14}N_2$	101-77-9	1	--	4	88.12.24 89.10.25
119	01	三乙酸基氨	Nitrilotri acetic acid	$C_6H_9NO_6$	139-13-9	1	--	4	88.12.24 89.10.25

列管編號[註1]	序號[註1]	中文名稱	英文名稱[註2]	分子式[註2]	化學文摘[註2]社登記號碼	管制濃度[註3]	分級運作量[註4]	毒性分類[註5]	公告日期
120	01	1,3-丙烷礦內酯	Propane sultone	$C_3H_6O_3S$	1120-71-4	1	--	4	88.12.24 89.10.25
121	01	三乙胺	Triethylamine	$C_6H_{15}N$	121-44-8	1	--	4	88.12.24 89.10.25
122	01	α-苯氯乙酮（w-苯氯乙酮）	α-Chloroacetophenone (w-Chloroacetophenone)	$C_6H_5COCH_2Cl$	532-27-4	1	50	1,3	88.12.24 89.10.25
123	01	蒽	Anthracene	$C_6H_4(CH)_2C_6H_4$	120-12-7	10	50	1	88.12.24 89.10.25
124	01	二溴甲烷	Dibromomethane(Methylenebromide)	CH_2Br_2	74-95-3	1	50	1	88.12.24 89.10.25
125	01	三溴甲烷（溴仿）	Bromoform (Tribromomethane)	$CHBr_3$	75-25-2	1	50	1	88.12.24 89.10.25
126	01	氯乙烷	Chloroethane (Ethyl chloride)	C_2H_5Cl	75-00-3	1	50	1	88.12.24 89.10.25
128	01	六氯芬（2,2'-二羥-3,3',5,5',6,6'-六氯二苯甲烷）	Hexachlorophene (2,2'-dihydroxy-3,3',5,5',6,6'-hexachlorodiphenyl methane)	$(C_6HCl_3OH)_2CH_2$	70-30-4	10	50	1	88.12.24 89.10.25
129	01	硝苯	Nitrobenzene	$C_6H_5NO_2$	98-95-3	10	50	1	88.12.24 89.10.25
131	01	硫酸乙酯（硫酸二乙酯）	ethyl sulfate (Diethyl sulfate)	$(C_2H_5)_2SO_4$	64-67-5	1	50	2	88.12.24 89.10.25
132	01	六甲基磷酸三胺	Hexamethylphosphora mide(HMPA)	$[N(CH_3)_2]_3PO$	680-31-9	1	50	2	88.12.24 89.10.25
133	01	N-亞硝-正-甲脲	N-Nitroso-N-methylurea	$C_2H_5N_3O_2$	684-93-5	1	50	2	88.12.24 89.10.25
134	01	N-亞硝二甲胺（二甲亞硝胺）	Nitrosodimethylamine (DMNA)	$(CH_3)_2N\,N\,O$	62-75-9	1	50	2	88.12.24 89.10.25
134	02	N-亞硝二乙胺（二乙亞硝胺）	Diethylamine, N-nitroso- (Nitrosamine diethyl)	$(C_2H_5)_2N\,N\,O$	55-18-5	1	50	2	88.12.24 89.10.25
135	01	三（2,3-	Tris-(2,3-	$[BrCH_2CH(Br)C$	126-72-7	1	50	2	88.12.24

列管編號[註1]	序號[註1]	中文名稱	英文名稱[註2]	分子式[註2]	化學文摘[註2]社登記號碼	管制濃度[註3]	分級運作量[註4]	毒性分類[註5]	公告日期
		二溴丙基）-磷酸酯	dibromopropyl)-phosphate	H₂O]₃ P =O					89.10.25
136	01	溴乙烯	Vinyl bromide	CH₂CHBr	593-60-2	1	50	2	88.12.24 89.10.25
137	01	4,6- 二硝基- 鄰-甲酚	4,6-Dinitro-o-cresol	CH₃C₆H₂(NO₂)₂OH	534-52-1	1	50	3	88.12.24 89.10.25
138	01	甲基聯胺	Methyl hydrazine	CH₃NHNH₂	60-34-4	1	50	3	88.12.24 89.10.25
139	01	氟乙醯胺	Monofluoroacetamide	CH₂FCONH₂	640-19-7	1	50	3	88.12.24 89.10.25
140	01	炔丙醇（2-丙炔-1-醇）	Propargyl alcohol	HCCCH₂OH	107-19-7	1	50	3	88.12.24 89.10.25
141	01	丙烯亞胺	Propyleneimine	CH₃CHCH₂NH	75-55-8	1	50	3	88.12.24 89.10.25
142	01	三氟化硼	Boron trifluoride	BF₃	7637-07-2	1	--	4	88.12.24 89.10.25
143	01	巴豆醛（2-丁烯醛）	Crotonaldehyde (2- butenal)	CH₃CH=CHCHO	4170-30-3	1	--	4	88.12.24 89.10.25
144	01	硫脲	Thiourea (thiocarbamide)	(NH₂)₂CS	62-56-6	1	--	4	88.12.24 89.10.25
145	01	2,4- 甲苯二胺	m-Toluylenediamine(m-Tolylene-diamine ； toluene-2,4-diamine)	C₇H₁₀N₂	95-80-7	1	--	4	88.12.24 89.10.25
145	02	甲苯二胺（同分異構物混合物）	Toluylenediamines(mixed isomers)； (toluene,diamino-) (mixed isomers)	CH₃C₆H₃(NH₂)₂	25376-45-8	1	--	4	88.12.24 89.10.25
146	01	醋酸乙烯酯	Vinyl acetate	CH₃COOCH=CH₂	108-05-4	1	--	4	88.12.24 89.10.25
147	01	1,2- 二氯丙烷	1,2-Dichloropropane	CH₃CHClCH₂Cl	78-87-5	1	50	1	89.03.15 89.10.25
148	01	氧化三丁錫	Tributyltin oxide Bis(tributyltin)oxide	(C₄H₉)₃SnOSn(C₄H₉)₃	56-35-9	1	50	1	89.03.15 89.10.25 91.05.24 94.02.23
148	02	氫氧化三	Triphenyltin	(C₆H₅)₃SnOH	76-87-9	1	50	1	89.03.15

列管編號[註1]	序號[註1]	中文名稱	英文名稱[註2]	分子式[註2]	化學文摘[註2]社登記號碼	管制濃度[註3]	分級運作量[註4]	毒性分類[註5]	公告日期
		苯錫	hydroxide						89.10.25 91.05.24 94.02.23
148	03	醋酸三丁錫	Tributyltin acetate	$(C_4H_9)_3SnOOCCH_3$	56-36-0	1	--	4	89.03.15 89.10.25 91.05.24 94.02.23
148	04	溴化三丁錫	Tributyltin bromide	$(C_4H_9)_3SnBr$	1461-23-0	1	--	4	89.03.15 89.10.25 91.05.24 94.02.23
148	05	氯化三丁錫	Tributyltin chloride	$(C_4H_9)_3SnCl$	1461-22-9	1	--	4	89.03.15 89.10.25 91.05.24 94.02.23
148	06	氟化三丁錫	Tributyltin fluoride	$(C_4H_9)_3SnF$	1983-10-4	1	--	4	89.03.15 89.10.25 91.05.24 94.02.23
148	07	氫化三丁錫	Tributyltin hydride	$(C_4H_9)_3SnH$	688-73-3	1	--	4	89.03.15 89.10.25 91.05.24 94.02.23
148	08	月桂酸三丁錫	Tributyltin laurate	$C_{24}H_5O_2Sn$	3090-36-6	1	--	4	89.03.15 89.10.25 91.05.24 94.02.23
148	09	順丁烯二酸三丁錫	Tributyltin maleate	$C_{16}H_3O_4Sn$	4027-18-3142 75-57-1	1	--	4	89.03.15 89.10.25 91.05.24 94.02.23
148	10	三正丙基乙錫	Tri-n-propylethyltin	$(C_3H_7)_3SnCH_2CH_3$	3440-79-7	1	--	4	89.03.15 89.10.25 91.05.24 94.02.23 101.02.02
148	11	三正丙基異丁錫	Tri-n-propylisobutyltin	$(C_3H_7)_3Sn(C_4H_9)$	92154-74-0	1	--	4	89.03.15 89.10.25 91.05.24 94.02.23 101.02.02
148	12	三正丙基	Tri-n-propyl-n-butyl	$(C_3H_7)_3SnC_4H_9$	3634-62-6	1	--	4	89.03.15

列管編號[註1]	序號[註1]	中文名稱	英文名稱[註2]	分子式[註2]	化學文摘[註2]社登記號碼	管制濃度[註3]	分級運作量[註4]	毒性分類[註5]	公告日期
		正丁錫	tin						89.10.25 91.05.24 94.02.23 101.02.02
148	13	碘化三正丙錫	Tri-n-propyltin iodide	$(C_3H_7)_3SnI$	7342-45-2	1	--	4	89.03.15 89.10.25 91.05.24 94.02.23
148	14	三苯基芐錫	Triphenylbenzyltin	$(C_6H_5)_3(C_6H_5CH_2)Sn$	2847-58-7	1	--	4	89.03.15 89.10.25 91.05.24 94.02.23 101.02.02
148	15	三苯基甲錫	Triphenylmethyltin	$(C_6H_5)_3SnCH_3$	1089-59-4	1	--	4	89.03.15 89.10.25 91.05.24 94.02.23 101.02.02
148	16	三苯基-對-甲苯錫	Triphenyl-p-tolyltin	$(C_6H_5)_3Sn(C_6H_4CH_3)$	15807-28-0	1	--	4	89.03.15 89.10.25 91.05.24 94.02.23 101.02.02
148	17	溴化三苯錫	Triphenyltin bromide	$(C_6H_5)_3SnBr$	962-89-0	1	--	4	89.03.15 89.10.25 91.05.24 94.02.23 101.02.02
148	18	氟化三苯錫	Triphenyltin fluoride	$(C_6H_5)_3SnF$	379-52-2	1	--	4	89.03.15 89.10.25 91.05.24 94.02.23
148	19	碘化三苯錫	Triphenyltin iodide	$(C_6H_5)_3SnI$	894-09-7	1	--	4	89.03.15 89.10.25 91.05.24 94.02.23
148	20	醋酸三苯錫	Triphenyltin acetate	$(C_6H_5)_3SnOOCCH_3$	900-95-8	1	--	4	89.03.15 89.10.25 91.05.24 94.02.23
148	21	氯化三苯錫	Triphenyltin	$(C_6H_5)_3SnCl$	639-58-7	1	--	4	89.03.15 89.10.25

列管編號[註1]	序號[註1]	中文名稱	英文名稱[註2]	分子式[註2]	化學文摘[註2]社登記號碼	管制濃度[註3]	分級運作量[註4]	毒性分類[註5]	公告日期
		錫	chloride						91.05.24 94.02.23
148	22	三苯基-α-萘錫	Triphenyl-α-naphthyltin	$(C_6H_5)_3SnC_{10}H_7$		1	--	4	89.03.15 89.10.25 91.05.24 94.02.23
148	23	溴化三丙錫	Tripropyltin bromide	$(C_3H_7)_3SnBr$	2767-61-5	1	--	4	89.03.15 89.10.25 91.05.24 94.02.23 101.02.02
148	24	氯化三丙錫	Tripropyltin chloride	$(C_3H_7)_3SnCl$	2279-76-7	1	--	4	89.03.15 89.10.25 91.05.24 94.02.23
148	25	氟化三丙錫	Tripropyltin fluoride	$(C_3H_7)_3SnF$		1	--	4	89.03.15 89.10.25 91.05.24 94.02.23
148	26	溴化三甲苯錫	Tritolyltin bromide	$(CH_3C_6H_4)_3SnBr$		1	--	4	89.03.15 89.10.25 91.05.24 94.02.23
148	27	氯化三甲苯錫	Tritolyltin chloride	$(CH_3C_6H_4)_3SnCl$	353747-42-9	1	--	4	89.03.15 89.10.25 91.05.24 94.02.23 101.02.02
148	28	氟化三甲苯錫	Tritolyltin fluoride	$(CH_3C_6H_4)_3SnF$	353747-43-0	1	--	4	89.03.15 89.10.25 91.05.24 94.02.23 101.02.02
148	29	氫氧化三甲苯錫	Tritolyltin hydroxide	$(CH_3C_6H_4)_3SnOH$	228262-76-8	1	--	4	89.03.15 89.10.25 91.05.24 94.02.23 101.02.02
148	30	碘化三甲苯錫	Tritolyltin iodide	$(CH_3C_6H_4)_3SnI$	353747-44-1	1	--	4	89.03.15 89.10.25 91.05.24 94.02.23 101.02.02
148	31	參（三苯	Tritriphenylstannyl-	$[(C_6H_5)_3Sn]_3CH$		1	--	4	89.03.15

列管編號^{註1}	序號^{註1}	中文名稱	英文名稱^{註2}	分子式^{註2}	化學文摘^{註2}社登記號碼	管制濃度^{註3}	分級運作量^{註4}	毒性分類^{註5}	公告日期
		錫）甲烷	methane						89.10.25 91.05.24 94.02.23
148	32	溴化三茬錫	Trixylyltin bromide	$[(CH_3)_2C_6H_3]_3SnBr$	353747-45-2	1	--	4	89.03.15 89.10.25 91.05.24 94.02.23 101.02.02
148	33	氯化三茬錫	Trixylyltin chloride	$[(CH_3)_2C_6H_3]_3SnCl$	353747-46-3	1	--	4	89.03.15 89.10.25 91.05.24 94.02.23 101.02.02
148	34	氟化三茬錫	Trixylyltin fluoride	$[(CH_3)_2C_6H_3]_3SnF$	353747-47-4	1	--	4	89.03.15 89.10.25 91.05.24 94.02.23 101.02.02
148	35	碘化三茬錫	Trixylyltin iodide	$[(CH_3)_2C_6H_3]_3SnI$	353747-48-5	1	--	4	89.03.15 89.10.25 91.05.24 94.02.23 101.02.02
149	01	六氯乙烷	Hexachloroethane	Cl_3CCCl_3	67-72-1	1	50	1	89.03.15 89.10.25
150	01	六氯-1,3-丁二烯	Hexachloro-1,3-butadiene	$Cl_2CCClCClCCl_2$	87-68-3	1	50	1	89.03.15 89.10.25 108.03.05
151	01	鈹	Beryllium	Be	7440-41-7	95	50	2	89.03.15 89.10.25
152	01	對-氯-鄰-甲苯胺	p-Chloro-o-toluidine	C_7H_8ClN	95-69-2	1	50	2	89.03.15 89.10.25
153	01	二甲基胺甲醯氯	Dimethylcarbamyl chloride	$(CH_3)_2NCOCl$	79-44-7	1	50	2	89.03.15 89.10.25
154	01	氧化苯乙烯	Styrene oxide	$C_6H_5CHCH_2O$	96-09-3	1	50	2	89.03.15 89.10.25
155	01	1,2,3-三氯丙烷	1,2,3-Trichloropropane	$ClCH_2CHClCH_2Cl$	96-18-4	1	50	2	89.03.15 89.10.25
156	01	氟	Fluorine	F_2	7782-41-4	1	50	3	89.03.15 89.10.25 94.02.23
157	01	磷化氫	Phosphine	PH_3	7803-51-2	1	50	3	89.03.15

列管編號[註1]	序號[註1]	中文名稱	英文名稱[註2]	分子式[註2]	化學文摘[註2]社登記號碼	管制濃度[註3]	分級運作量[註4]	毒性分類[註5]	公告日期
									89.10.25 90.06.21
158	01	三氯化磷	Phosphorus trichloride	PCl_3	7719-12-2	1	50	3	89.03.15 89.10.25
159	01	胺基硫脲	Thiosemicarbazide 1-amino-2-thiourea	CH_5N_3S	79-19-6	1	50	3	89.03.15 89.10.25
160	01	甲基第三丁基醚	Methyl-tert-butyl ether	$(CH_3)_3COCH_3$	1634-04-4	20	--	4	89.03.15 89.10.25
161	01	2,4-二氯酚	2,4-Dichlorophenol	$Cl_2C_6H_3OH$	120-83-2	1	--	4	89.03.15 89.10.25
162	01	二氯溴甲烷	Dichlorobromomethane	$CHBrCl_2$	75-27-4	1	--	4	89.03.15 89.10.25
163	01	二環戊二烯	Dicyclopentadiene	$C_{10}H_{12}$	77-73-6	1	--	4	89.03.15 89.10.25
164	01	聯胺	Hydrazine	H_2NNH_2	302-01-2	1	--	4	89.03.15 89.10.25
165	01	壬基酚（壬酚）	Nonylphenol	$C_6H_4(OH)C_9H_{19}$	25154-52-384 852-15-3	5	50	1	96.12.17 98.07.31 104.12.31
165	02	壬基酚聚乙氧基醇	Nonylphenol polyethylene glycolether	$(C_2H_4O)nC_{15}H_{24}O$	9016-45-9260 27-38-3	5	50	1	96.12.17 98.07.31 104.12.31
166	01	雙酚A	4,4-isopropylidene diphenol（Bisphenol A）	$C_{12}H_{16}O_2$	80-05-7	30	--	4	98.07.31
167	01	滅蟻樂	Mirex	$C_{10}Cl_{12}$	2385-85-5	1	50	1,3	99.12.24
168	01	十氯酮	Chlordecone	$C_{10}Cl_{10}O$	143-50-0	1	50	1,3	99.12.24
169	01	全氟辛烷磺酸	Perfluorooctane sulfonic acid	$C_8HF_{17}O_3S$	1763-23-1	0.01	50	1,2	99.12.24 107.06.28 109.09.08
169	02	全氟辛烷磺酸鋰鹽	Lithium perfluorooctane sulfonate	$C_8HF_{17}O_3S$　Li	29457-72-5	0.01	50	1,2	99.12.24 109.09.08
169	03	全氟辛烷磺醯氟	Perfluorooctane sulfonyl fluoride	$C_8F_{18}O_2S$	307-35-7	0.01	50	1	99.12.24 109.09.08
169	04	全氟辛酸	Perfluorooctanoic acid (PFOA)	$C_8HF_{15}O_2$	335-67-1	0.01	50	1	107.06.28 109.09.08
170	01	五氯苯	Pentachlorobenzene	C_6HCl_5	608-93-5	1	50	1,3	99.12.24
171	01	六溴聯苯	Hexabromobiphen	$C_{12}H_4Br_6$	36355-01-8	1	50	1	99.12.24

列管編號 註1	序號 註1	中文名稱	英文名稱^{註2}	分子式^{註2}	化學文摘^{註2} 社登記號碼	管制濃度 註3	分級運作量 註4	毒性分類 註5	公告日期
			yl						
172	01	安殺番（工業級安殺番）	Endosulfan（Technical endosulfan）	C₉H₆Cl₆O₃S	115-29-7	1	50	1,3	100.07.20 104.12.31
172	02	α–安殺番	Alpha (α) endosulfan	C₉H₆Cl₆O₃S	959-98-8	1	50	1,3	100.07.20 104.12.31
172	03	β–安殺番	Beta (β) endosulfan	C₉H₆Cl₆O₃S	33213-65-9	1	50	1,3	100.07.20 104.12.31
172	04	安殺番硫酸鹽	Endosulfan sulfate	C₉H₆Cl₆O₄S	1031-07-8	1	50	1,3	100.07.20 104.12.31
173	01	三 2-（氯乙基）磷酸酯	Tris(2-chloroethyl)phosphate（TCEP）	C₆H₁₂Cl₃O₄P	115-96-8	1	50^{註6}	2	102.01.24 103.08.25
174	01	六溴環十二烷	Hexabromocyclododec ane(HBCD) 1,2,5,6,9,10-hexabromocyclododeca ne	C₁₂H₁₈Br₆	3194-55-6256 37-99-4	1	50	1	103.08.25
174	02	α-六溴環十二烷	alpha-hexabromoc yclododecan e	C₁₂H₁₈Br₆	134237-50-6	1	50	1	103.08.25
174	03	β-六溴環十二烷	beta-hexabromocy clododeca ne	C₁₂H₁₈Br₆	134237-51-7	1	50	1	103.08.25
174	04	γ-六溴環十二烷	gamma-hexabromocyclodo decane	C₁₂H₁₈Br₆	134237-52-8	1	50	1	103.08.25
175	01	孔雀綠	Malachite green	C₂₃H₂₅ClN₂	569-64-2	1	—	4	106.09.26
176	01	順丁烯二酸（馬來酸）	Maleic acid	C₄H₄O₄	110-16-7	1	—	4	106.09.26
176	02	順丁烯二酸酐	Maleic anhydride	C₄H₂O₃	108-31-6	1	—	4	106.09.26
177	01	對位乙氧基苯脲（甘精）	(4-Ethoxyphenyl)urea、Du lcin	C₉H₁₂N₂O₂	150-69-6	1	—	4	106.09.26
178	01	溴酸鉀	Potassium bromate	KBrO₃	7758-01-2	1	—	4	106.09.26
179	01	富馬酸二甲酯	Dimethyl fumarate (DMF)	C₆H₈O₄	624-49-7	1	—	4	106.09.26
180	01	苄基紫	Benzyl violet 4B	C₃₉H₄₀N₃NaO₆S₂	1694-09-3	1	—	4	106.09.26
181	01	皂黃	Metanil yellow	C₁₈H₁₄N₃NaO₃S	587-98-4	1	—	4	106.09.26
182	01	玫瑰紅 B	Rhodamine B	C₂₈H₃₁ClN₂O₃	81-88-9	1	—	4	106.09.26

列管編號[1]	序號[1]	中文名稱	英文名稱[2]	分子式[2]	化學文摘[2]社登記號碼	管制濃度[3]	分級運作量[4]	毒性分類[5]	公告日期
183	01	二甲基黃	Butter yellow	$C_{14}H_{15}N_3$	60-11-7	1	－	4	106.09.26
184	01	甲醛次硫酸氫鈉（吊白塊）	Sodium hydroxymethanesulfinate	CH_7NaO_5S	6035-47-8149-44-0	1	－	4	106.09.26
185	01	三聚氰胺	Melamine	$C_3H_6N_6$	108-78-1	1	－	4	106.09.26
186	01	α-苯並吡喃酮（香豆素）	Coumarin	$C_9H_6O_2$	91-64-5	1	－	4	106.09.26
187	01	蘇丹1號	Sudan 1	$C_{16}H_{12}N_2O$	842-07-9	1	－	4	107.06.28
187	02	蘇丹2號	Sudan 2	$C_{18}H_{16}N_2O$	3118-97-6	1	－	4	107.06.28
187	03	蘇丹3號	Sudan 3	$C_{22}H_{16}N_4O$	85-86-9	1	－	4	107.06.28
187	04	蘇丹4號	Sudan 4	$C_{24}H_{20}N_4O$	85-83-6	1	－	4	107.06.28
187	05	蘇丹紅G	Sudan Red G	$C_{17}H_{14}N_2O_2$	1229-55-6	1	－	4	107.06.28
187	06	蘇丹橙G	Sudan Orange G	$C_{12}H_{10}N_2O_2$	2051-85-6	1	－	4	107.06.28
187	07	蘇丹黑B	Sudan Black B	$C_{29}H_{24}N_6$	4197-25-5	1	－	4	107.06.28
187	08	蘇丹紅7B	Sudan Red 7B	$C_{24}H_{21}N_5$	6368-72-5	1	－	4	107.06.28
188	01	二乙基黃	Diethyl yellow/Solvent yellow 56	$C_{16}H_{19}N_3$	2481-94-9	1	－	4	107.06.28
189	01	王金黃（塊黃）	Basic orange 2	$C_{12}H_{13}ClN_4$	532-82-1	1	－	4	107.06.28
190	01	鹽基性芥黃	Auramine	$C_{17}H_{22}ClN_3$	2465-27-2	1	－	4	107.06.28
191	01	紅色2號	Red No.2	$C_{20}H11N_2Na_3O_{10}S_3$	915-67-3	1	－	4	107.06.28
192	01	氮紅	Azorubine	$C_{20}H_{12}N_2Na_2O_7S_2$	3567-69-9	1	－	4	107.06.28
193	01	橘色2號	Orange2	$C_{16}H11N_2NaO_4S$	633-96-5	1	－	4	107.06.28
194	01	短鏈氯化石蠟	Short-chain chlorinated paraffins (SCCPs)	$CxH_{(2x-y+2)}Cly$，$x={}_{10}$-1$_3$y=1-1$_3$	85535-84-8	1	100	1	108.03.05
195	01	大克蟎	Dicofol	$C_{14}H_9Cl_5O$	115-32-21060 6-46-9	1	50	1,3	109.09.08

註：1.本表中毒理特性類似者，歸類為同一列管編號；一列管編號下之不同序號物質，計為不同種之毒性化學物質。

2.本表以中文名稱為準，英文名稱、分子式及化學文摘社登記號碼僅供參考。

3.管制濃度：

例1：「苯」表示含苯70%以上（含70%）w/w者。

例2：「氰化鈉」表示含氰離子達1%以上（含1%）w/w者。

例3：「多氯聯苯」表示含多氯聯苯0.1%（1,000ppm）以上（含0.1%）w/w者。

4.分級運作量：鍍槽之鍍液、金屬表面處理槽之表面處理液及乾洗機器內循環使用中之四氯乙烯，不計入分級運作量。

例1：含六價鉻達1%以上（含1%）w/w三氧化鉻運作總量（不含鍍槽之鍍液）低於500公斤（不含500公斤）者，運作量低於分級運作量。

例2：含氰離子達1%以上（含1%）w/w氰化鈉運作總量（不含鍍槽之鍍液）低於500公斤（不含500公斤）者，運作量低於分級運作量。

5.毒性分類：「1」表第一類毒性化學物質，「2」表第二類毒性化學物質，「3」表第三類毒性化學物質，「4」表第四類毒性化學物質。

6.僅限試驗、研究、教育用。

7.石綿管制濃度為纖維狀、細絲狀或絨毛狀石綿含量達1%以上（含1%）W/W者。

8.在攝氏25度以下恆溫製程處理中之二異氰酸甲苯（其管制濃度計算以2,4-二異氰酸甲苯為主），其5公噸以下數量均計為使用量。

附錄十　化學丙級技術士學科歷屆考題

108 年度　03000 化學丙級技術士技能檢定學科測試試題

本試卷有選擇題 80 題，每題 1.25 分，皆為單選選擇題，測試時間為 100 分鐘，請在答案卡上作答，答錯不倒扣；未作答者，不予計分。

准考證號碼：　　　　　　　姓名：

單選題：

1. （3） 二級醇氧化後會形成　①三級醇　②酸　③酮　④醛。

2. （1） 下列哪一對元素最容易形成離子化合物？　①O 和 Zn　②Cu 和 K　③P 和 Br　④C 和 O。

3. （1） 一般常以下列何種金屬加入鹽酸中，用以製造氫氣？　①鋅　②鉑　③銀　④銅。

4. （1） 皂化反應是由脂肪和何種溶液產生？　①氫氧化鈉　②碳酸鈣　③氯化鈉　④草酸鈣。

5. （1） 家庭用水表屬於　①正位移流量計　②液差流量計　③差壓流量計　④流速流量計。

6. （3） 為保持中央空調主機效率，每　①2　②1　③半　④1.5　年應請維護廠商或保養人員檢視中央空調主機。

7. （4） 下列何項組合不能形成緩衝溶液　①NH_3 及 $(NH_4)_2SO_4$　②HF 及 NaF　③CH_3COOH 及 CH_3COONa　④HNO_3 及 $NaNO_3$。

8. （4） 汽車的霧燈發出黃光，是在其內填充何種物質？　①Ne　②Ar　③Hg　④Na。

9. （3） 金屬腐蝕，對金屬而言是何作用　①還原　②催化　③氧化　④氮化。

10. （4） 鋁和下列哪個元素屬於同一週期：　①氬　②鈉　③鐵　④磷。

11. （1） 以 KCNS 分析水中銀含量，若以鐵明礬為指示劑，當終點時，溶液顏色呈　①血紅色　②白色　③黃色　④藍色。

12. （4） 普通玻璃容器不能盛裝　①硫酸　②硝酸　③氫氯酸　④氫氟酸。

13.（2） 銀鏡反應可區分以下何種化合物　①芳香族與非芳香族　②醛類與酮類　③醇類與酮類　④烯類與烷類。

14.（3） 硝酸銀與溴化鈉反應會產生何者顏色沉澱　①白色　②褐色　③淡黃色　④紫紅色。

15.（2） 各皆為 1N 的硫酸、鹽酸、磷酸、碳酸的水溶液，H^+濃度之大小為　①磷酸最大　②鹽酸最大　③硫酸最大　④碳酸最大。

16.（1） 因故意或過失而不法侵害他人之營業秘密者，負損害賠償責任。該損害賠償之請求權，自請求權人知有行為及賠償義務人時起，幾年間不行使就會消滅？　①2 年　②7 年　③5 年　④10 年。

17.（2） 欲配製 2L 0.5M NaOH 溶液，需用 NaOH 若干克(Na=23.0)　①80　②40　③10　④20。

18.（4） 下列何項物質質量最大　①1 克氫　②1 克原子的氧　③1 克氧　④1 克分子的氧。

19.（1） 從事專業性工作，在服務顧客時應有的態度是　①選擇最安全、經濟及有效的方法完成工作　②選擇工時較長、獲利較多的方法服務客戶　③為了降低成本，可以降低安全標準　④不必顧及雇主和顧客的立場。

20.（2） 下列何者不會減少溫室氣體的排放？　①減少使用煤、石油等化石燃料　②增高燃煤氣體排放的煙囪　③大量植樹造林，禁止亂砍亂伐　④開發太陽能、水能等新能源。

21.（3） 構成有機物的最重要元素是　①S　②N　③C　④H。

22.（4） 乾冰加丙酮做為冷凍劑時最低溫度約可達　①0℃　②-120℃　③-20℃　④-80℃。

23.（3） 電源插座堆積灰塵可能引起電氣意外火災，維護保養時的正確做法是　①直接用吹風機吹開灰塵就可以了　②可以先用刷子刷去積塵　③應先關閉電源總開關箱內控制該插座的分路開關　④可以用金屬接點清潔劑噴在插座中去除銹蝕。

24.（2） 下列何者在水中溶解度隨溫度升高而顯著增加　①AgCl　②$PbCl_2$　③$HgCl_2$　④Hg_2Cl_2。

25.（2） 以碘溶液測定維他命 C，其滴定終點顏色變化為何？ ①無色變粉紅色 ②無色變藍色 ③藍色變無色 ④橙色變黃色。

26.（3） 將 200mL 0.5M 的 HNO₃ 與 300mL 0.5M 的 NaOH 混合後，則混合液的 pH 值約為 ①9 ②7 ③13 ④11。

27.（4） 鉻酸鉀的水溶液呈 ①紫色 ②橘紅色 ③綠色 ④黃色。

28.（3） 以下何試劑不適合配製標準酸溶液 ①氫氯酸 ②過氯酸 ③磷酸 ④硫酸。

29.（1） 職業上危害因子所引起的勞工疾病，稱為何種疾病？ ①職業疾病 ②法定傳染病 ③遺傳性疾病 ④流行性疾病。

30.（4） 對於脊柱或頸部受傷患者，下列何者非為適當處理原則？ ①不輕易移動傷患 ②速請醫師 ③向急救中心聯絡 ④如無合用的器材，需 2 人作徒手搬運。

31.（1） 氣體分析欲測定 CO₂ 之含量可用下列何種溶液為吸收劑？ ①氫氧化鉀 ②氫氧化鋁 ③氯化鈉 ④碳酸鈣。

32.（1） 有一端封口之長管，充滿 42℃水後，倒伸入 42℃，1 大氣壓之水槽中倒立，如該溫度水之蒸氣壓為 61.5mmHg，則管內水面與槽內水面之液柱高度差之最高極限約為多少毫米 ①9500 ②8700 ③698.5 ④821.5。

33.（3） 完全去除水中鈣鎂離子之方法是 ①過濾法 ②沉澱法 ③離子交換法 ④混凝法。

34.（1） 甲醇俗稱 ①木精 ②穀精 ③甲精 ④酒精。

35.（2） 含碳量最高的煤是 ①煙煤 ②無煙煤 ③泥煤 ④褐煤。

36.（3） 下列水溶液之導電性最佳的是 ①糖 ②丙酮 ③食鹽 ④酒精。

37.（4） 碳氫化合物於空氣中完全燃燒後變成 ①水與一氧化碳 ②甲烷與水煤氣 ③水與氫 ④水與二氧化碳。

38.（2） 以 HCl 滴定 NaOH 液時，應採用的指示劑是 ①甲基藍 ②甲基橙 ③澱粉液 ④甲基紫。

39.（2） 下列何者是酸雨對環境的影響？ ①增加水生動物種類 ②湖泊水質酸化 ③增加森林生長速度 ④土壤肥沃。

40.（1） 酸雨對土壤可能造成的影響，下列何者正確？ ①土壤中的重金屬釋出 ②土壤液化 ③土壤更肥沃 ④土壤礦化。

41.（2） 遇到濃硫酸最容易碳化的是： ①羊毛 ②蔗糖 ③石蠟 ④聚乙烯。

42.（2） 下列硫化物中，何者為白色 ①NiS ②ZnS ③CoS ④CdS。

43.（4） 對 40mL 的鹽酸液加入過剩的硝酸銀液得沉澱 0.6327 克，此鹽酸液的濃度為多少 M（銀＝107.9；氯＝35.5） ①0.2206 ②0.1661 ③0.0552 ④0.1103。

44.（2） 長時間電腦終端機作業較不易產生下列何狀況？ ①眼睛乾澀 ②體溫、心跳和血壓之變化幅度比較大 ③頸肩部僵硬不適 ④腕道症候群。

45.（1） 下列何者可增大沉澱物的粒徑 ①緩慢加入沉澱劑 ②突然降低溫度 ③快速加入沉澱劑 ④提高溶液的飽和度。

46.（2） 將 0.1N H_2SO_4 溶液 30mL 和 0.1N NaOH 溶液 40mL 混合，該混合液中，離子濃度最低的是 ①SO_4^{2-} ②H_3O^+ ③OH^- ④Na^+。

47.（1） 分離由醱酵所得之酒精需用 ①蒸餾法 ②乾餾法 ③過濾法 ④萃取法。

48.（2） 天平箱內常放置之乾燥劑為 ①濃硫酸 ②矽膠 ③芒硝 ④智利硝石。

49.（4） EDTA 與金屬離子形成螯合物時，以下列何種莫耳比例結合？ ①3:1 ②4:1 ③2:1 ④1:1。

50.（1） 下列鹵化氫的分子極性何者最大 ①HF ②HI ③HBr ④HCl。

51.（2） 氧化劑本身的反應是 ①氧化 ②還原 ③同時氧化與還原 ④中和。

52.（2） 良好的還原劑應具 ①具有負的氧化數 ②極易被氧化 ③極易被還原 ④具有強氧化力。

53.（4） 下列何者不會使過錳酸鉀溶液褪色？ ①異丙醇 ②甲酸 ③乙醇 ④丙酮。

54.（2） 下列哪一個化合物之水溶液呈中性 ①CH_3COONa ②KCl ③NH_4Cl ④NH_4OH。

55.（3）若勞工工作性質需與陌生人接觸、工作中需處理不可預期的突發事件或工作場所治安狀況較差，較容易遭遇下列何種危害？　①潛涵症　②組織內部不法侵害　③組織外部不法侵害　④多發性神經病變。

56.（4）固體 NaOH 純度為 93％，欲配製 100 毫升 25％NaOH 溶液(比重為 1.27)，則需多少克 NaOH？　①30.1　②20.1　③44.1　④34.1。

57.（4）當大氣壓力為 780mmHg 時，某壓力計測得某鋼筒壓力為 4.41psig，若溫度不變，試問大氣壓力為 750mmHg 時，壓力計之讀數為多少 psig　①3.89　②4.41　③4.09　④4.99。

58.（4）有關球磨機之操作，下列敘述何者正確　①旋轉速度越高，研磨效果越佳　②所加之物料須加滿　③空間須充滿磨球　④磨球與物料都不能加滿，必須留下空間。

59.（4）霓虹燈內裝的氣體是　①氮　②氦　③氯　④氖。

60.（3）客觀上有行求、期約或交付賄賂之行為，主觀上有賄賂使公務員為不違背職務行為之意思，即所謂？　①圖利罪　②背信罪　③不違背職務行賄罪　④違背職務行賄罪。

61.（1）標定鹽酸溶液之基準試劑常用　①無水碳酸鈉　②鄰苯二甲酸氫鉀　③氫氧化鈉　④草酸鈉。

62.（4）抽氣過濾裝置除了過濾瓶、水流抽氣器、橡皮塞外，還需　①本生燈　②錐形瓶　③分液漏斗　④布氏漏斗。

63.（1）下列何者波長最短　①紫光　②綠光　③紅光　④藍光。

64.（1）下列鹵素的化合物，何者常用做漂白劑　①氯　②溴　③氟　④碘。

65.（1）下列工業製造反應中，何者屬於氧化還原反應？　①甲醇製造甲醛　②乙醇製造乙醚　③醋酸製造醋酸乙酯　④醋酸製造醋酸鈉。

66.（1）關於醋酸與氫氧化鈉之滴定，在當量點時，下列敘述何者有錯　①溶液pH 值為 7　②醋酸與氫氧化鈉當量數相等　③溶液呈鹼性　④醋酸與氫氧化鈉之莫耳數相等。

67.（4）下列何種性質屬於化學性質？　①沸點　②比重　③溶解度　④酸鹼度。

68.（1）公司負責人為了要節省開銷，將員工薪資以高報低來投保全民健保及勞保，是觸犯了刑法上之何種罪刑？ ①詐欺罪 ②背信罪 ③侵占罪 ④工商秘密罪。

69.（4）1bar 是代表 ①1kg/cm^2 ②1Pa ③0.1kg/cm^2 ④0.1MPa。

70.（1）集合式住宅的地下停車場需要維持通風良好的空氣品質，又要兼顧節能效益，下列的排風扇控制方式何者是不恰當的？ ①兩天一次運轉通風扇就好了 ②淘汰老舊排風扇，改裝取得節能標章、適當容量高效率風扇 ③結合一氧化碳偵測器，自動啟動/停止控制 ④設定每天早晚二次定期啟動排風扇。

71.（2）逛夜市時常有攤位在販賣滅蟑藥，下列何者正確？ ①只要批貨，人人皆可販賣滅蟑藥，不須領得許可執照 ②滅蟑藥是環境衛生用藥，中央主管機關是環境保護署 ③滅蟑藥之包裝上不用標示有效期限 ④滅蟑藥是藥，中央主管機關為衛生福利部。

72.（2）下列何種溶液呈黃色 ①$Na_2C_2O_4$ ②K_2CrO_4 ③Na_2CO_3 ④$KMnO_4$。

73.（2）橡皮接頭滴定管通常用於盛裝 ①碘溶液 ②鹼性溶液 ③酸性溶液 ④過錳酸鉀溶液。

74.（1）取 0.04 克的 NaOH 配成一升，則此溶液的 pH 值約為多少？ ①11 ②10 ③8 ④9。

75.（1）玻璃的主要成分為 ①SiO_2 ②Na_2O ③CaO ④PbO。

76.（2）下列何者「不是」室內空氣污染源？ ①建材 ②廢紙回收箱 ③油漆及塗料 ④辦公室事務機。

77.（3）氯化氫之水溶液稱為 ①硫酸 ②硝酸 ③鹽酸 ④鹼液。

78.（2）歐姆定律所述之電壓(V)，電阻(R)和電流(I)之關係為 ①R=VI ②R=V/I ③I=R+V ④I=VR。

79.（1）下列何者非質譜儀之質量分析器(analyzer)？ ①中空陰極燈管(HCL) ②離子阱(ion-trap) ③磁場式(magnetic sector) ④四級棒(quadrupole)。

80.（4）金屬圓扁管一端封閉，另端加壓則可伸直而轉動指針，顯示刻度乃是下列何種附件製成 ①橡皮管 ②連通管 ③皮托管 ④巴登管。

109 年度　03000 化學丙級技術士技能檢定學科測試試題

本試卷有選擇題 80 題，每題 1.25 分，皆為單選選擇題，測試時間為 100 分鐘，請在答案卡上作答；答錯不倒扣；未作答者，不予計分。

准考證號碼：　　　　　　　　姓名：

單選題：

1. （2）根據環保署資料顯示，世紀之毒「戴奧辛」主要透過何者方式進入人體？
①透過呼吸　②透過飲食　③透過雨水　④透過觸摸。

2. （4）下列何者不是潔淨能源？　①地熱　②風能　③太陽能　④頁岩氣。

3. （2）關於醋酸與氫氧化鈉之滴定，在當量點時，下列敘述何者有錯　①醋酸與氫氧化鈉當量數相等　②溶液 pH 值為 7　③溶液呈鹼性　④醋酸與氫氧化鈉之莫耳數相等。

4. （1）主管機關審查環境影響說明書或評估書，如認為已足以判斷未對環境有重大影響之虞，作成之審查結論可能為下列何者？　①通過環境影響評估審查　②認定不應開發　③應繼續進行第二階段環境影響評估　④補充修正資料再審。

5. （2）針對在我國境內竊取營業秘密後，意圖在外國、中國大陸或港澳地區使用者，營業秘密法是否可以適用？　①無法適用　②可以適用並加重其刑　③可以適用，但若屬未遂犯則不罰　④能否適用需視該國家或地區與我國是否簽訂相互保護營業秘密之條約或協定。

6. （2）皂化反應是由脂肪和何種溶液產生？　①草酸鈣　②氫氧化鈉　③碳酸鈣　④氯化鈉。

7. （1）合金黃銅是下列哪一項之固溶體？　①Cu 和 Zn　②Cu 和 Mn　③Cu 和 Sn　④Cu 和 Au。

8. （4）標準狀況下，1 克之甲烷完全燃燒約需多少升之空氣　①8　②20　③2　④14。

9. （1）消除靜電的有效方法為下列何者？　①接地　②隔離　③絕緣　④摩擦。

10. （2）普通火焰易於加工之玻璃，其材質應含　①鉛　②鈉　③石英　④硼。

11.（4） 為了避免漏電而危害生命安全，下列何者不是正確的做法？ ①加強定期的漏電檢查及維護 ②做好用電設備金屬外殼的接地 ③有濕氣的用電場合，線路加裝漏電斷路器 ④使用保險絲來防止漏電的危險性。

12.（3） 一化合物按照一級反應速率分解，其半生期為 5 小時，若此化合物反應至剩餘為原來的 1/16，則需要多少小時 ①10 ②25 ③20 ④15。

13.（1） 濃鹽酸比重為 1.18 則約含 HCl 多少％ ①35～37 ②95～97 ③55～57 ④25～27。

14.（4） 陳先生到機車行換機油時，發現機車行老闆將廢機油直接倒入路旁的排水溝，請問這樣的行為是違反了 ①飲用水管理條例 ②職業安全衛生法 ③道路交通管理處罰條例 ④廢棄物清理法。

15.（1） 甲基橙為指示劑時，常用於 ①強酸滴定弱鹼 ②強鹼滴定弱酸 ③氧化還原滴定 ④弱酸滴定弱鹼。

16.（3） 我國移動污染源空氣污染防制費的徵收機制為何？ ①依牌照徵收 ②依車輛里程數計費 ③隨油品銷售徵收 ④依照排氣量徵收。

17.（2） 濃度均為 1M 之弱酸溶液與強酸溶液的主要差別為 ①弱酸不導電 ②強酸中氫離子濃度較高 ③弱酸不能使石蕊試紙變紅 ④強酸為較佳氧化劑。

18.（1） 在週期表中，下列哪一元素的位置最靠近中央 ①碳 ②氧 ③氟 ④鋰。

19.（4） 王水中濃硝酸與濃鹽酸之體積比為 ①1：5 ②1：1 ③3：1 ④1：3。

20.（4） 純碳酸鈣中，鈣的重量百分比為多少％？(Ca=40) ①80 ②20 ③60 ④40。

21.（2） 按菸害防制法規定，下列敘述何者錯誤？ ①餐廳、旅館設置室內吸菸室，需經專業技師簽證核可 ②只有老闆、店員才可以出面勸阻在禁菸場所抽菸的人 ③任何人都可以出面勸阻在禁菸場所抽菸的人 ④加油站屬易燃易爆場所，任何人都要勸阻在禁菸場所抽菸的人。

22.（3） 公務機關首長要求人事單位聘僱自己的弟弟擔任工友，違反何種法令？ ①未違反法令 ②貪污治罪條例 ③公職人員利益衝突迴避法 ④刑法。

23.（1）某硫酸銅結晶加熱後失去結晶水，得無水硫酸銅，其重量約為原重之 3/4，則該結晶所含之結晶水之數目為(Cu=63.5，S=32)　①3　②4　③1　④2。

24.（1）甲乙兩人射箭時，甲箭箭集中，但分數為零，乙每次都可射中紅心，分數很高。有關準確(accuracy)與精密(precision)的區別，下列何者正確　①乙精而準　②乙準而不精　③甲不準又不精　④甲準而不精。

25.（1）使用坩堝前應先清洗、灼熱後置下列何者之中　①乾燥器　②實驗桌　③暗室　④冰箱。

26.（1）發高燒時，常在身體上抹酒精，是利用什麼原理？　①酒精氣化吸熱　②酒精氣化放熱　③酒精凝結吸熱　④酒精凝結放熱。

27.（2）重量莫耳濃度之定義係指：　①每升溶液中溶質的克數　②1,000 克溶劑中溶質的莫耳數　③1,000 克溶液中溶質的莫耳數　④每升溶液中溶質的莫耳數。

28.（1）某未知濃度之 NaOH 溶液 100 毫升，需用 1M 之溶液 45 毫升方能中和，則 NaOH 之濃度為多少 M　①0.9　②0.45　③1.8　④1.35。

29.（2）防止噪音危害之治本對策為　①實施特殊健康檢查　②消除發生源　③實施職業安全衛生教育訓練　④使用耳塞、耳罩。

30.（1）用有機溶劑萃取水溶液中之物質，何種溶劑為下層液　①二氯甲烷　②甲苯　③乙醚　④己烷。

31.（4）要分析碳酸鹽，通常以何種酸溶解樣品　①HNO_3　②H_3PO_4　③H_2SO_4　④HCl。

32.（3）在 A+BC+D+E 反應中，為增加 C 的產量，可以　①添加 E　②添加 D　③移除 D　④減少 A。

33.（1）下列何項天平操作是錯誤的？　①稱盤弄髒，要用手或紙去擦拭　②須止動稱盤，方可加砝碼或稱物　③要調水平　④要檢視天平零點。

34.（1）要分析食品中之重金屬時，通常加入何種酸破壞有機成分　①HNO_3　②H_3PO_4　③H_2SO_4　④HCl。

35.（3）720 克的水欲加入蔗糖使成為 31.0%的溶液，則應加入蔗糖多少克？　①135　②370　③325　④223。

36.（3） 水與下列何者作用後立刻產生氫氣 ①鎂 ②磷 ③鈉 ④鋅。

37.（3） 100mL 之中，硫酸之含量為多少莫耳？ ①0.0125 ②0.125 ③0.025 ④0.25。

38.（3） 下列何者的水溶液常用於檢驗 CO_2 氣體 ①$Al(OH)_3$ ②Na_2CO_3 ③$Ca(OH)_2$ ④$NaOH$。

39.（4） 下列何者不屬於界面活性劑？ ①洗衣粉 ②乳化劑 ③肥皂 ④漂白劑。

40.（3） 貝克曼溫度計可測定之溫差約為多少℃ ①10 ②15 ③5 ④1。

41.（4） 下列試藥中能與正己烷反應者為何？ ①氫 ②濃 KOH ③濃 H_2SO_4 ④氯。

42.（1） 0.01M HCl 水溶液之 pH 值約為 ①2 ②0.1 ③1 ④10。

43.（4） 氯的四氯化碳溶液加入碘化物搖動，則產生 ①棕色 ②橙色 ③黃色 ④紫色。

44.（1） 當熱分解時，其產物為 ①O_2 ②O_3 ③OH^- ④H^3O^-。

45.（3） 欲配製 5 升 0.1M NaOH 溶液，需若干克 NaOH？ ①40 ②5 ③20 ④10。

46.（3） 實驗室中用鹽酸與二氧化錳混合加熱，以製備氯氣時，二氧化錳為 ①還原劑 ②催化劑 ③氧化劑 ④脫水劑。

47.（2） 玻璃加工時，玻璃管之拉伸應在 ①火焰中 ②火焰外 ③還原焰中 ④氧化焰中。

48.（4） 歐姆定律所述之電壓(V)，電阻(R)和電流(I)之關係為 ①I=VR ②R=VI ③I=R+V ④R=V/I。

49.（2） 下列何種乾燥劑當吸收水分時由藍色變為淡粉紅色 ①氯化鈣 ②含鈷矽膠 ③金屬鈉 ④五氧化二磷。

50.（3） 以下何者量測溫度不屬於熱膨脹原理 ①雙金屬溫度計 ②水銀溫度計 ③熱電偶 ④彈簧式溫度計。

51.（4） 當大氣壓力為 780mmHg 時，某壓力計測得某鋼筒壓力為 4.41psig，若溫度不變，試問大氣壓力為 750mmHg 時，壓力計之讀數為多少 psig ①3.89 ②4.41 ③4.09 ④4.99。

52.（3）鋁和下列哪個元素屬於同一週期：　①鈉　②鐵　③磷　④氬。

53.（3）勞工為節省時間，在未斷電情況下清理機臺，易發生哪種危害？　①崩塌　②墜落　③捲夾感電　④缺氧。

54.（2）請問下列何者非為個人資料保護法第 3 條所規範之當事人權利？　①查詢或請求閱覽　②請求刪除他人之資料　③請求補充或更正　④請求停止蒐集、處理或利用。

55.（1）以下何種離子可以用錯離子形成原理滴定？　①鎂　②鉀　③鋰　④鈉。

56.（1）沉澱物的粒子大小與以下何者無關？　①壓力　②溫度　③物質本性　④攪拌。

57.（1）水中硬度分析採用之 EDTA 是　①二鈉鹽　②四鈉鹽　③三鈉鹽　④一鈉鹽。

58.（2）以硝酸銀滴定水中氯離子，若以鉻酸鉀為指示劑，則終點時之沉澱物為　①紫色　②紅棕色　③白色　④黃色。

59.（2）有關再生能源的使用限制，下列何者敘述有誤？　①設置成本較高　②不易受天氣影響　③風力、太陽能屬間歇性能源，供應不穩定　④需較大的土地面積。

60.（2）水溶液之酸度常以 pH 值表示，意指　①$pH=[H^+]$　②$pH=-\log[H^+]$　③$pH=1/[H^+]$　④$pH=\log[H^+]$。

61.（2）下列何者由相同的原子組成　①混合物　②元素　③化合物　④聚合物。

62.（4）重量 1.3070 克有幾位有效數字　①3　②4　③6　④5。

63.（3）某一氣體混合物，包括 2 莫耳甲烷，1 莫耳乙烷，3 莫耳丙烷，以新鮮的空氣混合完全燃燒，可生成幾莫耳二氧化碳？　①9　②6　③13　④12。

64.（3）對於職業災害之受領補償規定，下列敘述何者正確？　①勞工若離職將喪失受領補償　②勞工得將受領補償權讓與、抵銷、扣押或擔保　③受領補償權，自得受領之日起，因 2 年間不行使而消滅　④須視雇主確有過失責任，勞工方具有受領補償權。

65.（4）物質發生化學變化時原子重新排列生成新的物質，但各原子的重量　①有的增加，有的減少　②增加　③減少　④不變。

66.（4） 下列何者不是聚合物 ①蛋白質 ②澱粉 ③橡膠 ④蔗糖。

67.（2） 蛋白質的構成單元是 ①脂肪酸 ②胺基酸 ③葡萄糖 ④核苷酸。

68.（4） 一般桶裝瓦斯(液化石油氣)主要成分為 ①辛烷 ②甲烷 ③乙炔 ④丙烷 及丁烷。

69.（1） 以下何者酸性最弱 ①$HClO$ ②$HClO_3$ ③$HClO_3$ ④$HClO_2$。

70.（3） 下列哪一種蛻變使質量數改變 ①捕獲 IS 電子 ②放出正子 ③α 放射 ④β 放射。

71.（2） 試算出 4.8×10^{-2}M KOH 水溶液，其氫離子濃度為多少 M？ ①$4.8 \times 10^{-11}$ ②$2.1 \times 10^{-13}$ ③$4.8 \times 10^{-2}$ ④$1.0 \times 10^{-7}$。

72.（4） 電功(W)、電壓(V)、電阻(R)及電流(I)的關係何者正確 ①IVR=W ②WI=VR ③IR=W ④$I^2R=W$。

73.（4） 下列何者為保特瓶之特性？ ①為熱固性聚合物 ②屬網狀聚合物 ③遇熱溶化，冷了也不會再變硬 ④為熱塑性聚合物。

74.（2） 實驗時皮膚不小心碰到 $AgNO_3$ 溶液會變成 ①紅色 ②黑色 ③白色 ④黃色。

75.（1） 將 50 克 30%硫酸加入 100 克 90%硫酸中，則混合酸之重量百分率濃度為多少 ①70 ②80 ③60 ④50。

76.（1） 氟化氫內的鍵結是 ①極性共價鍵 ②配位鍵 ③離子鍵 ④金屬鍵。

77.（2） 以下何者不是標準溶液應具備之性質？ ①濃度穩定 ②須有明顯顏色 ③反應須完全 ④反應須迅速。

78.（4） 表壓 $5.2 kgf/cm^2$，則絕對壓力為多少 kgf/cm^2？ ①5.2 ②7.2 ③4.2 ④6.2。

79.（1） 油脂碘價測定以 0.1N 硫代硫酸鈉溶液滴定，其滴定終點為何種顏色 ①藍色變無色 ②無色變粉紅色 ③無色變藍色 ④橙色變黃色。

80.（4） 下列何種水溶液對石蕊試紙呈酸性 ①Na_2S ②K_2SO_4 ③NH_3 ④NH_4Cl。

附錄十一 化學乙級技術士學科歷屆考題

108 年度 03000 化學乙級技術士技能檢定學科測試試題

本試卷有選擇題 80 題【單選選擇題 60 題，每題 1 分；複選選擇題 20 題，每題 2 分】，測試時間為 100 分鐘，請在答案卡上作答，答錯不倒扣；未作答者，不予計分。

准考證號碼：　　　　　　　姓名：

單選題：

1. （2） 切斷小玻璃管常以　①銼刀來回鋸斷　②銼刀單向銼一個裂縫後，用手折斷　③鑽石刀割斷　④火焰加熱，趁熱用手折斷。

2. （4） 森林面積的減少甚至消失可能導致哪些影響：A.水資源減少 B.減緩全球暖化 C.加劇全球暖化 D.降低生物多樣性？　①ABD　②ABCD　③BCD　④ACD。

3. （1） 下列何者不是造成臺灣水資源減少的主要因素？　①雨水酸化　②超抽地下水　③濫用水資源　④水庫淤積。

4. （3） 白金坩堝在本生燈上加熱應放於　①焰心　②還原焰　③氧化焰　④還原焰與焰心之間。

5. （3） 當鉛蓄電池充電時，下列敘述何者正確　①$PbO_{2(s)}$溶解　②$PbSO_{4(s)}$在陽極生成　③硫酸生成　④$PbSO_{4(s)}$在陰極生成。

6. （4） 公司訂定誠信經營守則時，不包括下列何者？　①禁止不誠信行為　②禁止提供不法政治獻金　③禁止行賄及收賄　④禁止適當慈善捐助或贊助。

7. （4） 加入下列何元素可使矽形成 p 型半導體？　①P　②C　③As　④B。

8. （3） 依據我國現行國家標準規定，冷氣機的冷氣能力標示應以何種單位表示？　①kcal/h　②BTU/h　③kW　④RT。

9. （1） 某放射性元素，其半生期為 3 年，15 年後殘留之放射性為原有之　①1/32　②1/16　③1/64　④1/5。

10. （3） 下列何種物種可形成同分子間氫鍵？　①$Ca_3(PO_4)_2$　②$Ca(NO_3)_2$　③$(CH_3)_2NH$　④$CaCO_3$。

11.（1）可以直接法配製滴定用標準溶液的物質是　①$K_2Cr_2O_7$　②$Na_2S_2O_3$　③H_2SO_4　④KOH。

12.（4）將光或化學訊號變成電訊號的裝置為下列何者？　①放大器　②整流器　③記錄器　④偵檢器。

13.（3）下列何者的電子組態為 $1s^2 2s^2 2p^6 3s^2$　①Ne　②Al　③Mg　④Na。

14.（4）實驗室內常用之標準篩，100 網目表示篩網　①每平方厘米面積有 100 個孔　②每平方吋面積有 100 個孔　③每厘米長有 100 個孔　④每吋長有 100 個孔。

15.（3）下列何者行為非屬個人資料保護法所稱之國際傳輸？　①將個人資料傳送給美國的分公司　②將個人資料傳送給法國的人事部門　③將個人資料傳送給經濟部　④將個人資料傳送給日本的委託公司。

16.（3）勞工工作時右手嚴重受傷，住院醫療期間公司應按下列何者給予職業災害補償？　①基本工資　②前 6 個月平均工資　③原領工資　④前 1 年平均工資。

17.（4）一般折射率以哪一種光源的波長測量　①氖燈　②汞燈　③氫燈　④鈉燈。

18.（3）下列何者加入 Br_2/CCl_4 溶液會褪色　①苯　②環己烷　③環己烯　④甲苯。

19.（4）下列何者不是全球暖化帶來的影響？　①熱浪　②洪水　③旱災　④地震。

20.（3）於相同溫度，下列何離子於水溶液之莫耳電導率最小　①K^+　②H^+　③Li^+　④Na^+。

21.（2）同位素之定義為　①原子的原子序及質量數都相同者　②原子的原子序相同而質量數不同者　③原子的原子序不同而質量數相同者　④原子核中的中子數相同者。

22.（1）利用轉筒流量計如天然瓦斯表，測量氣體之流量不需要考慮下列何種因素之變化？　①氣體比重　②外界壓力　③氣體壓力　④溫度。

23.（4）已知 25℃時 H_2S 的 $K_1 = 1.0 \times 10^{-7}$，$K_2 = 1.2 \times 10^{-15}$ 則在 0.1M 的 H_2S 水溶液中 $[S^{2-}]$ 為　①$3.2 \times 10^{-34}$M　②$1.2 \times 10^{-8}$M　③$1.2 \times 10^{-22}$M　④$1.2 \times 10^{-15}$M。

24.（3）石綿最可能引起下列何種疾病？ ①心臟病 ②白指症 ③間皮細胞瘤 ④巴金森氏症。

25.（3）下列有關化學反應之速率常數(k)與絕對溫度(T)之關係式中何者正確？ （其中 a 與 b 為正值之常數） ①$\log k = a + \dfrac{b}{T}$ ②$\log k = a + bT$ ③$\log k = a - \dfrac{b}{T}$ ④$\log k = a - bT$。

26.（1）下列何者是由極性共價鍵所形成？ ①H_2S ②NaF ③S_2 ④Na_2S。

27.（1）NOx 中毒性最強之紅棕色氣體為 ①NO_2 ②N_2O_4 ③NO ④N_2O。

28.（2）以 0.1M 的氫氧化鈉標準溶液滴定某未知濃度的醋酸溶液時，應選擇何種指示劑？ ①甲基黃 ②酚酞 ③甲基橙 ④溴甲酚綠。

29.（2）電力公司為降低尖峰負載時段超載停電風險，將尖峰時段電價費率(每度電單價)提高，離峰時段的費率降低，引導用戶轉移部分負載至離峰時段，這種電能管理策略稱為 ①需量競價 ②時間電價 ③可停電力 ④表燈用戶彈性電價。

30.（3）在中和滴定中，一般指示電極是 ①銀電極 ②鉑電極 ③玻璃電極 ④甘汞電極。

31.（1）公司發給每人一台平板電腦提供業務上使用，但是發現根本很少再使用，為了讓它有效的利用，所以將它拿回家給親人使用，這樣的行為是 ①不可以的，因為這是公司的財產，不能私用 ②不可以的，因為使用年限未到，如果年限到報廢了，便可以拿回家 ③可以的，這樣就不用花錢買 ④可以的，因為，反正如果放在那裡不用它，是浪費資源的。

32.（3）通電於串聯之電池以行電解時，雖各電池內之電解質不同，電極上之電解產物卻有相同之 ①莫耳數 ②分子數 ③當量數 ④質量。

33.（2）常用作紫外光/可見光光譜儀樣品槽之材質為 ①玻璃 ②石英 ③水晶 ④溴化鉀。

34.（2）真空表上的指針指在 66cm-Hg 之刻度上時，表示其絕對壓力為多少cm-Hg？ ①142 ②10 ③–66 ④66。

35.（1）鋁和下列哪個元素屬於同一週期 ①磷 ②鉀 ③氫 ④鐵。

36.（1）液體比重之測定值應標明 ①溫度 ②pH ③黏度 ④比熱。

37.（2） 實驗室中測量氧化還原半電位常使用之標準電極為下列何者？　①銅電極　②氫電極　③甘汞電極　④玻璃電極。

38.（2） 將 200 毫升 0.5M HNO_3 與 300 毫升 0.5M NaOH 混合後，其 pH 值為　①10　②13　③5　④1。

39.（3） 下列物質中，哪一種不是聚合物　①核酸　②澱粉　③脂肪酸　④蛋白質。

40.（2） $Au \rightarrow Au^{3+}+3e^-$。$E°=-1.42V$；$2Cl^- \rightarrow Cl2+2e^-$　$E°=-1.36V$ 則全反應 $2Au+3Cl_2 \rightarrow 2Au^{3+}+6Cl^-$ 的電動勢在標準狀態下為多少 V？　①–1.24　②–0.06　③+0.06　④1.24。

41.（1） 鹵化銀中水溶性最大者為：　①AgF　②AgBr　③AgCl　④AgI。

42.（3） 重 50 克，體積為 36.87 毫升之物質，其密度（克／毫升）之正確表示法為：　①1.36　②1.3561　③1.4　④1.356。

43.（2） 防止噪音危害之治本對策為何？　①實施特殊健康檢查　②消除發生源　③使用耳塞、耳罩　④實施職業安全衛生教育訓練。

44.（4） 電解碘化鉀溶液，下列何者敘述錯誤　①陰極溶液呈無色透明　②陰極附近溶液可使酚酞變紅色　③陽極附近溶液呈棕色　④陰極析出氧氣。

45.（4） 依 107.6.13 新修公布之公職人員利益衝突迴避法（以下簡稱本法）規定，公職人員甲與其關係人下列何種行為不違反本法？　①甲要求受其監督之機關聘用兒子乙　②甲承辦案件時，明知有利益衝突之情事，但因自認為人公正，故不自行迴避　③配偶乙以請託關說之方式，請求甲之服務機關通過其名下農地變更使用申請案　④關係人丁經政府採購法公告程序取得甲服務機關之年度採購標案。

46.（2） 漂白粉之漂白作用，與何者之漂白作用相同？　①氯酸　②次氯酸　③亞氯酸　④過氯酸。

47.（3） 電極之標準氧化電位與標準還原電位相等的是：　①白金電極　②銀電極　③氫電極　④甘汞電極。

48.（4） 非金屬氧化物溶於水呈　①中性　②不一定　③鹼性　④酸性。

49.（1） 蓮篷頭出水量過大時，下列何者無法達到省水？　①淋浴時水量開大，無需改變使用方法　②調整熱水器水量到適中位置　③換裝有省水標章的

255

低流量(5~10L/min)蓮蓬頭 ④洗澡時間盡量縮短，塗抹肥皂時要把蓮蓬頭關起來。

50.（1） 在生物鏈越上端的物種其體內累積持久性有機污染物(POPs)濃度將越高，危害性也將越大，這是說明 POPs 具有下列何種特性？ ①生物累積性 ②半揮發性 ③高毒性 ④持久性。

51.（2） 下列何種患者不宜從事高溫作業？ ①近視 ②心臟病 ③重聽 ④遠視。

52.（4） 乙炔分子式中含有幾個 π 鍵？ ①0 ②1 ③3 ④2。

53.（4） 同數碳原子之下列化合物，何者沸點最高 ①醇 ②醛 ③烴 ④羧酸。

54.（3） 以火焰加熱白金坩堝時 ①不可用氧化焰部分 ②用哪一種火焰部分都無所謂 ③不可用還原焰部分 ④火焰大小才成問題。

55.（3） 下列何者非屬差壓式流量計 ①文氏流量計 ②皮托管 ③浮標流量計 ④孔口流量計。

56.（3） 冰箱在廢棄回收時應特別注意哪一項物質，以避免逸散至大氣中造成臭氧層的破壞？ ①甲醛 ②苯 ③冷媒 ④汞。

57.（1） 鹽橋之功能在於 ①消除界面電壓 ②消除電極之過電壓 ③消除濃度極化 ④消除界面溫差。

58.（4） 如下圖示，化合物的 IUPAC 名稱是什麼 ①2,4-乙基丁烷 ②2,5-二甲基戊烷 ③2,4-甲基丁烷 ④2,4-二甲基 1-戊烯。

$$H_3C-\overset{\overset{\displaystyle H}{|}}{C}-\overset{\overset{\displaystyle H}{|}}{C}-\overset{|}{C}=CH_2$$
$$\underset{\displaystyle CH_3}{|}\quad\underset{\displaystyle H}{|}\quad\underset{\displaystyle CH_3}{|}$$

59.（4） 真空表上之指針指在 750mmHg 刻度上時，表示其絕對壓力為多少 mmHg ①740 ②260 ③60 ④10。

60.（2） 下列何種金屬與鐵連接後可防止鐵的生銹 ①銀 ②鋅 ③銅 ④錫。

複選題：

61. （124）下列有關化學鍵的敘述，哪些正確 ①若原子沒有半滿價軌域或空價軌域，很難形成化學鍵 ②化學鍵形成必有能量釋出 ③電子組態 $1s^2 2s^2 2p^6 3s^2$ 者，很難與其他物質化合 ④破壞化學鍵必須吸收能量。

62. （24）下列有關化學鍵的敘述哪些正確 ①氫鍵屬於化學鍵 ②金屬鍵能量小於離子鍵及共價鍵 ③離子鍵與共價鍵均具有方向性而金屬鍵則無 ④原子與原子結合在一起之作用力稱為化學鍵。

63. （14）碘鐘反應的淨離子方程式為 $aIO_3^- + bHSO_3^- \rightarrow cI_2 + dSO_4^{2-} + eH^+ + fH_2O$，下列平衡係數哪些正確 ①e+f=4 ②a+b=6 ③c=2 ④c+d=6。

64. （13）下列有關溫度對反應速率的影響，哪些錯誤 ①溫度升高可使活化能降低，增快反應 ②溫度升高，不論吸熱或放熱反應，反應速率隨之增大 ③溫度可改變反應途徑，因而改變反應速率 ④溫度升高可使具有活化能以上之分子數目增多。

65. （234）從水中萃取有機物後，萃取液必須用乾燥劑脫水。下列哪些是選用乾燥劑的條件 ①不吸附溶質，可吸附溶劑 ②吸水力強 ③不會吸附溶劑及溶質 ④不與溶質及溶劑反應。

66. （234）關於玻璃電極的敘述下列哪些正確 ①長時間若不使用，需浸於蒸餾水中以防損壞 ②具有很高之內電阻需用電子伏特計測量之 ③使用前至少需做兩點校正 ④受氧化劑或還原劑影響易中毒。

67. （123）下列有關催化劑的作用，哪些正確 ①改變反應速率 ②改變活化能 ③改變反應的路徑 ④改變化學平衡之狀態。

68. （23）下列關於 pH 值測量原理與方法，哪些錯誤 ①廣用試紙由瑞香草酚藍、甲基紅、溴瑞香草酚藍、酚酞等指示劑混合製成 ②石蕊試紙是常用可測量溶液 pH 值的試紙 ③pH 計電極長時間不使用，需浸在緩衝溶液中 ④利用 pH 計測定 pH 值，準確又快速，但需要先校正。

69. （34）下列各組中，哪些為共軛酸鹼對 ①H_3O^+ 與 OH^- ②H_2SO_4 與 SO_4^{2-} ③CH_3COOH 與 CH_3COO^- ④NH_4^+ 與 NH_3。

70. （134）下列哪些硫酸鹽為難溶鹽 ①$BaSO_4$ ②Ag_2SO_4 ③$PbSO_4$ ④$CaSO_4$。

71. （12）下列有關金屬離子的焰色，哪些錯誤 ①鈉：藍色 ②鉀：黃色 ③鈣：橙紅色 ④鋇：綠色。

72. （134）下列有關真空幫浦的敘述，哪些正確　①真空表上的指針指在 750mmHg 刻度上時，表示其絕對壓力為 10mmHg　②真空表上的指針指在 750mmHg 刻度上時，表示其表壓力為 10mmHg　③真空幫浦的絕對壓力值介於 0～101.325kPa 之間　④若測量值為-70kPa，則表示此幫浦可以抽到比測量地點的大氣壓低 70kPa 的真空狀態。

73. （34）下列哪些是定性分析的預備試驗　①熔點測定　②陽離子分析　③燄色試驗法　④熔球試驗法。

74. （34）下列關於重量分析沉澱法的敘述，哪些正確　①再結晶可以得到大顆粒晶體　②使用濃度較高的沉澱劑，沉澱顆粒較大　③洗滌沉澱應該少量多次　④進行二次沉澱可以降低共沉澱效應。

75. （34）下列哪些硫化物為黃色　①Ag_2S　②ZnS　③As_2S_3　④CdS。

76. （234）下列哪些氫氧化物可溶於 NaOH 水溶液　①$Fe(OH)_3$　②$Cr(OH)_3$　③$Al(OH)_3$　④$Zn(OH)_2$。

77. （234）下列有關原子吸收光譜分析法的敘述，哪些正確　①飲用水中鈣離子含量無法用原子吸收光譜儀測定　②原子吸收光譜儀，常簡稱為 AA　③原子吸收光譜分析法必須使試樣在氣態原子狀態下進行測定　④原子吸收光譜與紅外線光譜同為吸收光譜。

78. （12）化學反應加入催化劑後，無法改變下列哪些　①平衡狀態　②反應熱　③活化錯合物　④有效碰撞頻率。

79. （24）下列哪些為兩性氫氧化物　①$NaOH$　②$Pb(OH)_2$　③$Mg(OH)_2$　④$Al(OH)_3$。

80. （124）下列有關 pH 計的使用，哪些正確　①電極不使用時，一般須將玻璃球浸於 3MKCl 溶液中　②參考電極內的 KCl 溶液中不可有氣泡　③電極清洗乾淨後，最好浸泡在蒸餾水中　④參考電極的 KCl 液補充孔之橡皮塞必須打開。

109 年度　03000 化學乙級技術士技能檢定學科測試試題

本試卷有選擇題 80 題【單選選擇題 60 題，每題 1 分；複選選擇題 20 題，每題 2 分】，測試時間為 100 分鐘，請在答案卡上作答，答錯不倒扣；未作答者，不予計分。

准考證號碼：　　　　　　　姓名：

單選題：

1. （1）下列何者不能使溴的四氯化碳溶液褪色　①乙烷　②丁二烯　③乙炔　④乙烯。

2. （4）實驗室內常用之標準篩，100 網目表示篩網　①每平方厘米面積有 100 個孔　②每平方吋面積有 100 個孔　③每厘米長有 100 個孔　④每吋長有 100 個孔。

3. （2）容易產生分子內氫鍵的化合物為　①醋酸　②順丁烯二酸　③反丁烯二酸　④乙醇。

4. （3）下列何者對水之溶解度最大　①CdS　②PbS　③CaS　④CuS。

5. （4）家戶大型垃圾應由誰負責處理？　①行政院　②行政院環境保護署　③內政部　④當地政府清潔隊。

6. （1）$Ni(CO)_4$ 中，Ni 之氧化數為多少？　①0　②1　③2　④3。

7. （2）下列何者具有雙股螺旋結構　①纖維素　②DNA　③蛋白質　④澱粉。

8. （3）下列何種標示之試藥等級最低　①試藥特級　②光譜級　③EP 級　④GR 級。

9. （1）漏電影響節電成效，並且影響用電安全，簡易的查修方法為　①電氣材料行買支驗電起子，碰觸電氣設備的外殼，就可查出漏電與否　②用手碰觸就可以知道有無漏電　③看電費單有無紀錄　④用三用電表檢查。

10. （2）下列有關折射率的說法何者錯誤　①測定所用光的波長不同則測定值不同　②折射率大小與物質分子量大小成正比　③測定值與溫度有關　④兩種液體物質混合物的折射率有加成性。

11. （1）都市中常產生的「熱島效應」會造成何種影響？　①空氣污染物不易擴散　②溫度降低　③空氣污染物易擴散　④增加降雨。

12.（2） 鐵離子的存在可以用下列何試劑確認　①CN⁻　②SCN⁻　③Cl⁻　④SO₄²⁻。

13.（2） 對硝酸的性質而言，下列敘述何者錯誤？　①在水中可完全解離　②工業上由空氣中的 NO 製得　③與許多金屬作用產生氮的氧化物　④與氨作用產生硝酸銨。

14.（3） 下列有關分離法的敘述何者錯誤　①離心用於從液固混合物中分離出固體　②蒸餾是靠液體的氣化達到分離的目的　③薄層層析法可用於分離氣體混合物　④過濾可以從液固混合物中分離其中的固體。

15.（3） 下列離子溶液哪一種為無色　①FeSCN²⁺　②Cu(NH₃)₄²⁺　③Ag(NH₃)₂⁺　④CoCl₄²⁻。

16.（4） 重量分析時，由高溫爐取出之坩堝　①放置大氣中二小時內秤量　②應立刻以水冷卻，然後秤量　③應趁熱秤量以免除冷卻時吸入水份　④應放置於乾燥器中冷卻後方可秤量。

17.（3） 解決台灣水荒(缺水)問題的無效對策是　①全面節約用水　②水資源重複利用，海水淡化…等　③積極推動全民體育運動　④興建水庫、蓄洪(豐)濟枯。

18.（3） NOx 中毒性最強之紅棕色氣體為　①NO　②N₂O₄　③NO₂　④N₂O。

19.（1） 勞工為節省時間，在未斷電情況下清理機臺，易發生哪種危害？　①捲夾感電　②墜落　③缺氧　④崩塌。

20.（4） 高壓瓶內之高壓氣體的放出，通常最重要的是需要經過　①球閥　②安全閥　③正回閥　④減壓閥。

21.（3） 下列離子何者最容易被 H₂O₂ 氧化　①Zn²⁺　②Al³⁺　③Cr³⁺　④Ba²⁺。

22.（2） 使用單光束分光光度計測定溶液之吸光度時，每更換一次波長，均應　①均不需校正　②校正一次零點及滿點　③校正零點即可　④校正滿點即可。

23.（2） 四公尺以內之公共巷、弄路面及水溝之廢棄物，應由何人負責清除？　①里辦公處　②相對戶或相鄰戶分別各半清除　③清潔隊　④環保志工。

24.（3） 冷凍食品該如何讓它退冰，才是既「節能」又「省水」？　①使用微波爐解凍快速又方便　②直接用水沖食物強迫退冰　③烹煮前盡早拿出來放置退冰　④用熱水浸泡，每 5 分鐘更換一次。

25.（1）當鉛蓄電池充電時，下列敘述何者正確　①硫酸生成　②$PbSO_{4(s)}$在陰極生成　③$PbSO_{4(s)}$在陽極生成　④$PbO_{2(s)}$溶解。

26.（1）下列物種何者只能當氧化劑？　①H_2SO_4　②H_2S　③SO_2　④H_2SO_3。

27.（4）天平盤上有灰塵時應　①以抹布擦淨　②以水洗淨　③用口吹除　④用毛筆或羽毛清除。

28.（3）利用轉筒流量計如天然瓦斯表，測量氣體之流量不需要考慮下列何種因素之變化？　①氣體壓力　②外界壓力　③氣體比重　④溫度。

29.（3）過氧化氫與酸性之過錳酸鉀溶液反應中，涉及幾個電子之傳遞？　①6　②4　③10　④8。

30.（4）下列何者不易使過錳酸鉀褪色　①環己烯　②丁醛　③乙醇　④丙酮。

31.（1）氧分子的沸點比氮分子高的原因主要是：　①倫敦力　②氫鍵　③偶極矩—偶極矩力　④離子—偶極矩力。

32.（3）塑膠為海洋生態的殺手，所以環保署推動「無塑海洋」政策，下列何項不是減少塑膠危害海洋生態的重要措施？　①淨灘、淨海　②禁止製造、進口及販售含塑膠柔珠的清潔用品　③定期進行海水水質監測　④擴大禁止免費供應塑膠袋。

33.（2）下列何者非安全使用電腦內的個人資料檔案的做法？　①利用帳號與密碼登入機制來管理可以存取個資者的人　②為確保重要的個人資料可即時取得，將登入密碼標示在螢幕下方　③個人資料檔案使用完畢後立即退出應用程式，不得留置於電腦中　④規範不同人員可讀取的個人資料檔案範圍。

34.（2）下列何者原子之第二游離能最大　①$_{20}Ca$　②$_{19}K$　③$_{38}Sr$　④$_{16}S$。

35.（1）下列混合液中何者最接近理想溶液？　①苯與甲苯　②水與丙酮　③水與酒精　④水與醋酸。

36.（2）任職於某公司的程式設計工程師，因職務所編寫之電腦程式，如果沒有特別以契約約定，則該電腦程式重製之權利歸屬下列何者？　①公司與編寫程式之工程師共有　②公司　③公司全體股東共有　④編寫程式之工程師。

37.（4） 下列何者「非」屬公司對於企業社會責任實踐之原則？ ①維護社會公益 ②發展永續環境 ③落實公司治理 ④加強個人資料揭露。

38.（1） 上班性質的商辦大樓為了降低尖峰時段用電，下列何者是錯的？ ①白天有陽光照明，所以白天可以將照明設備全關掉 ②使用儲冰式空調系統減少白天空調電能需求 ③汰換老舊電梯馬達並使用變頻控制 ④電梯設定隔層停止控制，減少頻繁啟動。

39.（3） 勞工服務對象若屬特殊高風險族群，如酗酒、藥癮、心理疾患或家暴者，則此勞工較易遭受下列何種危害？ ①聽力損失 ②中樞神經系統退化 ③身體或心理不法侵害 ④白指症。

40.（1） 若知反應 $NH_4Cl_{(s)} \rightleftharpoons NH_{3(g)} + HCl_{(g)}$ 之平衡常數在 25℃ 及 300℃時分別為 1.1×10^{-16} 及 6.5×10^{-2}，則對此反應下列敘述何者正確 ①在高溫度為自發反應 ②在任何溫度都是自發反應 ③在任何溫度都是非自發反應 ④為放熱反應。

41.（3） 貝克曼溫度計可測定之溫差約為多少℃？ ①15 ②1 ③5 ④10。

42.（2） 在高壓及觸媒之作用下，下列何種有機物會形成高分子量聚合物 ①C_6H_6 ②C_2H_4 ③C_6H_{12} ④C_2H_6。

43.（2） 下列化合物何者無異構物？ ①C_2H_6O ②$Cr(NH_3)_5(SCN)$ ③C_4H_8 ④$C_2H_4Cl_2$。

44.（3） 某第三族陽離子可溶於含氨的溶液，加入 H2S 時產生沉澱。此沉澱不溶於 1M HCl，則此離子為 ①Cu^{2+} ②Fe^{2+} ③Ni^{2+} ④Al^{3+}。

45.（3） 下列關於個人資料保護法的敘述，下列敘述何者錯誤？ ①我的病歷資料雖然是由醫生所撰寫，但也屬於是我的個人資料範圍 ②身分證字號、婚姻、指紋都是個人資料 ③公務機關依法執行公權力，不受個人資料保護法規範 ④不管是否使用電腦處理的個人資料，都受個人資料保護法保護。

46.（1） 於相同溫度，下列何離子於水溶液之莫耳電導率最小 ①Li^+ ②K^+ ③Na^+ ④H^+。

47.（3） 醋酸的 Ka 為 1.8×10^{-5}，則 $CH_3COO^- + H_2O \rightleftharpoons CH_3COOH + OH^-$ 的平衡常數為何？ ①$5.6 \times 10^{-5}$ ②$1.8 \times 10^{-5}$ ③$5.6 \times 10^{-10}$ ④$1.8 \times 10^{-10}$。

48. （2） 下列何種溶劑無法從水溶液中萃取出有機物　①氯仿　②丙酮　③甲苯　④四氯化碳。

49. （3） 可以直接法配製滴定用標準溶液的物質是　①KOH　②H_2SO_4　③$K_2Cr_2O_7$　④$Na_2S_2O_3$。

50. （2） 安全吸球有三個活瓣 A、E 及 S，其中 A 活瓣是　①吸液栓　②排氣栓　③排液栓　④吸氣栓。

51. （4） 鈉的原子序為 11，則其基態電子組態為　①$1s^22s^63s^23p^1$　②$1s^22p^22d^62f^1$　③$1s^21p^62s^22p^1$　④$1s^22s^22p63s^1$。

52. （3） 雇主要求確實管制人員不得進入吊舉物下方，可避免下列何種災害發生？　①墜落　②感電　③物體飛落　④被撞。

53. （3） 切斷小玻璃管常以　①火焰加熱，趁熱用手折斷　②銼刀來回鋸斷　③銼刀單向銼一個裂縫後，用手折斷　④鑽石刀割斷。

54. （4） 所謂絕對溫度是以哪個溫度作為零度的起點　①0℃　②-273K　③273℃　④-273℃。

55. （2） 化學動力學中之零級反應，是指反應速率：　①與濃度成正比　②與濃度無關　③與濃度的平方成正比　④與濃度成反比。

56. （1） 用鉑極電解 100 克重量百分比 10% 的 NaOH 溶液至 11% NaOH 溶液時，如電解中水分不蒸發，所用電量（法拉第數）應為　①1.01　②3.03　③2.02　④0.51。

57. （2） 受打擊後易裂成薄片狀者為　①金剛石　②雲母　③石英　④矽晶。

58. （4） 鹽橋之功能在於　①消除濃度極化　②消除界面溫差　③消除電極之過電壓　④消除界面電壓。

59. （2） 下列何者非屬電氣之絕緣材料？　①氟、氯、烷　②漂白水　③空氣　④絕緣油。

60. （1） 藉各種物質在二不互溶之溶劑中溶解度的不同，以達到分離目的，此種方法為　①萃取法　②沉澱法　③蒸餾法　④結晶法。

複選題：

61.（134）利用熔點測定來判斷物質的純度實驗，下列哪些錯誤　①接近熔點時加熱速度要加快　②熔點範圍愈小，表示待測物質純度愈高　③高熔點物質需使用水浴來加熱　④欲知道 A 與 B 是否為相同物質，可將兩者混合測其熔點，若測得的熔點與 B 的熔點相差 5℃，則 A、B 為相同物質。

62.（24）各取 0.10 莫耳的葡萄糖與蔗糖，分別加水 100 克配成溶液，下列敘述哪些正確　①蔗糖溶液莫耳分率為 0.5　②兩個溶液莫耳分率相等　③葡萄糖溶液重量莫耳濃度為 0.5m　④兩個溶液重量莫耳濃度相等。

63.（13）下列哪些為離子化合物　①Na_2CO_3　②H_2O　③$CaCl_2$　④NH_3。

64.（23）下列鹽類的焰色，哪些正確　①鈣鹽：淡紫色　②鋰鹽：紅色　③鈉鹽：黃色　④鉀鹽：紅色。

65.（24）下列哪些反應不能在定壓下，測定體積變化以決定其反應速率　①$4HBr_{(g)}+O_{2(g)}\rightarrow 2H2O_{(g)}+2Br_{2(g)}$　②$N_{2(g)}+O_{2(g)}\rightarrow 2NO_{(g)}$　③$N_{2(g)}+3H_{2(g)}\rightarrow 2NH_{3(g)}$　④$CO_{(g)}+NO_{2(g)}\rightarrow CO_{2(g)}+NO_{(g)}$。

66.（123）有 Na^+ 存在時，鉀的焰色不能透過哪些玻璃來觀察　①硼玻璃　②鉀玻璃　③鈉玻璃　④鈷玻璃。

67.（13）下列分析容器，哪些屬於外流式(Todeliver,TD)　①滴定管　②量筒　③吸量管　④量瓶。

68.（34）下列哪些不屬於差壓式流量計　①細腰流量計　②孔口流量計　③搖擺盤流量計　④葉輪流量計。

69.（234）下列何種元素為不銹鋼的組成成分　①Cu　②C　③Fe　④Ni。

70.（24）根據布忍斯特－羅瑞的酸鹼定義，下列哪些可作為酸亦可作為鹼　①SO_4^{2-}　②HCO_3^-　③CO_3^{2-}　④H_2O。

71.（13）下列哪些氫氧化物是白色　①$Ca(OH)_2$　②$Fe(OH)_3$　③$Al(OH)_3$　④$Cr(OH)_3$。

72.（13）下列各組中，哪些為共軛酸鹼對　①CH_3COOH 與 CH_3COO-　②H_2SO_4 與 SO_4^{2-}　③NH_4^+ 與 NH_3　④H_3O^+ 與 OH^-。

73.（124）下列哪些屬於不定誤差 ①實驗室電壓不穩定 ②操作人員精神不佳 ③試藥不純 ④實驗室溫度改變。

74.（134）下列哪些金屬製的容器可盛裝 $FeCl_{3(aq)}$ ①Ag ②Zn ③Sn ④Cu。

75.（23）下列酸鹼指示劑對應的顏色變化，哪些正確 ①溴甲酚綠：紅綠 ②甲基橙：紅橙黃 ③石蕊：紅藍 ④酚酞：紅藍。

76.（23）波長單位可以用 nm、μm 及 Å 表示，下列關係式哪些正確 ① $1\mu m=10^{-3}m$ ② $1Å=10^{-8}cm$ ③ $1nm=10^{-9}m$ ④ $1nm=0.1Å$。

77.（12）下列關於量瓶與吸量管的敘述，哪些正確 ①量瓶所標示的體積是指到達刻度的容積 ②一般吸量管所標示的體積是指達到刻度後排放的體積 ③量瓶上所標示的體積是指達到刻度後倒出的體積 ④一般吸量管所標示的體積是指到達刻度的容積。

78.（13）下列有關金屬離子的焰色，哪些錯誤 ①鉀：黃色 ②銅：綠色 ③鈉：藍色 ④鈣：橙紅色。

79.（14）下列哪些是屬於氧化還原反應 ①鋅粉加入硫酸銅水溶液中，析出金屬銅 ②鹽酸與氫氧化鈉溶液反應，產生氯化鈉與水 ③銀離子與氯離子反應，形成氯化銀沉澱 ④鈉與氯氣反應，產生食鹽固體。

80.（123）下列有關孔口流量計的敘述，哪些錯誤 ①面對流體部分切成直角，目的是要減少摩損 ②孔口放洩係數小，表示孔口板的摩擦損失小 ③安裝孔口板時銳孔部份要朝向下游 ④測量液體時，需在孔口板上方開小孔，使管路氣體通過。

附錄十二　化學丙級技術士技能檢定術科
測試試題

第一站（301-1、301-2、301-3、301-4）

一、試題使用說明

二、第一題：301-1 醋酸濃度之測定

1. 操作說明

2. 器具及材料

三、第二題：301-2 硼酸含量之測定

1. 操作說明

2. 器具及材料

四、第三題：301-3 液鹼中總鹼量之測定

1. 操作說明

2. 器具及材料

五、第四題：301-4 磷酸三鈉含量之測定

1. 操作說明

2. 器具及材料

第二站（302-1、302-2、302-3、302-4）

一、試題使用說明

二、第一題：302-1 水硬度之測定

1. 操作說明

2. 器具及材料

三、第二題：302-2 錠劑中維他命 C 含量之測定

1. 操作說明

2. 器具及材料

四、第三題：302-3 漂白水中有效氯之測定

1. 操作說明

2. 器具及材料

五、第四題：302-4 亞鐵含量之測定

1. 操作說明

2. 器具及材料

第一站

試題使用說明

（一）試題編號：301-1、301-2、301-3、301-4

（二）試題名稱：

第一題：301-1 醋酸濃度之測定

第二題：301-2 硼酸含量之測定

第三題：301-3 液鹼中總鹼量之測定

第四題：301-4 磷酸三鈉含量之測定

（三）檢定時間：每題 2 小時

（四）檢定說明：

1. 每題應由承辦單位準備不同濃度樣品，以亂碼編號，由承辦單位事先分析提供合於術科測試試題一般說明中所規定之分析數據，供監評人員做為評分標準。（分析數據務必列為機密，承辦單位應妥為保管）

2. 試題中之試劑配製及各步驟操作原理亦為測試範圍，將以簡答題方式隨機列印於結果報告表中，應檢人作答時每題字數以不超過 15 字為原則。

一、第一站第一題：301-1 醋酸濃度之測定

1. 操作說明：醋酸樣品以酚酞作指示劑，以氫氧化鈉標準溶液滴定，可求出醋酸之濃度。

1.1 鄰苯二甲酸氫鉀溶液之配製：精稱 2.50±0.05 g 鄰苯二甲酸氫鉀($C_8H_5KO_4$)以試劑水溶解，稀釋至 100 mL。

1.2　0.2 M 氫氧化鈉標準溶液之標定：

(1) 取 25 mL 標準鄰苯二甲酸氫鉀溶液，以試劑水稀釋至約 100 mL。

(2) 加入酚酞指示劑 5 滴，以約 0.2 M 氫氧化鈉溶液滴定至粉紅色。

(3) 重複標定，計算氫氧化鈉溶液濃度。

1.3　醋酸濃度之測定：

(1) 精稱 1.00±0.05 g 醋酸樣品，溶於 100 mL 試劑水中。

(2) 加入酚酞指示劑 5 滴，以 0.2 M 氫氧化鈉溶液滴定至粉紅色。

(3) 重複滴定，計算樣品醋酸濃度之平均值。

註：原子量：

元素	B	Ca	Cl	Fe	K	I	Mn	Na
原子量	10.81	40.08	35.45	55.85	39.10	126.90	54.94	22.99

2. 器具及材料　醋酸濃度之測定

名　稱	規　格	數　量
1. 天平	靈敏度 0.0001 g	1 台
2. 安全吸球		1 個
3. 吸量管架		1 個
4. 洗瓶	500 mL	1 個
5. 玻棒	5 mm x 15 cm，可使用磁攪拌器及攪磁子	2 支
6. 稱量瓶	10 mL	2 個
7. 球形吸量管	25 mL，A 級	1 支
8. 量瓶	100 mL，A 級	2 個
9. 量筒	100 mL，A 級	1 個
10. 滴定管	50 mL，鐵氟龍活栓，A 級	1 支
11. 滴定管架	附磁盤	1 組
12. 滴定管觀察板		1 個
13. 滴管		3 支
14. 漏斗	直徑 5 cm	1 個
15. 燒杯	250 mL	3 個
16. 燒杯刷		1 支

名　稱	規　格	數　量
17. 錐形瓶	250 mL	4 個
18. 藥匙		2 支
19. 面紙		適量
20. 試劑水	去二氧化碳	2000 mL
21. 鄰苯二甲酸氫鉀	105ºC 烘乾後，置放於乾燥器中備用	3 g
22. 0.2 M 氫氧化鈉溶液	溶 100 g 氫氧化鈉於 100 mL 試劑水中，混合均勻放置於 PE 瓶至溶液澄清，以塑膠吸量管量取 11 mL 上層液稀釋至 1000 mL	150 mL
23. 酚酞溶液	溶 1 g 酚酞於 100 mL 95%藥用酒精中	10 mL
24. 醋酸樣品	配製成樣品溶液後，氫氧化鈉溶液滴定體積 15 mL 以上	5 g
25. 玻璃器皿洗滌用清潔劑		20 mL

註：需用醋酸配製不同醋酸的樣品或使用經確認濃度之市售商品，並以亂碼編號供試。

二、第一站第二題：301-2 硼酸含量之測定

1. 操作說明：硼酸加入甘露醇使其生成醇硼酸，用標準鹼溶液滴定，可測定樣品中之硼酸含量。

1.1　0.2 M 氫氧化鈉標準溶液之標定：

(1) 精稱 0.80 ± 0.05 g 鄰苯二甲酸氫鉀($C_8H_5KO_4$)，溶解於 100 mL 試劑水。

(2) 加入酚酞指示劑 5 滴，以約 0.2 M 氫氧化鈉標準溶液滴定至粉紅色。

(3) 重複標定，計算氫氧化鈉標準溶液濃度。

1.2　樣品中硼酸含量之測定：

(1) 精稱 1.00 ± 0.05 g 樣品，溶解於 100 mL 試劑水中。

(2) 取 25 mL 樣品溶液，稀釋至 100 mL，加入 5 g 甘露醇，搖均，加入 5 滴酚酞指示劑，以氫氧化鈉標準溶液滴定至呈現粉紅色。

(3) 重複滴定。

(4) 取 5 g 甘露醇，加入 100 mL 試劑水中，進行空白試驗。

註：原子量：

元素	B	Ca	Cl	Fe	K	I	Mn	Na
原子量	10.81	40.08	35.45	55.85	39.10	126.90	54.94	22.99

2. 器具及材料　硼酸含量之測定

名　稱	規　格	數　量
1. 天平	靈敏度 0.0001 g	1 台
2. 安全吸球		1 個
3. 吸量管架		1 個
4. 洗瓶	500 mL	1 個
5. 玻棒	5 mm x 15 cm，可使用磁攪拌器及攪磁子	2 支
6. 稱量瓶		2 個
7. 球形吸量管	25 mL，A 級	1 支
8. 量瓶	100 mL，A 級	2 個
9. 量筒	100 mL，A 級	1 個
10. 滴定管	50 mL，鐵氟龍活栓，A 級	2 支
11. 滴定管架	附磁盤	1 組
12. 滴定管觀察板		1 個
13. 滴管		3 支
14. 漏斗	直徑 5 cm	2 個
15. 燒杯刷		1 支
16. 錐形瓶	250 mL	5 個
17. 藥匙		2 支
18. 面紙		適量
19. 試劑水	去二氧化碳	2000 mL
20. 鄰苯二甲酸氫鉀	105ºC 烘乾後，置放於乾燥器中備用	3 g
21. 0.2 M 氫氧化鈉標準溶液	溶 100 g 氫氧化鈉於 100 mL 試劑水中，混合均勻放置於 PE 瓶至溶液澄清，以塑膠吸量管量取 11 mL 上層液稀釋至 1000 mL	100 mL
22. 酚酞溶液	溶 1 g 酚酞於 100 mL 95%藥用酒精中	10 mL
23. 甘露醇		20 g
24. 硼酸樣品	配製成樣品溶液後，氫氧化鈉溶液滴定體積 15 mL 以上	2 g
25. 玻璃器皿洗滌用清潔劑		20 mL

註：需用硼酸配製不同濃度的樣品或使用經確認濃度之實際樣品，並以亂碼編號供試。

三、第一站第三題：301-3 液鹼中總鹼量之測定

1. 操作說明：液鹼樣品以甲基橙為指示劑，以標準酸溶液滴定，可測得樣品之總鹼量。

1.1　0.25 M 硫酸標準溶液標定：

(1) 精稱 0.50±0.05 g 碳酸鈉，以試劑水溶解，稀釋至 100 mL。

(2) 加入 2 滴甲基橙指示劑，以標準硫酸溶液滴定。

(3) 重複標定，計算硫酸溶液平均濃度。

1.2　樣品之測定：

(1) 稱取 5.0±0.2 g 液鹼，以不含二氧化碳之試劑水定量至 200 mL。

(2) 取樣品 50 mL，稀釋至 100 mL。

(3) 加入 2 滴甲基橙指示劑，以 0.25 M 硫酸標準溶液滴定至稍過量，置一小漏斗於瓶口，微火煮沸 5 分鐘，冷卻後再加入 2 滴甲基橙，再以約 0.1 M 氫氧化鈉溶液滴定過量之硫酸。

(4) 重複滴定，計算液鹼中%總鹼量（以 Na_2O 計）之平均值。

註：原子量：

元素	B	Ca	Cl	Fe	K	I	Mn	Na
原子量	10.81	40.08	35.45	55.85	39.10	126.90	54.94	22.99

2. 器具及材料　液鹼中總鹼量之測定

名　稱	規　格	數　量
1. 天平	靈敏度 0.0001 g	1 台
2. 加熱設備		1 組
3. 安全吸球		1 個
4. 吸量管架		1 個
5. 洗瓶	500 mL	1 個
6. 玻棒	5 mm x 15 cm，可使用磁攪拌器及攪磁子	1 支
7. 稱量瓶	10 mL、20 mL 各一個	2 個
8. 球形吸量管	50 mL，A 級	1 支
9. 量瓶	100 mL，A 級	1 個

名　稱	規　格	數　量
10. 量瓶	200 mL，A 級	1 個
11. 滴定管	50 mL，鐵氟龍活栓，A 級	2 支
12. 滴定管架	附磁盤	1 組
13. 滴定管觀察板		1 個
14. 滴管		4 支
15. 漏斗	直徑 5 cm	2 個
16. 燒杯	150 mL	2 個
17. 燒杯刷		1 支
18. 錐形瓶	250 mL	4 個
19. 藥匙		1 支
20. 面紙		適量
21. 試劑水	去二氧化碳	2000 mL
22. 碳酸鈉	270ºC 烘乾後，置放於乾燥器中備用	3 g
23. 0.25 M 硫酸溶液	溶 14 mL 濃硫酸於試劑水中，定量至 1000 mL	100 mL
24. 0.1 M 氫氧化鈉溶液	溶 100 g 氫氧化鈉於 100 mL 試劑水中，混合均勻放置於 PE 瓶至溶液澄清，以塑膠吸量管量取 5.2 mL 上層液定量至 1000 mL。由承辦單位配製並標定，標示精確濃度	100 mL
25. 甲基橙指示劑	溶 1 g 甲基橙於 1 L 熱水中	10 mL
26. 液鹼樣品	配製成樣品溶液後，硫酸溶液滴定體積 15 mL 以上	20 mL
27. 玻璃器皿洗滌用清潔劑		20 mL

註： 需用氫氧化鈉配製不同濃度之液鹼樣品或使用經確認濃度之實際樣品，並以亂碼編號供試。

四、第一站第四題：301-4 磷酸三鈉含量之測定

1. 操作說明：磷酸三鈉可以甲基橙為指示劑，以標準酸滴定，進而計算樣品中磷酸三鈉之含量。

1.1　0.5 M 鹽酸標準溶液標定：

(1) 精稱 2.00±0.05 g 碳酸鈉，以試劑水溶解，稀釋至 200 mL。

(2) 取 50 mL 溶液，稀釋至 100 mL，加入 2 滴甲基橙指示劑，以鹽酸標準溶液滴定。

(3) 重複標定，計算鹽酸平均濃度。

1.2 樣品之滴定：

(1) 精稱 1.00±0.05 g 磷酸三鈉樣品，稀釋至 100 mL，加入 5 g 氯化鈉及 2 滴甲基紅指示劑，以 0.5 M 鹽酸標準溶液滴定至終點。

(2) 重複滴定，計算樣品磷酸三鈉%含量平均值。

註：原子量：

元素	B	Ca	Cl	Fe	K	I	Mn	Na	P
原子量	10.81	40.08	35.45	55.85	39.10	126.90	54.94	22.99	30.97

2. 器具及材料　磷酸三鈉含量之測定

名　稱	規　格	數　量
1. 天平	靈敏度 0.0001 g	1 台
2. 加熱設備		1 組
3. 安全吸球		1 個
4. 吸量管架		1 個
5. 洗瓶	500 mL	1 個
6. 玻棒	5 mm x 15 cm，可使用磁攪拌器及攪磁子	1 支
7. 稱量瓶	10 mL、20 mL 各一個	2 個
8. 球形吸量管	50 mL，A 級	1 支
9. 量瓶	100 mL，A 級	1 個
10. 量瓶	200 mL，A 級	1 個
11. 滴定管	50 mL，鐵氟龍活栓，A 級	1 支
12. 滴定管架	附磁盤	1 組
13. 滴定管觀察板		1 個
14. 滴管		4 支
15. 漏斗	直徑 5 cm	2 個
16. 燒杯	150 mL	2 個
17. 燒杯刷		1 支
18. 錐形瓶	250 mL	4 個
19. 藥匙		1 支
20. 面紙		適量

名　稱	規　格	數　量
21. 試劑水	去二氧化碳	2000 mL
22. 碳酸鈉	270°C 烘乾後，置放於乾燥器中備用	3 g
23. 0.5. M 鹽酸溶液	溶 42 mL 濃鹽酸於試劑水中，定量至 1000 mL	100 mL
24. 甲基紅指示劑	溶 1 g 甲基紅於 1 L 乙醇中	10 mL
25. 甲基橙指示劑	溶 1 g 甲基橙於 1 L 熱水中	
26. 磷酸三鈉樣品	配製成樣品溶液後，鹽酸溶液滴定體積 15 mL 以上	20 mL
27. 玻璃器皿洗滌用清潔劑		20 mL

註： 需用碳酸鈉配製不同濃度之磷酸三鈉樣品或使用經確認濃度之實際樣品，並以亂碼編號供試。

第二站

試題使用說明

（一）試題編號：302-1、302-2、302-3、302-4

（二）試題名稱：

第一題：302-1 水硬度之測定

第二題：302-2 錠劑中維他命 C 含量之測定

第三題：302-3 漂白水中有效氯之測定

第四題：302-4 亞鐵含量之測定

（三）檢定時間：每題 2 小時

（四）檢定說明：

1. 每題應由承辦單位準備不同濃度樣品，以亂碼編號，由承辦單位事先分析提供合於術科測試試題一般說明中所規定之分析數據，供監評人員做為評分標準。（分析數據務必列為機密，承辦單位應妥為保管）

2. 試題中之試劑配製及各步驟操作原理亦為測試範圍，將以簡答題方式隨機列印於結果報告表中，應檢人作答時每題字數以不超過 15 字為原則。

一、 第二站第一題：302-1 水硬度之測定

1. 操作說明：在 pH 10 下，以 EDTA 標準溶液和 Eriochrome Black T(EBT)指示劑滴定水中 Ca^{2+} 和 Mg^{2+} 總量，算出水的硬度。

1.1 硬度標準溶液之配製：精稱 0.25 ± 0.01 g 碳酸鈣，加入少量稀鹽酸溶解，加適量試劑水，加熱至沸騰，冷卻，加入數滴甲基橙指示劑，以 NH_4OH 或 HCl 調整至甲基橙的顏色呈現中間色調後，稀釋至 250 mL。

1.2 EDTA 滴定溶液之標定：

(1) 取鈣標準溶液 20.0 mL，加入試劑水至 50 mL。

(2) 加入 1 mL 緩衝液和 2 滴 EBT 指示劑，以 EDTA 溶液緩慢滴定至終點。

(3) 重複標定，求 EDTA 溶液濃度平均值。

1.3 樣品硬度之測定：

(1) 取 50 mL 樣品。

(2) 加入 1 mL 緩衝液和 2 滴 EBT 指示劑，以 EDTA 溶液緩慢滴定至終點。

(3) 重複滴定，求樣品硬度平均值（以 $CaCO_3$ mg/L 計）。

註：原子量：

元素	B	Ca	Cl	Fe	K	I	Mn	Na
原子量	10.81	40.08	35.45	55.85	39.10	126.90	54.94	22.99

2. 器具及材料　水硬度之測定

名　稱	規　格	數　量
1. 天平	靈敏度 0.0001 g	1 台
2. 安全吸球		1 個
3. 吸量管架		1 個
4. 刻度吸量管	2 mL，A 級	2 支
5. 洗瓶	500 mL	1 個
6. 玻棒	5 mm x 15 cm，可使用磁攪拌器及攪磁子	2 支
7. 稱量瓶	10 mL	1 個
8. 球形吸量管	20 mL，A 級	1 支
9. 球形吸量管	50 mL，A 級	1 支
10. 量瓶	250 mL，A 級	1 個
11. 量筒	50 mL，A 級	1 個
12. 滴管		3 支
13. 滴定管	50 mL，鐵氟龍活栓，A 級	1 支

名　稱	規　格	數　量
14. 滴定管架	附磁盤	1 組
15. 滴定管觀察板		1 個
16. 漏斗	直徑 5 cm	1 個
17. 燒杯	250 mL	3 個
18. 燒杯刷		1 支
19. 錶玻璃	直徑 10 cm	1 個
20. 錐形瓶	250 mL	4 個
21. 藥匙		2 支
22. 面紙		適量
23. 試劑水		2000 mL
24. 碳酸鈣	270℃ 烘乾後，置放於乾燥器中備用	1 g
25. EDTA-2Na 溶液	溶解 4.00 ± 0.02 g EDTA 二鈉鹽於水，加入 10 mL 1% $MgCl_2 \cdot 6H_2O$ 後，稀釋至 1000 mL	
26. 稀鹽酸	濃鹽酸 1 比試劑水 10	50 mL
27. 稀氫氧化銨	濃氨水 1 比試劑水 10	50 mL
28. 甲基橙指示劑	溶 1 g 於 1 L 加熱之試劑水中	10 mL
29 緩衝液	67.5 g NH_4C1＋570 mL 濃氨水，稀釋至 100 mL	8 mL
30 EBT 指示劑	0.5 g 的 Eriochrome Black T 溶解於 70%乙醇 100 mL	10 mL
31. 硬度樣品水	EDTA 溶液滴定體積 15 mL 以上	200 mL
32. 玻璃器皿洗滌用清潔劑		20 mL

註：需用碳酸鈣配製不同硬度的樣品或使用經確認濃度之實際樣品，並以亂碼編號供試。

二、第二站第二題：302-2 錠劑中維他命 C 含量之測定

1. 操作說明：碘酸根離子和過量之碘離子於酸性下反應可生成碘，利用其與維他命 C($C_6H_8O_6$)之氧化還原反應，可用以定量維他命 C。

1.1　碘標準溶液之配製：精稱 0.10 ± 0.01 g 乾燥之 KIO_3，加入約 1 g KI，以 50 mL 試劑水及 1 mL 濃鹽酸溶解，稀釋至 100 mL。

1.2　維他命 C 之定量：

　　(1) 精稱維他命 C 0.60 ± 0.02 g，以試劑水溶解，稀釋至 100 mL。

(2) 取上述溶液 25 mL，稀釋至 50 mL，加入 1 mL 3%偏磷酸溶液，再加入 1 mL 0.5%澱粉溶液，以碘溶液滴定至終點。

(3) 再重複滴定二次，求維他命 C 之平均值。

註：原子量：

元素	B	Ca	Cl	Fe	K	I	Mn	Na
原子量	10.81	40.08	35.45	55.85	39.10	126.90	54.94	22.99

2. 器具及材料　錠劑中維他命 C 含量之測定

名　稱	規　格	數　量
1. 天平	靈敏度 0.0001 g	1 台
2. 安全吸球		1 個
3. 吸量管架		1 個
4. 刻度吸量管	2 mL，A 級	2 支
5. 洗瓶	500 mL	1 個
6. 玻棒	5 mm x 15 cm，可使用磁攪拌器及攪磁子	2 支
7. 稱量瓶		2 個
8. 球形吸量管	25 mL，A 級	1 支
9. 量瓶	100 mL，A 級	2 個
10. 量筒	50 mL，A 級	1 個
11. 滴定管	50 mL，鐵氟龍活栓，A 級	1 支
12. 滴定管架	附磁盤	1 組
13. 滴定管觀察板		1 個
14. 滴管		2 支
15. 漏斗	直徑 5 cm	1 個
16. 燒杯	150 mL	2 個
17. 燒杯刷		1 支
18. 錐形瓶	250 mL	3 個
19. 藥匙		3 支
20. 面紙		適量
21. 試劑水		2000 mL
22. 碘酸鉀	105°C 烘乾後，置放於乾燥器中備用	0.3 g

名　稱	規　格	數　量
23. 碘化鉀	試藥級	3 g
24. 濃鹽酸	試藥級	5 mL
25. 澱粉溶液	0.5%	5 mL
26. 偏磷酸溶液	3%	5 mL
27. 維他命 C 樣品	使用市售維他命 C 錠，由承辦單位粉碎；配製成樣品溶液後，碘溶液滴定體積 15 mL 以上	1 g
28. 玻璃器皿洗滌用清潔劑		20 mL

註：需用不同來源之維他命 C 錠劑作為樣品，並以亂碼編號供試。

三、第二站第三題：302-3 漂白水中有效氯之測定

1. 操作說明：在酸性水溶液中，次氯酸可將碘離子氧化成碘，以硫代硫酸鈉標準溶液滴定產生之碘量，可測定漂白水之%有效氯。

1.1　碘標準溶液之配製：精稱 0.45 ± 0.05 g 乾燥之 KIO_3，稀釋至 100 mL。

1.2　硫代硫酸鈉標準溶液之標定：

(1) 取 20 mL 碘標準溶液，稀釋至 50 mL。

(2) 加入 5 mL 1 M 碘化鉀溶液及 5 mL 1 M 硫酸溶液，以硫代硫酸鈉標準溶液滴定至淡黃色，加入澱粉指示劑 2 mL，繼續滴定至藍色消失。

(3) 重複標定，計算硫代硫酸鈉標準溶液之濃度。

1.3　漂白水中有效氯之滴定：

(1) 取 2 mL 漂白水並稱其重量，稀釋至 50 mL。

(2) 加入 5 mL 1 M 碘化鉀溶液及 10 mL 1 M 硫酸溶液，以硫代硫酸鈉標準溶液滴定至淡黃色，加入澱粉指示劑 2 mL，繼續滴定至藍色消失。

(3) 重複滴定，計算漂白水中有效氯含量(%)平均值。

註：原子量：

元素	B	Ca	Cl	Fe	K	I	Mn	Na
原子量	10.81	40.08	35.45	55.85	39.10	126.90	54.94	22.99

2. 器具及材料　漂白水中有效氯之測定

名　稱	規　格	數　量
1. 天平	靈敏度 0.0001 g	1 台
2. 安全吸球		1 個
3. 吸量管架		1 個
4. 刻度吸量管	2 mL，A 級	1 支
5. 刻度吸量管	5 mL，A 級	1 支
6. 刻度吸量管	10 mL，A 級	1 支
7. 刻度吸量管	20 mL，A 級	1 支
8. 洗瓶	500 mL	1 個
9. 玻棒	5 mm x 15 cm，可使用磁攪拌器及攪磁子	1 支
10. 稱量瓶		1 個
11. 球形吸量管	5 mL，A 級	1 支
12. 球形吸量管	20 mL，A 級	1 支
13. 量瓶	100 mL，A 級	2 個
14. 量筒	100 mL，A 級	1 個
15. 滴定管	50 mL，鐵氟龍活栓，A 級	1 支
16. 滴定管架	附磁盤	1 組
17. 滴定管觀察板		1 個
18. 滴管		2 支
19. 漏斗	直徑 5 cm	1 個
20. 燒杯	250 mL	2 個
21. 燒杯刷		1 支
22. 錐形瓶	250 mL	4 個
23. 藥匙		1 支
24. 面紙		適量
25. 試劑水		2000 mL
26. 碘酸鉀	105ºC 烘乾後，置放於乾燥器中備用	1 g
27. 1 M KI 溶液	溶 166 g KI 於試劑水中，稀釋至 1 L	100 mL
28. 1 M 硫酸溶液	取 56 mL 濃硫酸，稀釋至 1 L	100 mL
29. 0.1 M 硫代硫酸鈉標準溶液	溶 24.820 g $Na_2S_2O_3 \cdot 5H_2O$ 及 0.4 g NaOH 於試劑水中，定量至 1000 mL	200 mL

名　稱	規　格	數　量
30. 澱粉指示劑	取 2 g 於少量試劑水中，攪拌成乳狀，倒入 100 mL 沸水，煮沸靜置一夜，加入 0.2 g 水楊酸	10 mL
31. 漂白水樣品	配製成樣品溶液後，碘溶液滴定體積 15 mL 以上	10 mL
32. 玻璃器皿洗滌用清潔劑		20 mL

註：需用次氯酸配製不同漂白水的樣品或使用經確認濃度之實際樣品，並以亂碼編號供試。

四、第二站第四題：302-4 亞鐵含量之測定

1. 操作說明：在酸性水溶液中，以過錳酸根將亞鐵離子氧化成鐵離子，可測定樣品之亞鐵含量。

1.1　0.05 M 草酸鈉標準溶液配製：精稱 0.67±0.05 g 草酸鈉，稀釋至 100 mL。

1.2　0.02 M 過錳酸鉀標準溶液之標定：

(1) 取 20 mL 草酸鈉標準溶液，以 1 M 硫酸溶液稀釋至 50 mL。

(2) 加熱至 70°C 左右，以過錳酸鉀溶液滴定至呈淺紅色且維持 30 秒不褪色。

(3) 重複標定，計算過錳酸鉀標準溶液之濃度。

1.3　亞鐵含量之測定：

(1) 精稱 0.60±0.05 g 樣品，以 1 M 硫酸溶液稀釋至 50 mL。

(2) 以過錳酸鉀溶液滴定至呈淺紅色且維持 30 秒不褪色。

(3) 重複滴定，計算樣品之亞鐵含量平均值。

註：原子量：

元素	B	Ca	Cl	Fe	K	I	Mn	Na
原子量	10.81	40.08	35.45	55.85	39.10	126.90	54.94	22.99

2. 器具及材料　亞鐵含量之測定

名　稱	規　格	數　量
1. 天平	靈敏度 0.0001 g	1 台
2. 安全吸球		1 個
3. 吸量管架		1 個
4. 洗瓶	500 mL	1 個

名　稱	規　格	數　量
5.　玻棒	5 mm x 15 cm，可使用磁攪拌器及攪磁子	1 支
6.　稱量瓶		1 個
7.　球形吸量管	20 mL，A 級	1 支
8.　量瓶	100 mL，A 級	2 個
9.　量筒	100 mL，A 級	1 個
10. 滴定管	50 mL，鐵氟龍活栓，A 級	1 支
11. 滴定管架	附磁盤	1 組
12. 滴定管觀察板		1 個
13. 滴管		2 支
14. 漏斗	直徑 5 cm	1 個
15. 燒杯	250 mL	2 個
16. 燒杯刷		1 支
17. 錐形瓶	250 mL	4 個
18. 藥匙		1 支
19. 面紙		適量
20. 試劑水		2000 mL
21. 草酸鈉	105ºC 烘乾後，置放於乾燥器中備用	2 g
22. 1 M 硫酸溶液	取 56 mL 濃硫酸，稀釋至 1 L	500 mL
23. 0.02 M 過錳酸鉀溶液	取過錳酸鉀 3.3 g，溶於 1050 mL 水中，緩緩煮沸 15 分鐘，冷卻，於暗處放置 14 天。採用經過 0.02 M 過錳酸鉀溶液煮沸 5 分鐘之玻璃過濾器過濾，儲存於棕色瓶中	120 mL
24. 亞鐵樣品	配製成樣品溶液後，過錳酸鉀溶液滴定體積 15 mL 以上	2 g
25. 玻璃器皿洗滌用清潔劑		20 mL

註：使用不同亞鐵鹽或經確認濃度之實際樣品，並以亂碼編號供試。

附錄十三　化學乙級技術士技能檢定術科測試試題

第一站（201-1、201-2、201-3、201-4、201-5）

試題使用說明

第一題：201-1 酸鹼滴定溶液之配製、標定與試樣之 pH 滴定曲線

第二題：201-2 酸鹼滴定溶液之配製、標定與試樣之電位滴定曲線

第三題：201-3 硫酸銅電鍍液之成分分析

第四題：201-4 天然石灰石中氧化鈣含量之測定

第五題：201-5 聚氯化鋁中氧化鋁含量及鹼度之測定

第二站（202-1、202-2、202-3、202-4、202-5）

試題使用說明

第一題：202-1 試樣中鐵(II)之比色定量

第二題：202-2 試樣中鐵(III)之比色定量

第三題：202-3 食品中亞硝酸鹽之測定

第四題：202-4 總磷之比色定量

第五題：202-5 試樣中硫酸鹽之比濁定量

檢定時間：每題 3 小時 30 分

第一站第一題

試題名稱：201-1 酸鹼滴定溶液之配製、標定與試樣之 pH 滴定曲線

1. 操作說明：分別配製酸與鹼滴定溶液並標定，再以此二溶液滴定試樣，並由滴定過程中樣品溶液之 pH 值變化求出滴定終點及試樣中之酸鹼含量。

2. 實驗步驟

2.1　依術科承辦單位提供之天平操作標準作業程序進行天平功能查核。

2.2　依術科承辦單位提供之 pH 計標準作業程序進行校正，並計算電極參數。

2.3 鹽酸滴定溶液之配製及標定：

2.3.1 取 2.1 mL 濃鹽酸，以去除二氧化碳之試劑水稀釋至 500 mL。

2.3.2 精稱 0.06±0.01 g 碳酸鈉，溶於 50 mL 去除二氧化碳之試劑水中，加入適量指示劑，以鹽酸溶液滴定。

2.4 氫氧化鈉滴定溶液之配製及標定：

2.4.1 取 1.3 mL 50%氫氧化鈉溶液，以去除二氧化碳之試劑水稀釋至 500 mL。

2.4.2 取 20 mL 氫氧化鈉溶液，以去除二氧化碳之試劑水稀釋至 50 mL，加入適量指示劑，以鹽酸溶液滴定。

2.5 樣品溶液之配製：如試樣為兩種待測成分混合時，精稱 3.00±0.02 g 試樣，如為單一待測成分時，分別精稱 1.50±0.02 g，各試樣均以去除二氧化碳之試劑水配製成 100 mL 溶液。

2.6 試樣中酸性成分之測定：

2.6.1 取適量樣品溶液，必要時稀釋至 50 mL，加入適量指示劑，以氫氧化鈉溶液滴定，其滴定體積應大於 15 mL。

2.6.2 再取同量樣品溶液滴定，並以 pH 計測定滴定過程中樣品溶液之 pH 值變化，由滴定數據計算終點附近共 10 個滴定點（滴定終點前後各至少 3 點）之△pH／△V 值，由此決定終點之滴定體積。

2.6.3 步驟 2.6.2 之總滴定體積應介於步驟 2.6.1 滴定終點體積之 140%～160%，總滴定點數不得超過 21 點，且終點前後應有 5 點每次加入之體積不得超過 0.20 mL。

2.7 試樣中鹼性成分之滴定：

2.7.1 取適量樣品溶液，必要時稀釋至 50 mL，以 pH 計測定滴定過程中樣品溶液之 pH 值變化，由滴定數據計算終點附近共 10 個滴定點（滴定終點前後各至少 3 點）之△pH／△V 值，由此決定終點之滴定體積。

2.7.2 總滴定體積應介於滴定終點體積之 140%～160%，總滴定點數不得超過 21 點，且終點前後應有 5 點每次加入之體積不得超過 0.20 mL。

註：可採指示劑法預估滴定體積。

2.8 以滴定曲線法之結果出具數據，並依術科承辦單位於試樣容器上標示之成分及單位表示，酸性物質如%苯甲酸、%鄰苯二甲酸氫鉀及%磷酸二氫鉀等。鹼性物質如%磷酸氫二鉀及%碳酸鈉等。

2.9 品質管制：

2.9.1. 查核試樣：依術科承辦單位提供已知鹼性物質含量之試樣以指示劑法進行滴定，並計算回收率。

2.9.2. 重複試樣：酸性試樣之指示劑法及滴定曲線法視為重複分析，應符合重複分析之品管要求。

2.10 廢液處理：將剩餘試劑及檢驗廢液依性質傾倒於術科承辦單位準備之容器。

元素	Al	Ba	Ca	Cl	Cu	F	Fe	K
原子量	26.99	137.33	40.08	35.45	63.55	19.00	55.85	39.10
元素	I	Mg	Mn	Na	P	S	Si	Zn
原子量	126.90	24.31	54.94	22.99	30.97	32.07	28.09	65.41

3. 設備及器皿　酸鹼滴定溶液之配製、標定與試樣之 pH 滴定曲線

名稱	規格	數量
1. 天平	靈敏度 0.0001 g，附 200 g （或全幅）及 10 g 砝碼各 1 顆（可 2 人共用 1 台）	1 台
2. pH 計	附電極、緩衝液（可為 4.01、7.00、10.01 或 4.01、6.86、9.18，25℃，應標示配製或開封及裝瓶日期）及溫度－pH 值對照表。當以 2 種緩衝液校正後，第 3 種緩衝液之 pH 測值誤差應小於 0.1	1 套
3. 溫度計	可測定室溫，刻度範圍小於 100℃，應編碼	1 支
4. 磁攪拌器	附攪拌子	1 台
5. 定量瓶	100 mL，A 級	4 支
6. 滴定管	25 或 50 mL，A 級	2 支
7. 球型吸量管	10 mL，A 級	2 支
8. 球型吸量管	15 mL，A 級	2 支
9. 球型吸量管	20 mL，A 級	2 支
10. 球型吸量管	25 mL，A 級	2 支
11. 球型吸量管	50 mL，A 級	1 支
12. 刻度吸量管	5 mL，A 級	1 支
13. 刻度吸量管	2 mL，塑膠材質	1 支
14. 其他必要器皿	視需要供給	1 組

註： 1. 本表所列設備及器皿係為每站 1 位應檢人所需，如人數較多時應依比率增加。

　　 2. 應檢人應依術科承辦單位提供之設備及器皿進行測試，不得額外要求，如造成損壞時，除應照價賠償外，監評人員得視情節酌扣得分。

4. 試劑及樣品　酸鹼滴定溶液之配製、標定與試樣之 pH 滴定曲線

名稱	規格	數量
1. 濃鹽酸	應標示%濃度及密度	10 mL
2. 碳酸鈉	270ºC 烘乾後，置放於乾燥器中備用	1 g
3. 50%氫氧化鈉溶液	100 g 氫氧化鈉溶於 100 mL 試劑水中，放置於 PE 瓶至溶液澄清，應標示%濃度及密度	10 mL
4. 溴瑞香草酚藍指示劑	0.1 g 溴瑞香草酚藍溶於 100 mL 50%乙醇中；應標示 pKa (7.1)及 pH 變色範圍(6.2～7.6)，黃變藍	5 mL
5. 酚酞指示劑	0.1 g 酚酞溶於 100 mL 95%乙醇中；應標示 pKa (9.1)及 pH 變色範圍(8.0～9.6)，無變紅	5 mL
6. 甲基紅指示劑	0.1 g 甲基紅溶於 100 mL 95 %乙醇中；應標示 pKa (5.1)及 pH 變色範圍(4.4～6.2)，紅變黃	5 mL
7. 甲基橙指示劑	0.1 g 甲基橙溶於 100 mL 試劑水中；應標示 pKa (3.4)及 pH 變色範圍(3.1～4.4)，紅變橙	5 mL
8. 溴甲酚綠指示劑	0.1 g 溴甲酚綠溶於 100 mL 20%乙醇中；應標示 pKa (4.9)及 pH 變色範圍(4.0～5.6)，黃變藍綠	5 mL
9. 試樣	可為兩種待測成分混合試樣或兩種單一待測成分試樣。試樣應標示濃度範圍（參考值之 70～140%）及各成分之 pKa。配成樣品溶液取 20 mL 進行滴定時，滴定終點之體積以不少於 15 mL 為原則	10 g
10. 查核試樣	含鹼性物質並應標示濃度	5 g
11. 試劑水	應去除二氧化碳	2 L

註：　1. 本表所列試藥及樣品量係為每站 1 位應檢人所需，如人數較多時應依比率增加。
　　　2. 本表所列各試藥及樣品應以單獨容器盛裝。
　　　3. 應檢人應依術科承辦單位提供試藥及樣品進行測試，不得額外要求。
　　　4. 本表中各種試藥除規格欄中另行註明者，均應使用分析級。

第一站第二題

試題名稱：201-2 酸鹼滴定溶液之配製、標定與試樣之電位滴定曲線

1. 操作說明：分別配製酸與鹼滴定溶液並標定，再以此二溶液滴定試樣，並由滴定過程中樣品溶液之 mV 值變化求出滴定終點及試樣中之酸鹼含量。

2. 實驗步驟

2.1　依術科承辦單位提供之天平操作標準作業程序進行天平功能查核。

2.2 依術科承辦單位提供之電位計標準作業程序，測定 pH 值 7.00 及 4.01 緩衝液之電位，由此計算電極零點電位及斜率。

2.3 0.05 M 氫氧化鋇滴定溶液之標定：精稱 0.20±0.02 g 鄰苯二甲酸氫鉀 ($C_8H_5O_4K$)，溶於 50 mL 去除二氧化碳之試劑水中，加入適量指示劑，以氫氧化鋇溶液滴定。

2.4 鹽酸滴定溶液之配製及標定：

2.4.1 取 2.1 mL 濃鹽酸，以去除二氧化碳之試劑水稀釋至 500 mL。

2.4.2 取 20 mL 鹽酸溶液，以去除二氧化碳之試劑水稀釋至 50 mL，加入適量指示劑，以氫氧化鋇溶液滴定。

2.5 樣品溶液之配製：如試樣為兩種待測成分混合時，精稱 3.00±0.02 g 試樣，如為單一待測成分時，分別精稱 1.50±0.02 g，各試樣均以去除二氧化碳之試劑水配製成 100 mL 溶液。

2.6 試樣中酸性成分之測定：

2.6.1 取適量樣品溶液，以電位計測定滴定過程中樣品溶液之 mV 值變化，由滴定數據計算終點附近共 10 個滴定點（滴定終點前後各至少 3 點）之△mV／△V 值，由此決定終點之滴定體積。

2.6.2 總滴定體積應介於滴定終點體積之 140%～160%，總滴定點數不得超過 21 點，且終點前後應有 5 點每次加入之體積不得超過 0.20 mL。

註：可採指示劑法預估滴定體積。

2.7 試樣中鹼性成分之滴定：

2.7.1 取適量樣品溶液，必要時稀釋至 50 mL，加入適量指示劑，以鹽酸溶液滴定，其滴定體積應大於 15 mL。

2.7.2 再取同量樣品溶液滴定，並以電位計測定滴定過程中樣品溶液之 mV 值變化，由滴定數據計算終點附近共 10 個滴定點（滴定終點前後各至少 3 點）之△mV／△V 值，由此決定終點之滴定體積。

2.7.3 步驟 2.7.2 之總滴定體積應介於步驟 2.7.1 滴定終點體積之 140%～160%，總滴定點數不得超過 21 點，且終點前後應有 5 點每次加入之體積不得超過 0.20 mL。

2.8 以滴定曲線法之結果出具數據，並依承辦單位於試樣容器上標示之成分及單位表示，酸性物質如%苯甲酸、%鄰苯二甲酸氫鉀及%磷酸二氫鉀等。鹼性物質如%磷酸氫二鉀及%碳酸鈉等。

2.9 品質管制：

2.9.1 查核試樣：依術科承辦單位提供已知酸性物質含量之試樣以指示劑法進行滴定，並計算回收率。

2.9.2 重複試樣：鹼性試樣之指示劑法及滴定曲線法視為重複分析，應符合重複分析之品管要求。

2.10 廢液處理：將剩餘試劑及檢驗廢液依性質傾倒於術科承辦單位準備之容器。

元素	Al	Ba	Ca	Cl	Cu	F	Fe	K
原子量	26.99	137.33	40.08	35.45	63.55	19.00	55.85	39.10
元素	I	Mg	Mn	Na	P	S	Si	Zn
原子量	126.90	24.31	54.94	22.99	30.97	32.07	28.09	65.41

3. 設備及器皿　酸鹼滴定溶液之配製、標定與試樣之電位滴定曲線

名稱	規格	數量
1. 天平	靈敏度 0.0001 g，附 200 g （或全幅）及 10 g 砝碼各 1 顆（可 2 人共用 1 台）	1 台
2. 電位計	附玻璃電極、緩衝液 4.01、7.00，25℃，應標示配製或開封及裝瓶日期）及溫度－pH 值對照表。電極零點電位應介於±30 mV，斜率應介於–55～–61 mV/pH 間	1 套
3. 溫度計	可測定室溫，刻度範圍小於 100℃，應編碼	1 支
4. 磁攪拌器	附攪拌子	1 台
5. 定量瓶	100 mL，A 級	4 支
6. 滴定管	25 或 50 mL，A 級	2 支
7. 球型吸量管	10 mL，A 級	2 支
8. 球型吸量管	15 mL，A 級	2 支
9. 球型吸量管	20 mL，A 級	2 支
10. 球型吸量管	25 mL，A 級	2 支
11. 球型吸量管	50 mL，A 級	1 支
12. 刻度吸量管	5 mL，A 級	1 支

名稱	規格	數量
13. 刻度吸量管	2 mL，A 級	1 支
14. 其他必要器皿	視需要供給	1 組

註：1. 本表所列設備及器皿係為每站 1 位應檢人所需，如人數較多時應依比率增加。

2. 應檢人應依術科承辦單位提供之設備及器皿進行測試，不得額外要求，如造成損壞時，除應照價賠償外，監評人員得視情節酌扣得分。

4. 試劑及樣品　酸鹼滴定溶液之配製、標定與試樣之電位滴定曲線

名稱	規格	數量
1. 濃鹽酸	應標示%濃度及密度	10 mL
2. 鄰苯二甲酸氫鉀	105ºC 烘乾後，置放於乾燥器中備用	1 g
3. 0.05 M 氫氧化鋇溶液	取氫氧化鋇 16 g 溶於 2 L 去除二氧化碳試劑水中，靜置一夜後，使用虹吸管將其上面澄清液移至儲存瓶備用，使用時須標定	200 mL
4. 溴瑞香草酚藍指示劑	0.1 g 溴瑞香草酚藍溶於 100 mL 50%乙醇中；應標示 pKa (7.1)及 pH 變色範圍(6.2～7.6)，黃變藍	5 mL
5. 酚酞指示劑	0.1 g 酚酞溶於 100 mL 95%乙醇中；應標示 pKa (9.1)及 pH 變色範圍(8.0～9.6)，無變紅	5 mL
6. 甲基紅指示劑	0.1 g 甲基紅溶於 100 mL 95%乙醇中；應標示 pKa (5.1)及 pH 變色範圍(4.4～6.2)，紅變黃	5 mL
7. 甲基橙指示劑	0.1 g 甲基橙溶於 100 mL 試劑水中；應標示 pKa (3.4)及 pH 變色範圍(3.1～4.4)，紅變橙	5 mL
8. 溴甲酚綠指示劑	0.1 g 溴甲酚綠溶於 100 mL 20%乙醇中；應標示 pKa (4.9)及 pH 變色範圍(4.0～5.6)	5 mL
9. 試樣	可為兩種待測成分混合試樣或兩種單一待測成分試樣。試樣應標示濃度範圍（參考值之 70～140%）及各成分之 pKa。配成樣品溶液取 20 mL 進行滴定時，滴定終點之體積以不少於 15 mL 為原則	10 g
10. 查核試樣	含酸性物質並應標示濃度	5 g
11. 試劑水	應去除二氧化碳	2 L

註：1. 本表所列試藥及樣品量係為每站 1 位應檢人所需，如人數較多時應依比率增加。

2. 本表所列各試藥及樣品應以單獨容器盛裝。

3. 應檢人應依術科承辦單位提供試藥及樣品進行測試，不得額外要求。

4. 本表中各種試藥除規格欄中另行註明者，均應使用分析級。

第一站第三題

試題名稱：201-3 硫酸銅電鍍液之成分分析

1. 操作說明：以容量分析法分析硫酸銅電鍍液之成分，包括：

1.1 利用鉗合滴定法定量硫酸銅。

1.2 利用氧化還原滴定法定量鐵離子。

2. 實驗步驟

2.1 依術科承辦單位提供之天平操作標準作業程序進行天平功能查核。

2.2 乙二胺四乙酸二鈉(EDTA-2Na)滴定溶液之配製及標定。

2.2.1 稱取 3.7±0.1 g EDTA-2Na，稀釋至 200 mL。

2.2.2 精稱 0.50±0.01 g 碳酸鈣，以少量 6 M HCl 溶液溶解，加入適量試劑水，加熱至沸騰，冷卻後加入數滴甲基橙指示劑，以 NH_4OH 或 HCl 溶液調整至甲基橙呈中間色調後，稀釋至 100 mL。

2.2.3 取鈣標準溶液 25.0 mL，稀釋至 50 mL。

2.2.4 加入 1 mL 緩衝液和適量指示劑，以 EDTA-2Na 溶液滴定。

2.3 硫代硫酸鈉滴定溶液之配製及標定：

2.3.1 精稱 1.25±0.05 g 硫代硫酸鈉並溶於適量試劑水中，加入 2 mL 1 M 氫氧化鈉溶液，稀釋至 200 mL，貯存於棕色瓶。

2.3.2 稱取 2.0±0.1 g 碘化鉀，溶於 100 至 150 mL 試劑水，加入 1 mL 3 M 硫酸溶液及 20.00 mL 碘酸氫鉀標準溶液，稀釋至 200 mL，以硫代硫酸鈉溶液滴定至淡黃色，加入 2 mL 澱粉指示劑，繼續滴定至終點。

2.4 硫酸銅之定量：

2.4.1 取適量電鍍液，加入試劑水 50 mL 及濃硝酸 3.0 mL，煮沸數分鐘。

2.4.2 冷卻後加入濃氨水至呈深藍色後過濾，並以少量稀氨水洗滌沉澱。

2.4.3 加 100 mL 試劑水於濾液中，煮沸 5 分鐘。

2.4.4 冷卻後加入適量指示劑，以 EDTA-2Na 溶液滴定。

2.5 鐵離子之定量：

2.5.1 取適量電鍍液，加入試劑水 50 mL 及濃硝酸 3.0 mL，煮沸數分鐘。

2.5.2 冷卻後加入濃氨水至呈深藍色後過濾，並以少量稀氨水洗滌沉澱。

2.5.3 以 6 M HCl 溶液溶解沉澱後，加入 5 g KI，以錶玻璃覆蓋，於暗處靜置 5 分鐘。

2.5.4 以硫代硫酸鈉溶液滴定至淡黃色，加入 2 mL 澱粉指示劑，繼續滴定至終點。

2.6 品質管制：

2.6.1 查核試樣：分析術科承辦單位提供已知硫酸銅含量之查核試樣，計算回收率。

2.6.2 重複試樣：依步驟鐵離子之定量執行，計算相對差異。

2.7 廢液處理：將剩餘試劑及檢驗廢液依性質傾倒於術科承辦單位準備之容器。

元素	Al	Ba	Ca	Cl	Cu	F	Fe	K
原子量	26.99	137.33	40.08	35.45	63.55	19.00	55.85	39.10
元素	I	Mg	Mn	Na	P	S	Si	Zn
原子量	126.90	24.31	54.94	22.99	30.97	32.07	28.09	65.41

3. 設備及器皿　硫酸銅電鍍液之成分分析

名稱	規格	數量
1. 天平	靈敏度 0.0001 g，附 200 g （或全幅）及 10 g 砝碼各 1 顆（可 2 人共用 1 台）	1 台
2. 磁攪拌器	附攪拌子	1 台
3. 過濾裝置		1 套
4. 定量濾紙	配合過濾裝置使用	10 張
5. 加熱裝置		1 套
6. 定量瓶	100 mL，A 級	2 支
7. 定量瓶	200 mL，A 級	4 支
8. 量筒	100 mL	1 支
9. 滴定管	25 或 50 mL，A 級	2 支
10. 球型吸量管	2 mL，A 級	2 支
11. 球型吸量管	5 mL，A 級	2 支
12. 球型吸量管	10 mL，A 級	2 支

名稱	規格	數量
13. 球型吸量管	20 mL，A 級	2 支
14. 刻度吸量管	2 mL，A 級	3 支
15. 刻度吸量管	5 mL，A 級	1 支
16. 其他必要器皿	視需要供給	1 組

註： 1. 本表所列設備及器皿係為每站 1 位應檢人所需，如人數較多時應依比率增加。

2. 應檢人應依術科承辦單位提供之設備及器皿進行測試，不得額外要求，如造成損壞時，除應照價賠償外，監評人員得視情節酌扣得分。

4. 試劑及樣品　硫酸銅電鍍液之成分分析

名稱	規格	數量
1. 濃硝酸	16 M	20 mL
2. 濃氨水		20 mL
3. 6 M HCl 溶液	500 mL 濃鹽酸加入適量試劑水中，稀釋至 1 L	20 mL
4. 3 M H_2SO_4 溶液	168 mL 濃硫酸加入適量試劑水中，稀釋至 1 L	10 mL
5. NH_4OH 溶液（1：1）	濃氨水與試劑水以 1：1 比例混合	20 mL
6. 1 M NaOH 溶液	40 g 氫氧化鈉，稀釋至 1 L，混合均勻放置於 PE 瓶	10 mL
7. 乙二胺四乙酸二鈉	含 2 個結晶水	1 g
8. 硫代硫酸鈉	含 5 個結晶水	5 g
9. 碳酸鈣	105ºC 乾燥過夜，放於乾燥器內或密栓瓶內備用	1 g
10. 碘化鉀	不含碘酸鹽	20 g
11. 緩衝液	67.5 g 氯化銨及 570 mL 氨水混合後稀釋至 1 L	10 mL
12. MX 指示劑	murexide（ammonium purpurate 紫尿酸銨）0.2 g 與氯化鈉 100 g 混合磨碎	3 g
13. EBT 指示劑	0.5 g Eriochrome Black T 溶解於 100 mL 70%乙醇	5 mL
14. 甲基橙指示劑	0.1 g 溶於 100 mL 熱試劑水中	5 mL
15. 0.002083 M KH $(IO_3)_2$ 標準溶液	0.8124 g 碘酸氫鉀溶於試劑水中，稀釋至 1000 mL	50 mL
16. 2%澱粉溶液	2 g 可溶性澱粉加少量試劑水攪拌成乳狀，倒入 100 mL 沸騰試水中，煮沸數分鐘後靜置一夜，加入 0.2 g 水楊酸保存	20 mL
17. 電鍍液	依步驟規定之取樣體積進行滴定時，滴定終點之體積以不少於 15 mL 為原則	40 mL

名稱	規格	數量
18. 查核電鍍液	應標示濃度	20 mL
19. 試劑水		2 L

註： 1. 本表所列設備及試藥量係為每站 1 位應檢人所需，如人數較多時應依比率增加，且各人使用之試藥及試劑應以單獨容器盛裝。

 2. 本表中各種試藥除規格欄中另行註明者，均應使用分析級。

第一站第四題

試題名稱：201-4 天然石灰石中氧化鈣含量之測定

1. 操作說明：天然石灰石試樣經研磨、過篩後，以鹽酸溶解，再以下述 2 種方式測定所含之氧化鈣（或鈣）含量。

1.1 試樣溶液與草酸鹽作用產生草酸鈣沉澱，過濾並洗去多餘之草酸鹽後，溶於硫酸中，以過錳酸鉀溶液滴定。

1.2 試樣溶液調整至 pH 12～13 後，以乙二胺四乙酸二鈉溶液滴定。

2. 實驗步驟

2.1 依術科承辦單位提供之天平操作標準作業程序進行天平功能查核。

2.2 過錳酸鉀滴定溶液之標定：

2.2.1 精稱 0.20±0.02 g 草酸鈉，以 1.0 M 硫酸稀釋至 50 mL。

2.2.2 計算相當於 80%草酸鈉之 0.02 M 過錳酸鉀滴定溶液體積（至個位數），在室溫下一次加入。

2.2.3 靜置，待溶液澄清後加熱至 60°C 左右，再以過錳酸鉀滴定溶液滴定。

2.2.4 以 80 mL 1.0 M 硫酸溶液依相同步驟進行空白滴定。

2.3 乙二胺四乙酸二鈉(EDTA-2Na)滴定溶液之配製及標定：

2.3.1 EDTA 滴定溶液之配製：稱取 EDTA-2Na 1.9±0.1 g，稀釋至 250 mL，儲存於適當容器。

2.3.2 鈣標準溶液之配製：精稱 0.20±0.01 g 碳酸鈣，加入少量稀鹽酸溶解，加適量試劑水，加熱至沸騰，冷卻，加入數滴甲基橙指示劑，以 NH₄OH 或 HCl 溶液調整至甲基橙之顏色呈現中間色調後，稀釋至 100 mL。

2.3.3　取鈣標準溶液 25.0 mL，稀釋至 50 mL。

2.3.4　加入 1 mL 緩衝液和適量指示劑，以 EDTA-2Na 溶液滴定。

2.4　試樣前處理：

2.4.1　天然石灰石試樣，以研缽研磨至粉狀，使全量通過 150 μm 篩。

2.4.2　過篩後之試樣在 105～110°C 之烘箱中乾燥 1 小時，保存於乾燥器。（為避免乾燥時間過長，試樣先由術科承辦單位研磨烘乾，檢定時應檢人應有研磨動作，烘乾步驟可省略）。

2.4.3　精稱 0.50±02 g 乾燥試樣，以 10 mL 濃鹽酸溶解並過濾後，稀釋至 100 mL。

2.5　以氧化還原滴定法測定氧化鈣含量：

2.5.1　精取試樣溶液 25.0 mL，加熱至沸騰，並加入 40 mL 熱草酸銨溶液。

2.5.2　加入 1~2 滴甲基紅，逐滴加入 6 M 氨水，使草酸鈣沉澱直至溶液呈黃色為止。

2.5.3　靜置至少半小時後過濾。

2.5.4　將沉澱物移入燒杯中，加入 50 mL 1.0 M 硫酸溶液使沉澱物溶解。

2.5.5　加熱至 60°C 左右，以過錳酸鉀溶液滴定。

2.6　以鉗合滴定法測定氧化鈣含量：

2.6.1　精取試樣溶液 10.0 mL，稀釋至 50 mL。

2.6.2　加入 2 滴甲基橙指示劑，以 1 M 氫氧化鈉溶液調整至變色，再加入 5 mL 氫氧化鈉溶液。

2.6.3　攪拌試樣溶液，加入適量指示劑，以 EDTA-2Na 溶液滴定。

2.7　品質管制：

2.7.1　查核試樣：以術科承辦單位提供已知含量之固體氧化鈣試樣或含鈣試樣溶液進行鉗合滴定，計算回收率。

2.7.2　重複試樣：以 2.4.3 製備之樣品溶液依步驟鉗合滴定法測定氧化鈣含量執行重複測試。

2.8　廢液處理：將剩餘試劑及檢驗廢液依性質傾倒於術科承辦單位準備之容器。

元素	Al	Ba	Ca	Cl	Cu	F	Fe	K
原子量	26.99	137.33	40.08	35.45	63.55	19.00	55.85	39.10
元素	I	Mg	Mn	Na	P	S	Si	Zn
原子量	126.90	24.31	54.94	22.99	30.97	32.07	28.09	65.41

3. 設備及器皿　天然石灰石中氧化鈣含量之測定

名稱	規格	數量
1. 天平	靈敏度 0.0001 g，附 200 g （或全幅）及 10 g 砝碼各 1 顆（可 2 人共用 1 台）	1 台
2. 研缽		1 個
3. 磁攪拌器	附攪拌子	1 台
4. 過濾裝置	附定量濾紙	1 套
5. 加熱裝置		1 套
6. 定量瓶	50 mL，A 級	2 支
7. 定量瓶	100 mL，A 級	2 支
8. 定量瓶	250 mL，A 級	1 支
9. 量筒	100 mL	2 支
10. 滴定管	25 或 50 mL，A 級	2 支
11. 球型吸量管	10 mL，A 級	2 支
12. 球型吸量管	25 mL，A 級	3 支
13. 刻度吸量管	2 mL，A 級	3 支
14. 刻度吸量管	20 mL，A 級	1 支
15. 其他必要器皿	視需要供給	1 組

註：1. 本表所列設備及器皿係為每站 1 位應檢人所需，如人數較多時應依比率增加。

　　2. 應檢人應依術科承辦單位提供之設備及器皿進行測試，不得額外要求，如造成損壞時，除應照價賠償外，監評人員得視情節酌扣得分。

4. 試劑及樣品　天然石灰石中氧化鈣含量之測定

名稱	規格	數量
1. 濃鹽酸	12 M	5 mL
2. 碳酸鈣	105ºC 乾燥過夜，置於乾燥器或密栓瓶	1 g
3. 草酸鈉	105ºC 烘乾後，置於乾燥器	1 g

名稱	規格	數量
4. 乙二胺四乙酸二鈉	80ºC 乾燥 2 小時後，置於乾燥器中	5 g
5. 1 M 硫酸	56 mL 濃硫酸，稀釋至 1 L	250 mL
6. 1 M 氫氧化鈉溶液	40 g 氫氧化鈉，稀釋至 1 L	50 mL
7. 6 M 氨水	40 mL 濃氨水，稀釋至 100 mL	250 mL
8. 0.02 M 過錳酸鉀滴定溶液	3.20 克過錳酸鉀溶於 1 L 去離子水中加熱至沸騰，保持高溫約 1 小時，冷卻過濾後儲存於褐色玻璃瓶	250 mL
9. 緩衝液	6.75 g 氯化氨及 57 mL 氨水混合後稀釋至 1 L	10 mL
10. 6%(W/V) 草酸銨溶液	30 g 草酸氨溶於試劑水中，稀釋至 500 mL	100 mL
11. EBT 指示劑	0.5 g Eriochrome Black T 溶解於 100 mL 70%乙醇	5 mL
12. 甲基橙指示劑	0.1 g 甲基橙溶於 100 mL 試劑水中	5 mL
13. MX 指示劑	murexide（ammonium purpurate 紫尿酸銨）0.2 g 與氯化鈉 100 g 混合磨碎	10 g
14. 試樣（天然石灰石）	以研缽研磨至粉狀，取通過 150 µm 篩部分於 105～110ºC 之烘箱中乾燥 1 小時，保存於乾燥器。配製成試樣溶液後，依步驟規定之取樣體積進行滴定時，滴定終點之體積以不少於 15 mL 為原則	2 g
15. 查核試樣	可為固體或液體試樣，應標示含量	1 g
16. 試劑水		2 L

註：1. 本表所列試藥及樣品量係為每站 1 位應檢人所需，如人數較多時應依比率增加。

　　2. 本表所列各試藥及樣品應以單獨容器盛裝。

　　3. 應檢人應依術科承辦單位提供試藥及樣品進行測試，不得額外要求。

　　4. 本表中各種試藥除規格欄中另行註明者，均應使用分析級。

第一站第五題

試題名稱：201-5 聚氯化鋁中氧化鋁含量及鹼度之測定

1. 操作說明：

1.1　將聚氯化鋁試樣以硝酸處理，使聚合鋁成為鋁離子，加過剩之乙二胺四乙酸二鈉(EDTA-2Na)溶液，與鋁離子形成鉗合物，殘留之 EDTA-2Na 以鋅溶液逆滴定，可求出試樣中之氧化鋁含量。

1.2　加鹽酸於聚氯化鋁試樣並煮沸後，加入氟化鉀溶液掩蔽鋁，再以氫氧化鈉溶液滴定，可求出聚氯化鋁試樣之鹼度。

2. 實驗步驟

2.1　依術科承辦單位提供之天平操作標準作業程序進行天平功能查核。

2.2　鋅滴定溶液之配製及標定：

2.2.1　稱取 0.87±0.02 g 乙酸鋅，溶於適量試劑水中，加入濃鹽酸 2～3 mL 並稀釋至 200 mL。

2.2.2　取 0.05 M EDTA-2Na 溶液 20 mL，加入試劑水 20 mL 及硝酸(1+12) 2 mL。

2.2.3　使用乙酸鈉溶液調整試樣溶液之 pH 值至約為 3（以 pH 3～5 試紙確認）後，煮沸約 2 分鐘。

2.2.4　冷卻後，加乙酸鈉溶液約 10 mL 及適量指示劑，以鋅溶液滴定，記錄為空白滴定體積。

2.2.5　取鋁標準溶液 20 mL 及 0.05 M EDTA-2Na 溶液 20 mL，加硝酸(1+12) 2 mL，覆蓋錶玻璃，煮沸 1 分鐘後冷卻，依步驟 2.2.3～2.2.4 操作。

2.2.6　由鋅溶液使用量計算鋅溶液 1 mL 之鋁相當量(mg Al/mL)。

2.3　氫氧化鈉滴定溶液之配製及標定：

2.3.1　取 3.3 mL 之 50%氫氧化鈉溶液，稀釋至 250 mL，保存於適當容器。

2.3.2　精稱 1.0±0.05 g 鄰苯二甲酸氫鉀，溶於 50 mL 試劑水，加入適量指示劑，以氫氧化鈉溶液滴定。

2.4　試樣中氧化鋁之測定：

2.4.1 精稱試樣 2.0±0.1 g，稀釋至 100 mL。

2.4.2 取 20 mL 試樣溶液，加硝酸(1+12) 2 mL，覆蓋錶玻璃並煮沸 1 分鐘，冷卻後，加 0.05 M EDTA-2Na 溶液 20 mL，依步驟 2.2.3～2.2.4 操作。

2.5 試樣中鹼度之測定：

2.5.1 精稱試樣 1.00±0.05 g，稀釋至 25 mL。

2.5.2 加 0.25 M HCl 溶液 30 mL，覆蓋錶玻璃，於水浴中加熱 10 分鐘，冷卻後，加入氟化鉀溶液 25 mL。

2.5.3 加入適量指示劑，以 0.25 M NaOH 溶液滴定。

2.5.4 取試劑水 25 mL，依步驟 2.5.2～2.5.3 操作。

2.6 品質管制：

2.6.1 查核試樣：依術科承辦單位提供已知氧化鋁濃度之查核試樣依步驟 2.4 操作，求出回收率。

2.6.2 重複試樣：執行鹼度之重複稱重及滴定。

2.7 廢液處理：將剩餘試劑及檢驗廢液依性質傾倒於術科承辦單位準備之容器。

元素	Al	Ba	Ca	Cl	Cu	F	Fe	K
原子量	26.99	137.33	40.08	35.45	63.55	19.00	55.85	39.10
元素	I	Mg	Mn	Na	P	S	Si	Zn
原子量	126.90	24.31	54.94	22.99	30.97	32.07	28.09	65.41

3. 設備及器皿　聚氯化鋁中氧化鋁含量及鹼度之測定

名稱	規格	數量
1. 天平	靈敏度 0.0001 g，附 200 g （或全幅）及 10 g 砝碼各 1 顆（可 2 人共用 1 台）	1 台
2. 磁攪拌器	附攪拌子	1 台
3. 加熱裝置		1 套
4. 水浴裝置		1 台
5. 定量瓶	100 mL，A 級	2 支
6. 定量瓶	200 mL，A 級	1 支
7. 定量瓶	250 mL，A 級	1 支

名稱	規格	數量
8. 量筒	100 mL	2 支
9. 滴定管	25 或 50 mL，A 級	2 支
10. 球型吸量管	20 mL，A 級	2 支
11. 球型吸量管	25 mL，A 級	2 支
12. 球型吸量管	30 mL，A 級	1 支
13. 刻度吸量管	2 mL，A 級	3 支
14. 刻度吸量管	10 mL，A 級	1 支
15. 刻度吸量管	5 mL，塑膠材質	1 支
16. 其他必要器皿	視需要供給	1 組

註：1. 本表所列設備及器皿係為每站 1 位應檢人所需，如人數較多時應依比率增加。

2. 應檢人應依術科承辦單位提供之設備及器皿進行測試，不得額外要求，如造成損壞時，除應照價賠償外，監評人員得視情節酌扣得分。

4. 試劑及樣品　聚氯化鋁中氧化鋁含量及鹼度之測定

名稱	規格	數量
1. 乙酸鋅		2 g
2. 鹽酸	37%	10 mL
3. 0.25 M 鹽酸溶液	取 21 mL 濃鹽酸，稀釋至 1 L	150 mL
4. 50% 氫氧化鈉溶液	100 g 氫氧化鈉溶於 100 mL 試劑水中，混合均勻放置於 PE 瓶至溶液澄清	10 mL
5. 1＋12 硝酸	濃硝酸與試劑水以 1：12 比例混合	15 mL
6. 鋁標準液 (1 mg Al/mL)	1.000 g 鋁放於燒杯，覆蓋錶玻璃，小心加少量硝酸 (1+1) 並加熱溶解。放冷後，以試劑水稀釋至 1000 mL	50 mL
7. 0.05 M EDTA-2Na 溶液	18.61 g 二水合乙二胺四乙酸二鈉溶於水，稀釋至 1 L，移入聚乙烯製氣密容器儲存	150 mL
8. 乙酸鈉溶液	緩衝用，272 g 三水合乙酸鈉溶於水，稀釋至 1 L	100 mL
9. 氟化鉀溶液	500 g 氟化鉀溶於水，稀釋至 1 L	100 mL
10. pH 試紙	pH 3～5	5 張
11. 酚酞指示劑	1 g 酚酞溶於 100 mL 乙醇中	5 mL
12. 甲基橙指示劑	0.1 g 甲基橙溶於 100 mL 試劑水中	5 mL
13. EBT 指示劑	0.5 g Eriochrome Black T 溶解於 100 mL 70% 乙醇	5 mL

名稱	規格	數量
14. MX 指示劑	Murexide（ammonium purpurate 紫尿酸銨）0.2 g 與氯化鈉 100 g 混合磨碎	10 g
15. 二甲酚橙溶液	0.1 g 二甲酚橙溶於水，稀釋至 100 mL	5 mL
16. 多元氯化鋁試樣	採用 CNS 規範，含氧化鋁 10～11%，鹼度 45～65%	10 mL
17. 查核試樣	應標示濃度	10 mL
18. 試劑水		2 L

註： 1. 本表所列設備及試藥量係為每站 1 位應檢人所需，如人數較多時應依比率增加，且各人使用之試藥及試劑應以單獨容器盛裝。

2. 本表中各種試藥除規格欄中另行註明者，均應使用分析級。

第二站第一題

試題名稱：202-1 試樣中鐵(II)之比色定量

1. 操作說明：試樣經前處理成為酸性溶液後，鐵離子以氫氯化羥胺還原成亞鐵離子，亞離子與二氮菲反應生成橘紅色錯離子，測定其吸光度並由檢量線可求出試樣中鐵之含量。

2. 實驗步驟

2.1　依術科承辦單位提供之導電度計操作標準作業程序進行試劑水品質查核。

2.2　0.01 M 硫酸溶液配製：取 10 mL 0.5 M 硫酸溶液，稀釋至 500 mL。

2.3　鐵標準溶液之配製：

2.3.1　精稱約 0.18±0.01 g 六水硫酸亞鐵銨，溶於適量試劑水中，加入 5 mL 0.5 M 硫酸溶液，以試劑水稀釋至 250 mL，作為儲備溶液。

2.3.2　取 10 mL 儲備溶液，加入 5 mL 0.5 M 硫酸溶液，以試劑水稀釋至 250 mL，作為標準溶液。

2.4　還原劑溶液之配製：取 2 g 氫氯化羥胺，溶於 10 mL 試劑水，加微量固體檸檬酸鈉至 pH 約 4.5，再加試劑水成 20 mL。

2.5　最大吸光波長測試及檢量線製作：

2.5.1　取 20 mL 鐵標準溶液，稀釋至 50 mL。

2.5.2 以 2 mL 刻度吸量管，逐滴加入檸檬酸鈉溶液至 pH 約 3.5（使用 pH 範圍 3～5 之試紙），記下所需檸檬酸鈉溶液體積(a mL)。

2.5.3 分別取 0、5、10、20、30 及 40 mL 鐵標準溶液，置於 50 mL 量瓶中。

2.5.4 於各量瓶加入 1 mL 還原劑溶液，2 mL 二氮菲溶液，a mL 檸檬酸鈉溶液，再加 0.01 M 硫酸溶液稀釋至刻度，混合均勻，靜置 20 分鐘。

2.5.5 取含 20 mL 標準溶液之顯色液，在 490～520 nm 間每隔 5 nm 分別測定吸光度，找出最大吸光波長。

2.5.6 於最大吸光波長下，測定各標準溶液之吸光度，並以最小平方法迴歸。

2.6 試樣中鐵含量測定：

2.6.1 精稱 0.10±0.01 g 試樣，溶於適量試劑水中，加入 5 mL 0.5 M 硫酸溶液，以試劑水稀釋至 250 mL，必要時參考術科承辦單位提供之試樣濃度依標準溶液稀釋方式進行適當稀釋。

2.6.2 取適量樣品溶液，依步驟 2.5.4 展色，於最大吸光波長測其吸光度。

2.6.3 由檢量線求出試樣濃度。

2.7 分析結果：依試樣包裝上標示之單位表示，如%Fe、%Fe$_2$O$_3$、ppm Fe 等。

2.8 品質管制：

2.8.1 以術科承辦單位提供不同來源之固體硫酸亞鐵銨配製適當濃度之溶液或採用已知鐵濃度之溶液進行檢量線確認。

2.8.2 以試劑水進行試劑空白分析。

2.8.3 本方法無樣品前處理步驟，故試劑空白等同於空白樣品。

2.8.4 不同樣品溶液體積顯色所得之結果視為重複分析，應符合重複分析之品管要求，惟以吸光度接近檢量線最高點吸光度 50%者出具數據。

2.8.5 以術科承辦單位提供已知含量之固體含鐵試樣或標示濃度之液體試樣進行查核試樣分析，求出回收率。

2.8.6 依等量添加原則進行標準品添加分析。

2.9 廢液處理：將檢液依性質傾倒於術科承辦單位準備之廢液桶。

元素	Al	B	Ca	Cl	Cu	F	Fe	K
原子量	26.99	10.81	40.08	35.45	63.55	19.00	55.85	39.10
元素	I	Mg	Mn	Na	P	S	Si	Zn
原子量	126.90	24.31	54.94	22.99	30.97	32.07	28.09	65.41

3. 設備及器皿　試樣中鐵(II)之比色定量

名稱	規格	數量
1. 天平	靈敏度 0.0001 g，附 200 g（或全幅）及 10 g 砝碼各 1 顆（可 2 人共用 1 台）	1 台
2. 分光光度計	附比色管	1 套
3. 導電度計	附電極及標準液（應標示配製或開封及裝瓶日期）及溫度－導電度對照表。標準液測值與參考值之誤差應小於 2%	1 台
4. 定量瓶	50 mL，應編碼且同一應檢人不得相同，A 級	12 個
5. 定量瓶	100 mL，應編碼，A 級	3 個
6. 定量瓶	250 mL，應編碼，A 級	8 個
7. 量筒	100 mL	1 個
8. 球型吸量管	5 mL，A 級	2 支
9. 球型吸量管	10 mL，A 級	2 支
10. 球型吸量管	15 mL，A 級	1 支
11. 球型吸量管	20 mL，A 級	2 支
12. 球型吸量管	25 mL，A 級	1 支
13. 刻度吸量管	2 mL，A 級	3 支
14. 刻度吸量管	5 mL，A 級	1 支
15. 刻度吸量管	10 mL，A 級	1 支
16. 其他必要器皿	視需要供給	1 組

註：　1. 本表所列設備及器皿係為每站 1 位應檢人所需，如人數較多時應依比率增加。

　　　2. 應檢人應依術科承辦單位提供之設備及器皿進行測試，不得額外要求，如造成損壞時，除應照價賠償外，監評人員得視情節酌扣得分。

4. 試藥及試樣　試樣中鐵(II)之比色定量

名稱	規格	數量
1. 硫酸亞鐵銨標準品	固體，配製檢量線標準溶液	1 g
2. 檢量線確認標準品	與標準品不同來源之固體硫酸亞鐵銨或已知鐵濃度之溶液	1 g 或 20 mL

名稱	規格	數量
3. 0.5 M 硫酸溶液	取 28 mL 濃硫酸，稀釋至 1 L	30 mL
4. 氫氯化羥胺		4 g
5. 檸檬酸鈉		1 g
6. 檸檬酸鈉溶液	25 g 檸檬酸鈉溶於試劑水後，稀釋至 500 mL	30 mL
7. 二氮菲溶液	0.68 g 二氮菲溶於 200 mL 熱試劑水中	50 mL
8. 含鐵試樣	應標示濃度範圍（參考值之 60～160%）	1 g
9. 查核試樣	已知鐵濃度之固體或液體試樣	1 g 或 20 mL
10. 試劑水		5 L

註： 1. 本表所列試藥及試樣量係為每站 1 位應檢人所需，如人數較多時應依比率增加。

2. 本表所列各試藥及樣品應以單獨容器盛裝。

3. 應檢人應依術科承辦單位提供試藥及樣品進行測試，不得額外要求。

4. 本表中各種試藥除規格欄中另行註明者，均應使用分析級。

第二站第二題

試題名稱：202-2 試樣中鐵(III)之比色定量

1. 操作說明：試樣以酸溶解後，加入過氧化氫溶液氧化亞鐵離子，再加入硫氰酸鉀與生成之鐵離子反應形成紅色之硫氰化鐵離子錯合物，測定此溶液在波長 470 nm 下之吸光度，並由檢量線求得試樣鐵之含量。

2. 實驗步驟

2.1　依術科承辦單位提供之導電度計操作標準作業程序進行試劑水品質查核。

2.2　鐵標準溶液之配製：

2.2.1　精稱約 0.18±0.01 g 六水硫酸亞鐵銨，溶於 10 mL 1 M 硫酸溶液中，稀釋至 250 mL，作為儲備溶液。

2.2.2　取 10 mL 儲備溶液與 10 mL 1 M 硫酸溶液，稀釋至 250 mL，作為標準溶液。

2.3　檢量線製作：

2.3.1　分別取 5、10、20、30 及 40 mL 鐵標準溶液，加入 0.5 mL 3%過氧化氫溶液及 5 mL 硫氰酸鉀溶液顯色，稀釋至 50 mL。

2.3.2　放置 15 分鐘後，測定各標準溶液於波長 470 nm 下之吸光度，以最小平方法迴歸。

2.4 試樣前處理及展色：

2.4.1 精取 0.20±0.02 g 試樣，移至適當容器，加水 20 mL 後覆蓋表玻璃。

2.4.2 以每次添加少量之方式加入 1＋1 硫酸 4 mL。

2.4.3 反應轉為緩慢後，加熱使試樣完全分解。

2.4.4 溶液冷卻後，如有固體物先行過濾再稀釋至 100 mL，必要時參考術科承辦單位提供之試樣濃度進行二次稀釋。

2.4.5 取適量之樣品溶液，依步驟 2.3 展色，測定波長 470 nm 下之吸光度。

2.5 分析結果：依試樣包裝上標示之單位表示，如%Fe、%Fe$_2$O$_3$ 或 ppm Fe 等。

2.6 品質管制：

2.6.1 以術科承辦單位提供不同來源之固體硫酸亞鐵銨配製適當濃度之溶液或採用已知鐵濃度之溶液進行檢量線確認。

2.6.2 以試劑水進行試劑空白分析。

2.6.3 以試劑水依試樣處理步驟進行方法空白分析。

2.6.4 不同樣品溶液體積顯色所得之結果視為重複分析，應符合重複分析之品管要求，惟以吸光度接近檢量線最高點吸光度 50%者出具數據。

2.6.5 以術科承辦單位提供已知含量之固體含鐵試樣或標示濃度之液體試樣依試樣處理步驟進行查核試樣分析，求出回收率。

2.6.6 依等量添加原則進行標準品添加分析。

2.7 廢液處理：將檢液依性質傾倒於術科承辦單位準備之廢液桶。

元素	Al	B	Ca	Cl	Cu	F	Fe	K
原子量	26.99	10.81	40.08	35.45	63.55	19.00	55.85	39.10
元素	I	Mg	Mn	Na	P	S	Si	Zn
原子量	126.90	24.31	54.94	22.99	30.97	32.07	28.09	65.41

3. 設備及器皿　試樣中鐵(III)之比色定量

名稱	規格	數量
1.　天平	靈敏度 0.0001 g，附 200 g（或全幅）及 10 g 砝碼各 1 顆（可 2 人共用 1 台）	1 台
2.　分光光度計	附比色管	1 套
3.　導電度計	附電極及標準液（應標示配製或開封及裝瓶日期）及溫度－導電度對照表。標準液測值與參考值之誤差應小於 2%	1 台
4.　加熱設備		1 組
5.　定量瓶	50 mL，應編碼且同一應檢人不得相同，A 級	12 個
6.　定量瓶	100 mL，應編碼，A 級	4 個
7.　定量瓶	250 mL，應編碼，A 級	4 個
8.　定量瓶	500 mL，應編碼，A 級	3 個
9.　量筒	100 mL	1 個
10.　球型吸量管	5 mL，A 級	2 支
11.　球型吸量管	10 mL，A 級	2 支
12.　球型吸量管	15 mL，A 級	1 支
13.　球型吸量管	20 mL，A 級	2 支
14.　球型吸量管	25 mL，A 級	1 支
15.　刻度吸量管	2 mL，A 級	3 支
16.　刻度吸量管	5 mL，A 級	1 支
17.　刻度吸量管	10 mL，A 級	1 支
18.　其他必要器皿	視需要供給	1 組

註：　1. 本表所列設備及器皿係為每站 1 位應檢人所需，如人數較多時應依比率增加。

　　　2. 應檢人應依術科承辦單位提供之設備及器皿進行測試，不得額外要求，如造成損壞時，除應照價賠償外，監評人員得視情節酌扣得分。

4. 試藥及試樣　試樣中鐵(III)之比色定量

名稱	規格	數量
1.　硫酸亞鐵銨標準品	固體，配製檢量線標準溶液	1 g
2.　檢量線確認標準品	與標準品不同來源之固體硫酸亞鐵銨或已知鐵濃度之溶液	1 g 或 20 mL
3　1. M 硫酸	56 mL 濃硫酸溶於試劑水中，稀釋至 1 L	100 mL

名稱	規格	數量
4. 1＋1 硫酸	濃硫酸與試劑水以 1：1 比例混合（注意安全）	10 mL
5. 過氧化氫(3%)	9 mL 35%過氧化氫溶於水，稀釋至 100 mL	10 mL
6. 硫氰酸鉀溶液（20W/V%）	100 g 硫氰酸鉀溶於水，稀釋至 500 mL	90 mL
7. 含鐵試樣	合金粉末或其他適當試樣，應標示濃度範圍（參考值之 40～160％）	1 g
8. 查核試樣	已知鐵濃度之固體或液體試樣	1 g 或 20 mL
9. 試劑水		2 L

註： 1. 本表所列試藥及試樣量係為每站 1 位應檢人所需，如人數較多時應依比率增加。

2. 本表所列各試藥及樣品應以單獨容器盛裝。

3. 應檢人應依術科承辦單位提供試藥及樣品進行測試，不得額外要求。

4. 本表中各種試藥除規格欄中另行註明者，均應使用分析級。

第二站第三題

試題名稱：202-3 食品中亞硝酸鹽之測定

1. 操作說明：試樣用熱水萃取並將蛋白質沉澱後過濾，加入對胺苯磺醯胺和 N-1-萘基乙烯二胺二鹽酸鹽，與亞硝酸鹽形成紫紅色偶氮化合物，在波長 540 nm 處測其吸光度，可測定亞硝酸鹽之含量。

2. 實驗步驟

2.1 依術科承辦單位提供之導電度計標準作業程序進行試劑水品質查核。

2.2 亞硝酸鈉標準溶液之配製：

2.2.1 精確稱取亞硝酸鈉 150±10 mg，溶於試劑水中並稀釋至 500 mL，作為儲備溶液。

2.2.2 精取 5.0 mL 亞硝酸鈉儲備溶液稀釋至 250 mL，作為標準溶液。

2.3 檢量線之製備：

2.3.1 精取標準溶液 0、2、5、10、15 及 20 mL，分別加水至 60 mL。

2.3.2 加入 10.0 mL 呈色液 I 及 6.0 mL 呈色液 III，混合均勻靜置 5 分鐘。

2.3.3 加入 2.0 mL 呈色液 II，混合均勻靜置 15 分鐘後稀釋至 100 mL。

2.3.4 以波長 540 nm 分別測其吸光度，以最小平方法迴歸。

2.4 樣品溶液製備：

2.4.1 將檢體以碎肉機細碎兩次並混合均勻後，置於不透氣之容器內，貯存放於冷藏之環境，24 小時內盡速分析。（此步驟由術科承辦單位執行）

2.4.2 精確稱取檢體 5.0±0.5 g（精稱至 0.001 g），精取 10 mL 由術科承辦單位提供已知濃度之亞硝酸鹽溶液加入檢體，混合均勻。

2.4.3 加入四硼酸鈉溶液 5 mL 及 80℃ 以上之熱水 100 mL，於沸騰水浴中加熱 15 分鐘，並時時攪拌，然後靜置冷卻至室溫。

2.4.4 加入沉澱劑 I 及 II 各 2.0 mL，充分混合後移入 200 mL 量瓶內，以水定容至 200 mL，混合均勻，於室溫下靜置 30 分鐘，過濾後進行顯色。

2.5 樣品溶液顯色：

2.5.1 依術科承辦單位之標示濃度取適量之樣品溶液，稀釋至 60 mL。

2.5.2 加入呈色液 I 10 mL 及呈色液 III 6 mL 混合均勻靜置 5 分鐘。

2.5.3 加入呈色液 II 2 mL，混合均勻靜置 15 分鐘後稀釋至 100 mL。

2.5.4 以波長 540 nm 測定其吸光度。

2.6 品質管制：

2.6.1 以術科承辦單位提供不同來源之固體亞硝酸鈉配製適當濃度之溶液或採用已知濃度之溶液進行檢量線確認。

2.6.2 檢量線零點視為試劑空白分析。

2.6.3 以不含亞硝酸鹽之肉類試樣行方法空白分析。

2.6.4 不同樣品溶液體積顯色所得之結果視為重複分析，應符合重複分析之品管要求，惟以吸光度接近檢量線最高點吸光度 50% 者出具數據。

2.6.5 加入自行配製之儲備溶液 10 mL 於 5 g 不含亞硝酸鹽之肉類試樣作為查核試樣進行檢測，其結果應符合評分表之規定。

2.7 廢液處理：將剩餘試劑及檢驗廢液依性質傾倒於術科承辦單位準備之容器。

元素	Al	B	Ca	Cl	Cu	F	Fe	K
原子量	26.99	10.81	40.08	35.45	63.55	19.00	55.85	39.10
元素	I	Mg	Mn	Na	P	S	Si	Zn
原子量	126.90	24.31	54.94	22.99	30.97	32.07	28.09	65.41

3. 設備及器皿　食品中亞硝酸鹽之測定

名稱	規格	數量
1. 天平	靈敏度 0.0001 g，附 200 g（或全幅）及 10 g 砝碼各 1 顆（可 2 人共用 1 台）	1 台
2. 分光光度計	附比色管	1 套
3. 導電度計	附電極及標準液（應標示配製或開封及裝瓶日期）及溫度－導電度對照表。標準液測值與參考值之誤差應小於 2%	1 台
4. 水浴加熱設備	可同時進行 4 個試樣加熱（亦可使用大容量水浴槽供 4 人同時使用）	4 台
5. 抽氣過濾裝置		4 台
6. 定量瓶	100 mL，應編碼且同一應檢人不得相同，A 級	12 個
7. 定量瓶	200 mL，應編碼，A 級	4 個
8. 定量瓶	250 mL，應編碼，A 級	2 個
9. 定量瓶	250 mL，應編碼，A 級	1 個
10. 量筒	100 mL	1 個
11. 球型吸量管	2 mL，A 級	1 支
12. 球型吸量管	5 mL，A 級	3 支
13. 球型吸量管	10 mL，A 級	2 支
14. 球型吸量管	15 mL，A 級	1 支
15. 球型吸量管	20 mL，A 級	2 支
16. 球型吸量管	25 mL，A 級	1 支
17. 刻度吸量管	2 mL，A 級	3 支
18. 刻度吸量管	5 mL，A 級	2 支
19. 刻度吸量管	10 mL，A 級	2 支
20. 其他必要器皿	視需要供給	1 組

註：1. 本表所列設備及器皿係為每站 1 位應檢人所需，如人數較多時應依比率增加。

　　2. 應檢人應依術科承辦單位提供之設備及器皿進行測試，不得額外要求，如造成損壞時，除應照價賠償外，監評人員得視情節酌扣得分。

4. 試藥及試樣　食品中亞硝酸鹽之測定

名稱	規格	數量
1. 亞硝酸鈉（標準品）	固體，配製檢量線標準溶液	1 g
2. 檢量線確認標準品	與標準品不同來源之固體亞硝酸鈉或已知亞硝酸鹽濃度之溶液	1 g 或 20 mL
3. 沉澱劑 I	106 g 亞鐵氰化鉀溶於水，稀釋至 1 L	15 mL
4. 沉澱劑 II	220 g 乙酸鋅及 30 mL 冰乙酸，稀釋至 1 L	15 mL
5. 飽和四硼酸鈉溶液	50 g 四硼酸鈉溶於水，稀釋至 1 L 溫水中，冷卻至室溫	1250 mL
6. 呈色液 I	2 g 對胺苯磺酸胺，加 800 mL 水於水浴上加熱溶解後，冷卻過濾，濾液徐徐加入 100 mL 濃鹽酸並時時攪拌，稀釋至 1 L	150 mL
7. 呈色液 II	1.0 g N-1-萘基乙烯二胺二鹽酸鹽，稀釋至 1 L，應貯存於褐色瓶，本溶液宜新鮮配製	30 mL
8. 呈色液 III	445 mL 濃鹽酸溶於水，稀釋至 1 L	100 mL
9. 絞肉或肉類製品	製備試樣，不含亞硝酸鹽	25 g
10. 亞硝酸鹽試樣溶液	添加至肉中作為試樣用，應標示濃度範圍（以添加至 5 g 試樣後濃度 60～160%標示）	50 mL
11. 試劑水		2 L

註：1. 本表所列試藥及試樣量係為每站 1 位應檢人所需，如人數較多時應依比率增加。

2. 本表所列各試藥及樣品應以單獨容器盛裝。

3. 應檢人應依術科承辦單位提供試藥及樣品進行測試，不得額外要求。

4. 本表中各種試藥除規格欄中另行註明者，均應使用分析級。

第二站第四題

試題名稱：202-4 總磷之比色定量

1. 操作說明：試樣以硫酸及過硫酸鹽消化處理，使磷轉變為正磷酸鹽後，加入鉬酸銨及酒石酸銻鉀與正磷酸鹽作用，再經維生素丙還原為藍色複合物鉬藍，以分光光度計於波長 880 nm 測其吸光度定量。

2. 實驗步驟

2.1　依術科承辦單位提供之導電度計操作標準作業程序進行試劑水品質查核。

2.2　磷酸鹽標準溶液之配製：

2.2.1 精稱 0.10±0.01 g 磷酸二氫鉀，以試劑水稀釋至 500 mL，即為磷酸鹽儲備溶液。

2.2.2 取 5.00 mL 儲備溶液稀釋至 250 mL，作為標準溶液。

2.3 混合呈色試劑之配製：

2.3.1 配製 0.1 M 維生素丙溶液：溶解 0.88±0.02 g 維生素丙於 50 mL 試劑水中。

2.3.2 依次混合 50 mL 2.5 M 硫酸溶液，5.0 mL 酒石酸銻鉀溶液，15 mL 鉬酸銨溶液及 30 mL 維生素丙溶液使成 100 mL 混合呈色試劑，每種試劑加入後，均需均勻混合，且混合前所有試劑均需保持於室溫。

2.3.3 在 10～30 分鐘時段內以分光光度計，以波長 880 nm 分別測其吸光度。

2.4 檢量線之製作：

2.4.1 分別取 0、2.0、5.0、10.0、15.0、20.0 mL 磷標準溶液，加入 5 mL 混合呈色試劑，稀釋至 50 mL。

2.4.2 測定各標準溶液之吸光度，以最小平方法迴歸。

2.5 試樣消化：

2.5.1 取 0.10±0.01 g 試樣，溶於 50 mL 試劑水，加入 5 mL 6 M 硫酸溶液及 2 g 過硫酸銨。

2.5.2 置於已預熱之加熱裝置上，緩慢煮沸 30～40 分鐘或直至殘留約 10 mL 液體時（注意勿使水樣乾涸）。

2.5.3 冷卻後以試劑水稀釋至約 30 mL，加入 2 滴酚酞指示劑，以 1 M 或適當濃度之氫氧化鈉溶液直至呈淡紅色再加入硫酸至無色。

2.5.4 參考術科承辦單位提供之試樣濃度進行適當稀釋。

2.5.5 取適量稀釋試樣，依步驟 2.4 呈色及測定吸光度。

2.6 分析結果：依試樣包裝上標示之單位表示，如%P、%PO_4^{3-}、ppm P 等。

2.7 品質管制：

2.7.1 以術科承辦單位提供不同來源之固體磷酸鹽配製適當濃度之溶液或採用已知濃度之溶液進行檢量線確認。

2.7.2 以試劑水進行試劑空白分析。

2.7.3 以試劑水依試樣處理步驟進行方法空白分析。

2.7.4 不同樣品溶液體積呈色所得之結果視為重複分析,應符合重複分析之品管要求,惟以吸光度接近檢量線最高點吸光度 50%者出具數據。

2.7.5 以術科承辦單位提供已知含量之固體試樣或標示濃度之液體試樣依試樣處理步驟進行查核試樣分析,求出回收率。

2.7.6 依等量添加原則進行標準品添加分析。

2.8 廢液處理:將檢液依性質傾倒於術科承辦單位準備之廢液桶。

元素	Al	B	Ca	Cl	Cu	F	Fe	K
原子量	26.99	10.81	40.08	35.45	63.55	19.00	55.85	39.10
元素	I	Mg	Mn	Na	P	S	Si	Zn
原子量	126.90	24.31	54.94	22.99	30.97	32.07	28.09	65.41

3. 設備及器皿　總磷之比色定量

名稱	規格	數量
1. 天平	靈敏度 0.0001 g,附 200 g(或全幅)及 10 g 砝碼各 1 顆(可 2 人共用 1 台)	1 台
2. 分光光度計	附比色管	1 套
3. 導電度計	附電極及標準液(應標示配製或開封及裝瓶日期)及溫度－導電度對照表。標準液測值與參考值之誤差應小於 2%	1 台
4. 加熱設備		1 組
5. 定量瓶	50 mL,應編碼且同一應檢人不得相同,A 級	12 個
6. 定量瓶	250 mL,A 級	3 個
7. 量筒	100 mL	1 個
8. 球型吸量管	2 mL,A 級	2 支
9. 球型吸量管	5 mL,A 級	2 支
10. 球型吸量管	10 mL,A 級	2 支
11. 球型吸量管	15 mL,A 級	2 支
12. 球型吸量管	20 mL,A 級	1 支
13. 刻度吸量管	2 mL,A 級	3 支

名稱	規格	數量
14. 刻度吸量管	5 mL，A 級	1 支
15. 刻度吸量管	10 mL，A 級	1 支
16. 其他必要器皿	視需要供給	1 組

註： 1. 本表所列設備及器皿係為每站 1 位應檢人所需，如人數較多時應依比率增加。

2. 應檢人應依術科承辦單位提供之設備及器皿進行測試，不得額外要求，如造成損壞時，除應照價賠償外，監評人員得視情節酌扣得分。

4. 試藥及試樣　總磷之比色定量

名稱	規格	數量
1. 磷酸氫二鉀標準品	固體，配製檢量線標準溶液	1 g
2. 檢量線確認標準品	與標準品不同來源之固體磷酸二氫鉀或已知磷濃度之溶液	1 g 或 20 mL
3. 維生素丙		8 g
4. 過硫酸銨		40 g
5. 酚酞指示劑	0.1 g 酚酞溶於 100 mL 乙醇中	10 mL
6. 6 M 硫酸溶液	緩慢將 330 mL 濃硫酸加入於 600 mL 試劑水，冷卻後稀釋至 1 L	100 mL
7. 2.5 M 硫酸溶液	緩慢將 140 mL 濃硫酸加入於 300 mL 試劑水，冷卻後稀釋至 1 L	300 mL
8. 1 M 氫氧化鈉溶液	40 g 氫氧化鈉溶於試劑水，稀釋至 1 L	200 mL
9. 酒石酸銻鉀溶液	在 500 mL 量瓶內，溶解 1.3715 g 酒石酸銻鉀於 400 mL 試劑水，稀釋至 1 L。貯存於附有玻璃栓蓋棕色瓶中，並保持 4°C 冷藏	40 mL
10. 鉬酸銨溶液	20 g 鉬酸銨溶於水，稀釋至 500 mL。貯存於塑膠瓶並保持 4°C 冷藏	80 mL
11. 含磷試樣	固體或液體試樣，應標示濃度範圍（參考值之 60～160%）	1 g
12. 查核試樣	已知磷濃度之固體或液體試樣	1 g 或 20 mL
13. 試劑水		2 L

註： 1. 本表所列試藥及試樣量係為每站 1 位應檢人所需，如人數較多時應依比率增加。

2. 本表所列各試藥及樣品應以單獨容器盛裝。

3. 應檢人應依術科承辦單位提供試藥及樣品進行測試，不得額外要求。

4. 本表中各種試藥除規格欄中另行註明者，均應使用分析級。

第二站第五題

試題名稱：202-5 試樣中硫酸鹽含量之比濁定量

1. 操作說明：試樣經前處理成為水溶液後，加入緩衝溶液及氯化鋇，與硫酸鹽生成大小均勻之懸浮態硫酸鋇沉澱物，以分光光度計於 420 nm 測其吸光度並由檢量線求出試樣濃度。

2. 實驗步驟

2.1　依術科承辦單位提供之導電度計標準作業程序進行試劑水品質查核

2.2　硫酸鹽標準溶液之配製：

2.2.1　精稱約 0.20±0.02 g 硫酸鈉，溶於 10 mL 0.5 M 鹽酸溶液中，稀釋至 250 mL，作為儲備溶液。

2.2.2　取 50 mL 上述溶液，稀釋至 250 mL，作為標準溶液。

2.3　檢量線製作：

2.3.1　分別取 15、20、25、30 及 40 mL 硫酸鹽標準溶液，稀釋至 100 mL，置於 250mL 錐型瓶。

2.3.2　硫酸鋇濁度之形成：加入 20 mL 緩衝溶液，以磁石攪拌混合，攪拌時加入一匙氯化鋇並立刻計時，於定速率下攪拌 60±2 秒。

2.3.3　硫酸鋇濁度之測定：攪拌終了，於 5±0.5 分鐘以濁度計或分光光度計 420 nm 測定各標準液之濁度讀值（吸光度），以最小平方法迴歸。

2.4　試樣之測定：

2.4.1　試樣前處理：精稱 0.20±0.01 g 試樣，加作入 5 mL 0.5 M 鹽酸溶液，參考術科承辦單位提供之試樣濃度進行適當稀釋。

註：鹼性試樣應檢核配製溶液係為酸性。

2.4.2　硫酸鋇濁度之形成：量取適量溶液稀釋至 100 mL，依步驟 2.3.2～2.3.3 操作。

2.5　分析結果：依試樣包裝上標示之單位表示，如%SO$_4$、ppm SO$_4$、mg/L SO$_4$ 等。

2.6　品質管制：

2.6.1　以術科承辦單位提供不同來源之固體硫酸鹽配製適當濃度之溶液或採用已知硫酸鹽濃度之溶液進行檢量線確認。

2.6.2　以試劑水進行試劑空白分析。

2.6.3　不同樣品溶液體積所得之結果視為重複分析，應符合重複分析之品管要求，惟以濁度或吸光度接近檢量線最高點 50%者出具數據。

2.6.4　以術科承辦單位提供已知含量之固體硫酸鹽試樣或標示濃度之液體試樣依試樣處理步驟進行查核試樣分析，求出回收率。

2.6.5　依等量添加原則進行標準品添加分析。

2.7　廢液處理：將檢液依性質傾倒於術科承辦單位準備之廢液桶。

元素	Al	B	Ca	Cl	Cu	F	Fe	K
原子量	26.99	10.81	40.08	35.45	63.55	19.00	55.85	39.10
元素	I	Mg	Mn	Na	P	S	Si	Zn
原子量	126.90	24.31	54.94	22.99	30.97	32.07	28.09	65.41

3. 設備及器皿　試樣中硫酸鹽含量之比濁定量

名稱	規格	數量
1. 天平	靈敏度 0.0001 g，附 200 g （或全幅）及 10 g 砝碼各 1 顆（可 2 人共用 1 台）	1 台
2. 分光光度計	附比色管	1 套
3. 導電度計	附電極及標準液（應標示配製或開封及裝瓶日期）及溫度－導電度對照表。標準液測值與參考值之誤差應小於 2%	1 台
4. 磁攪拌器	附攪拌子，可不經轉速控制鈕開機	1 組
5. 計時器		1 個
6. 定量瓶	100 mL，A 級	4 個
7. 定量瓶	250 mL，A 級	2 個
8. 定量瓶	500 mL，A 級	1 個
9. 量筒	100 mL	1 個
10. 球型吸量管	10 mL，A 級	2 支
11. 球型吸量管	15 mL，A 級	1 支
12. 球型吸量管	20 mL，A 級	2 支
13. 球型吸量管	25 mL，A 級	2 支
14. 球型吸量管	30 mL，A 級	2 支
15. 刻度吸量管	5 mL，A 級	1 支

名稱	規格	數量
16. 刻度吸量管	10 mL，A 級	1 支
17. 其他必要器皿	視需要供給	1 組

註： 1.本表所列設備及器皿係為每站 1 位應檢人所需，如人數較多時應依比率增加。

2.應檢人應依術科承辦單位提供之設備及器皿進行測試，不得額外要求，如造成損壞時，除應照價賠償外，監評人員得視情節酌扣得分。

4. 試藥及試樣　試樣中硫酸鹽含量之比濁定量

名稱	規格	數量
1. 氯化鋇	氯化鋇結晶，細度 20～30 網目	10 g
2. 硫酸鈉（標準品）		1 g
3. 檢量線確認標準品	與標準品不同來源之固體硫酸鈉或已知濃度之溶液	1 g 或 20 mL
4. 0.5 M 鹽酸溶液	42 mL 濃鹽酸溶於試劑水中，稀釋至 1 L	80 mL
5. 緩衝溶液	溶解 30 g MgCl2·6H2O、5 g CH3COONa·3H2O、1.0 g KNO3 及 20 mL 99 % CH3COOH 於約 500 mL 試劑水中，稀釋至 1 L	300 mL
6. 硫酸鹽試樣	固體或液體試樣，應標示濃度範圍（參考值之 40～160%）	1 g 或 20 mL
7. 查核試樣	已知濃度之固體或液體試樣	1 g 或 20 mL
8. 試劑水		2 L

註： 1.本表所列試藥及試樣量係為每站 1 位應檢人所需，如人數較多時應依比率增加。

2.本表所列各試藥及樣品應以單獨容器盛裝。

3.應檢人應依術科承辦單位提供試藥及樣品進行測試，不得額外要求。

4.本表中各種試藥除規格欄中另行註明者，均應使用分析級。

更多歷屆考題請掃 QR Code

新文京開發出版股份有限公司

新世紀·新視野·新文京 — 精選教科書·考試用書·專業參考書